ちくま学芸文庫

重力と力学的世界 上

古典としての古典力学

山本義隆

筑摩書房

まえがき

古典力学と古典重力論にもとづく天体力学は，たしかに，西欧近代科学の中で最も成功したものであろう．それは，地球と太陽系の秩序をほぼ完全に説明することによって，人間の自然観，ひいては世界観の根底的な転換をもたらした．また，その後の科学の発展も，その転換を抜きにしては語りえない．

しかし，ニュートンが〈自然哲学の数学的諸原理〉と称した「ニュートンの力学」が，現に在る「ニュートン力学」として了解され認知されるに至ったのは，フランス啓蒙主義によるその全面的な捉え直しに負っている．とくに著しいのは，〈重力〉概念にたいする態度の転換であった．というのも，〈重力〉は，機械論的な力学理論には馴染まないからだ．

片方の足を中世社会においていたケプラーが魂や霊の観念を中立ちにして構想した天体間の〈重力〉を，たしかにニュートンは，見事な数学的理論に昇華させることに成功した．しかし他方では，すでに近代人になっていた機械論者のガリレイやデカルト，そしてその後継者たち，あるいはライプニッツは，その〈重力〉をアリストテレス主義への復帰だとして受け容れようとはしなかった．

つまるところニュートンにとって，〈重力〉は宇宙に遍在する神の支配と摂理の顕現であり，〈自然哲学〉は神学に包摂されてはじめて完結しえたのである．換言すれば，ニュートンの〈自然哲学〉において〈数学的原理〉はその一部にすぎず，いわば〈神学的原理〉に基礎づけられるべきものであり，それゆえ，〈重力〉は現在のわたくしたちが考えるものとはまったく別の関係性のなかではじめて意味を持つ概念であった．

フランス啓蒙主義は，デカルト機械論との相剋の過程で，〈重力〉を別個の関係性のなかに置くことによって力学を一人立ちさせえた．つまり，〈数学的原理〉が独立させられたのである．それは，ダランベールとラグランジュによる力学の汎用化とラプラスによる太陽系の安定の力学的証明という，科学における未曾有の勝利をとおしてなしとげられたのだが，その勝利は，〈重力〉を単なる関係概念・関数概念として操作主義的に位置づけることによって可能となったのだ．

この〈重力〉をめぐる関係性の転換は，科学の意味を根底的に変化せしめた．科学の厳密化と相即的に，科学の真理性の限定ないし科学の守備範囲の縮小が推進されたのだ．その過程は，自然認識から多くの設問を切り捨てる過程でもあった．こうして——逆説的だが——普遍必然的で自己完結した自然認識としての力学という力学的自然観が形成されたといえる．

本書は，古典力学の形成とその外延の拡大の途上での紆余曲折，とりわけ〈重力〉をめぐる諸問題の設定と却下の諸相を再現することにより，力学的世界が何であり何をもたらしたのかを明らかにしようとしたものである．

もくじ

まえがき

第1章　重力とケプラーの法則
Ⅰ　楕円軌道の衝撃……13
Ⅱ　ピタゴラス主義者ケプラー……20
Ⅲ　楕円軌道への途……27
Ⅳ　原因としての重力の追究……32
Ⅴ　ケプラーの重力論……40
Ⅵ「ケプラーのアキレス腱」――慣性……45
Ⅶ　ケプラーにおける惑星運動の動力学……52
Ⅷ　ケプラーにとっての重力……59

第2章　重力にたいするガリレイの態度
Ⅰ　潮汐と重力――ケプラーの理論……63
Ⅱ　ガリレイの潮汐論とケプラー批判……67
Ⅲ　機械論的自然観と重力……74
Ⅳ　ガリレイにおける科学の課題……83
Ⅴ　ガリレイにおける法則概念と真理概念……87
Ⅵ　自然認識における「コペルニクス的転換」……92
Ⅶ　所与としての加速度とガリレイの慣性……99

第3章　万有引力の導入
Ⅰ　ニュートンの物質観と重力……107
Ⅱ　万有引力を帰納する……114
Ⅲ　運動方程式を解く……125
Ⅳ　ニュートンの飛躍……131
Ⅴ　万物の有する重力……141

第4章　〈万有引力〉はなぜ〈万有〉と呼ばれるのか
Ⅰ　アリストテレスの二元的世界……148
Ⅱ　二元的世界の動揺……151
Ⅲ　ガリレイの『星界の報告』……155
Ⅳ　ニュートンによる世界の一元化……159
Ⅴ　地球の相対化と中世の崩壊……164
Ⅵ　ガリレイ裁判の一断面……170

第5章　重力を認めないデカルト主義者
Ⅰ　『プリンキピア』の時代……177
Ⅱ　ヴォルテール……183
Ⅲ　ニュートンの潮汐論……187
Ⅳ　デカルトにとっての学……192
Ⅴ　デカルトの物質観……196
Ⅵ　デカルトにとっての力……202
Ⅶ　重力は〈隠れた性質〉である……209
Ⅷ　機械論的自然観と自然力の排除……214
Ⅸ　ふたたび機械論による重力批判について……219
Ⅹ　デカルト主義の明暗……222

第6章　「ニュートンの力学」と「ニュートン力学」
Ⅰ　ベントリー……229
Ⅱ　哲学することの諸規則……235
Ⅲ　仮説を作らないということ……241
Ⅳ　近代科学の方法……246
Ⅴ　ニュートンにとっての重力の原因……254
Ⅵ　現象より神に及ぶ……270

第7章　重力と地球の形状
Ⅰ　問題の設定……282
Ⅱ　ポテンシャルの導入……285
Ⅲ　地球の形状とポテンシャル……289

Ⅳ　地球の扁平率……294

第８章　オイラーと「啓蒙主義」
Ⅰ「通常科学」の時代……306
Ⅱ　フリードリヒ大王とベルリン・アカデミー……312
Ⅲ　女帝エカテリナ……318
Ⅳ　哲学ばなれしたオイラー……324
Ⅴ　空間の問題と慣性法則……333

第９章　オイラーの重力理論
Ⅰ　見失われた書――『自然哲学序説』……349
Ⅱ　物体の普遍的性質……355
Ⅲ　不可透入性と力……360
Ⅳ　オイラーのエーテル理論……365
Ⅴ　重力論……373

注……382

【下巻目次】

第10章　地球の形状と運動
Ⅰ　地球の歳差運動
Ⅱ　角運動量の導入
Ⅲ　剛体の回転の記述
Ⅳ　慣性テンソルと慣性主軸
Ⅴ　オイラー方程式
Ⅵ　太陽が地球に及ぼす力のモーメント
Ⅶ　オイラー方程式を解く
Ⅷ　自由章動と緯度変化
Ⅸ　地球の扁平性と人工衛星の運動

第11章　力学的世界像の勃興
Ⅰ　フランス啓蒙主義における真理概念の転換
Ⅱ　啓蒙主義以降の重力
Ⅲ　〈力〉の尺度をめぐる論争
Ⅳ　力の定義と運動方程式
Ⅴ　デカルト的汎合理主義の復活
Ⅴ　力学的世界像の提唱

第12章　ラグランジュの『解析力学』
Ⅰ　ダランベールの原理
Ⅱ　ラグランジュによる再定式化
Ⅲ　ラグランジュ方程式
Ⅳ　運動量・角運動量保存則
Ⅴ　エネルギー保存則と最小作用の原理
Ⅵ　ハミルトンの原理
Ⅶ　力学的エネルギー保存則再論
Ⅷ　ラグランジュとラプラスの時代

第13章　太陽系の定安の力学的証明
Ⅰ　ニュートンとその後

Ⅱ　問題の設定
Ⅲ　２体問題からはじめる
Ⅳ　ケプラー運動
Ⅴ　長半径についての摂動方程式
Ⅵ　ラプラスの定理
Ⅶ　木星－土星問題

第14章　力学的世界像の形成と頓挫
Ⅰ「力学的神話」と汎合理主義
Ⅱ　汎力学的物質観＝汎力学的法則観
Ⅲ　力学的決定論
Ⅳ　熱力学の第１法則をめぐって
Ⅴ　ヘルムホルツの力学的自然観
Ⅵ　熱力学第１法則の力学的基礎づけ
Ⅶ　エネルギー論
Ⅷ　ボルツマンと原子論

第15章　ケルヴィン卿の悲劇
Ⅰ　ケルヴィンとその時代
Ⅱ　ケルヴィンの力学思想―ダイナミカルな自然観
Ⅲ　渦動原子論
Ⅳ　近接作用論と力の統一
Ⅴ　光エーテルをめぐる困難
Ⅵ　マックスウェルの理論をめぐって

注
人名索引
後記

重力と力学的世界（上）

古典としての古典力学

第1章　重力とケプラーの法則

1　楕円軌道の衝撃

古典重力論の元年を1609年にとることができる．この年ケプラーは，プラハで『新天文学――因果律もしくは天界の物理学にもとづく天文学』を出版し，惑星は太陽をひとつの焦点とする楕円軌道上を一定の面積速度で運行するという，ケプラーの第1法則と第2法則を世に問うた．それは科学思想史を画する出来事といってよい．

とくにこの『新天文学』に付いている特異な副題に注目していただきたい．『ヨハンネス・ケプラー全集』の本書が含まれている第3巻の後記では，この点について編者マックス・カスパーが，

> ケプラーをして彼以前に支配的であった見解を克服せしめた指導理念が（現代的な意味で）物理学的性格のものであるがゆえに，また，副題の「天界の物理学（Physica Coelestis）」が語っているように彼が天体の運動を力学的に説明しようとしたがゆえに，本書において天体力学という新しい科学の基礎が与えられたのである．したがって，本書は天文学研究における真の里程標である．

と評しているが[1]，じっさい，火星軌道を解明した本書ではじめて，物理学としての天文学が登場したと言えよう．なによりも本書は，天体間に働く重力——天体の運動の原因としての重力——という思想を提起したのであった．

通常，ケプラーの法則の歴史的意義は，次の2点に求められている．すなわちそれは，第一に，ティコ・ブラーエの持続的・系統的な天体観測の結果得られた，統計的観点からも信頼できる多量で精度の吟味されたデータに裏打されたものであり，第二に数学的言語で厳密に表現された法則であるという点である．たしかにこの2点は近代の科学的法則の必須の条件であり，アリストテレス以来自然学は定性的な議論を事とし，またコペルニクスの理論でさえも，貧弱な観測データにもとづき，観測との一致よりは古代人の文書に理論の裏付けを求めていることを考えあわせれば，この点だけを見てもケプラーの法則は画時代的といえよう．それは精密物理学のはじめての法則なのである．

しかし，なによりも重大なことは，その精密な法則の惹き起こした自然観の根底的な変革にこそある．

もちろん，古代エジプトやギリシャから中世に至るまで，あるいは他の文化圏においても，天体の運行や物体の運動の理論は存在した．それはそれで一つの体系だった説明も行なわれていた．いや，日蝕や月蝕の予報すらかなりの精度でなされていた．しかしそれらは，近代人の謂う意味での〈力学理論・自然法則〉とは別次元のものである．物質観や法則観自身が異なっているのだ．古代からの人類の営々たる努力がそのまま積み立てられ洗練されて近代の力学が出来上ったのではない．古代・中世のそれと近代のそれとは別個の自然観，ひいては別個の世界像に属するものであり，そのちがいは単なる進歩の程度の差なのではない．たとえ同一の現象を扱い，同一の用語が用いられても，概念の枠組みや評価の基準はまったく別物なのだ．

たとえば「重い物体が地面に落ちる．月は地球のまわりを円運動する」ということをニュートンが言ったならば，その「運動」は，地球の重力という〈外的原因〉によって惹き起されたのだが，アリストテレスが同じことを言ったならば，その「運動」——所謂「自然運動」——は，可能的存在が現実化したということであり，〈原因〉は物体や月に固有の〈目的〉——すなわち「窮極因（causa finalis）」——に求められている．というのも，アリストテレスにとっては，小石が地面に落ちる——正しくは宇宙の中心に向かう——のも，植物の種子が芽を出しついには花を咲かせるのも，氷が溶けて水になるのも，すべての変化が「運動（κίνησις）」にひっくるめられるのであり，「自然（φύσις）」とは「みずからのうちに運動の根拠を持つ事物の本質」を意味していたからである．「自然」は自発的に変りゆくものであり，その変化の衝動は各物体の内に潜在する可能態を現実化せしめるという「目的」にある．その意味で，小石が地球に向かうのは，植物の成長が植物の本質に属するのであるのと同様に，小石の本質に属することがらなのであり，それゆえ，その原因を物体の外部に求めるという発想は出てこない.

だが，ケプラーの発見した法則は，とりわけその法則が円軌道と等速性の双方を放棄したことは，否応なく〈外的原因〉という考え方を強いるものであった．なるほどいまでは，ケプラーの法則は高等学校でも教えられ，「惑星の軌道が楕円である」と聞いても誰も驚かない．初等的な代数学と解析幾何学さえ知っていれば，円も楕円も同じ二次曲線にすぎず本質的なちがいはない．しかし科学思想史上では円と楕円のちがいは決定的である.

宇宙が球形であることと惑星の軌道が円より成ることは，プラトンとアリストテレス以来牢固とした固定観念になっていた．後でくわしく見るつもりだが，古代から中世まで月より上の世界は生成も消滅もない完全な物質——第五元素（エーテル）——より成る均質で不変の世界であり，そこで許される形状は球と円だけであり，そこに可能な運動がつねに等速であるということはいわば自明の理と思われていたのである．コペルニクスの登場まで天文学において最も権威のあったプトレマイオスの『アルマゲスト』では，「すべての物体のなかでエーテルは最も純粋にして最も均質な部分であり，しかるに，均質な部分の表面は均質な部分でなければならず，平面図形のなかでは円のみが，また立体図形のなかでは球のみがかかるものである」という根拠にもとづき宇宙の球形性が論証され，また「一般に惑星の運行は，その本質からすべからく規則的で円形であると考えなければならない」とアプリオリに前提されている[(2)].

したがってまた，現実の惑星の運行に見られる円軌道や等速性からの偏倚は，すべからく円の合成——周転円，離心円等——によって取り繕われねばならなかった．

ケプラーまで，この天体の運動の円秩序と等速性の自明性を疑った者は——ティコ・ブラーエらきわめて少数の例外を除いて——いない．15世紀に運動の相対性を断乎として主張し，地球の中心性を否定した地動説の先駆者クザーヌスでさえも「無限な線は円形である．というのは，円形においては，始めは終りと一致するからである．それゆえ，いっそう完全な運動は円である．……　それゆえ，地の形態は優れていて球形であり，その運動は円形である」と語っている[(3)]．他方，16世紀にコペルニクスがプトレマイオスの天動説を退けた一つの理由は，エカント（等化点）の導入が惑星運動の等速性を破壊するからであり[(4)]，彼も当然のこととして次のように書いている．

今度は天体の運動は円形であることを述べよう．球のなし易い運動は回転である．この運動によってそれ自身の上に一様に運動するとき，その形を現わす．その形は最も簡単であって始めも終りも見出すことができず，また互いに区別することもできない．……

惑星はあるときは南へあるときは北へとさまよい歩く．そこで惑星と呼ばれるのである．……しかしそれらの運動は円形であるか，または多くの円を組み合わせたものであることを知る必要がある．何となればそれらの不等は一定の法則に従って周期的に行われるものであり，それは円運動でなければ不可能なことだからである．ただ円だけが物体を元にあった場所に帰らせることができる[5]．

たしかに，地動説を唱えたとはいえ，コペルニクスの精神はいまだに近代人のものではない．むしろコペルニクスは，どちらかというと「最後の偉大なプトレマイオス主義の天文学者」（クーン）なのである[6]．しかしケプラーと同時代人でケプラーよりも近代的な精神の持主で，通常近代物理学の創始者と目されているガリレイでさえも，円軌道の呪縛にとらわれていたのだ．

アリストテレス主義者に対抗してコペルニクス説を擁護するためにガリレイが書いた『天文対話〔二大世界体系についての対話〕』では，地球もまた他の惑星と同様に太陽のまわりを回転することが多言を費して説かれているけれども，その地球や惑星の運動が円であることは，当然のこととされている．

のみならず，ガリレイにとっては，円運動の普遍性と円秩序の完全性は，天体にとどまらず地上物体をも含む全宇宙に妥当することであった．四日間にわたる対話形式で書かれた『天文対話』の第１日でガリレイは，「もし世界の全体を構成している物体がその本性上動きうるものでなければならぬとすれば，これらの物体のする運動は直線であったり，あるいは円以外のものであったりすることは不可能である」と語り，次のように論じている．

ですからぼくはつぎのように結論します．すなわちただ円運動だけが自然的に宇宙の全体を構成しており，最上の状態におかれている自然的物体に適合しうるものであり（云々）…….ここから，世界の諸部分の間の秩序を完全に維持するためには運動体はただ円に動きうるだけであり，もし円に運動しないものがあれば，このものは必然的に不動である，というのは秩序を維持しうるものは静止状態と円運動とを除いてはないから，と十分合理的に結論できるように思います[7]．

これらのことを考えあわせるならば，ケプラーが逢着した楕円軌道という観念が，当時の人々にどれほど馴染み難いものであったかがわかるであろう．じっさいガリレイは，ケプラーから『新天文学』を贈呈されていたのに，ケプラーの発見を認めていない[*]．たとえ読んでいたとしても，楕円軌道というような考え方をまったく非現実的なものとして受けつけなかったであろう．ケプラーが2000年にわたる円軌道の固定観念を見棄てて楕円に到達し，等速性を放棄して面積定理を見出したことは，それだけで，ロバチェフスキーがユークリッドの第五公理を放棄したことに，あるいはアインシュタインが平らな時空を棄ててゆがんだ時空を採用したことに，匹敵することなのである．

---

[*] 『新天文学』よりずっと後の『天文対話』でガリレイは語っている.「それぞれの惑星がそれぞれ回転するさいにどのように規制されているか，その軌道の構造が正確にはどのようになっているかという，一般には惑星の理論とよばれているものは，なお疑いの余地のないまでには解決できてはいないのです．その証拠は火星で，これについては近頃の天文学者があんなに骨折っているのです.」[9]

Ⅱ ピタゴラス主義者ケプラー

もちろんケプラーとても，楕円を簡単に受け容れたのではない．彼自身が楕円を受け容れるのにどれほど抵抗したかは，『新天文学』で著者自身が楽屋裏をぶちまけた火星軌道相手の数年間に及ぶ悪戦苦闘より看て取れる．ケプラーは，楕円に達するまでに離心円，卵形，その他の軌道などを手当りしだいに試み，その過程で何回も楕円のすぐ近くにまで来て，それどころか計算の便宜のために事実上楕円を使いながら，なおかつ軌道が楕円であることには，最後の土壇場まで思い及ばなかったのである(8)．

原因は時代の限界だけによるものではない．というのも，ケプラーの思想の出発点は——そして生涯的にもそうなのだが——，キリスト教の三位一体の教義とルネサンス期人文主義の影響をうけた奇妙な太陽崇拝と宇宙の数的・音楽的調和という古代ピタゴラス的・プラトン的信念とにあったからだ．「骨の髄までピタゴラス主義者であったケプラーにとって，楕円のために円を棄てるのはどれほど困難な事であっただろう」というホルトンの指摘は正鵠を得ている(10)．

彼がはじめてものにした天文学上の「業績」は，「諸惑星の軌道半径は何故ある一定の比をなすのか」そして「何故惑星は六個しか存在しないのか（当時は土星までしか知られていなかった)」ということの「数学的証明」であり，これで一躍世に出たのだが，その「証明」が初期ケプラーの思想をよく表わしている．この議論は処女作『宇宙の神秘』(1596) にあり，彼の精神的基盤を窺うために，少し立ち入ってみよう．六個の惑星の秩序に関して彼の得た結論は次のようなものである．

地球軌道を含む球面に外接する正12面体を描く．これに外接する球面が火星軌道を含む．火星軌道の球面に外接する正4面体を描く．この正4面体に外接する球面が木星軌道を含む．この球面に外接する正6面体を描く．これに外接する球面が土星軌道を含む．地球軌道の球面に内接する正20面体を描く．これに内接する球面が金星軌道を含む．この球面に内接して正8面体を描くと，それに水星の軌道球面が内接する（図1-1参照)．しかるに正多面体は以上の五個しか存在しない．したがって惑星は六個しか存在しない．これで「証明」が終る．もちろんいまでは，天王星も発見されているから，こんな議論は科学史上のエピソードにすぎない．もっとも，不思議なことに，この結果から算出した惑星の軌道半径比が，コペルニクスの値と割合よく合っていた．そのさい各惑星の軌道を含む球は，軌道の離心性にもとづく厚みをもつことになる．こうしてケプラーは，「コペルニクスの体系における軌道の隔たりは五個の正多面体の尺度に則る」と結論づけている[(11)]．

ともあれ，ケプラーがこういう発想をし，またこういう議論を促した彼の思想的基盤は，楕円軌道の持った衝撃力を見きわめようとしているいまのわたくしたちにとってははなはだ興味深いので，もう少し見てゆくことにしよう．

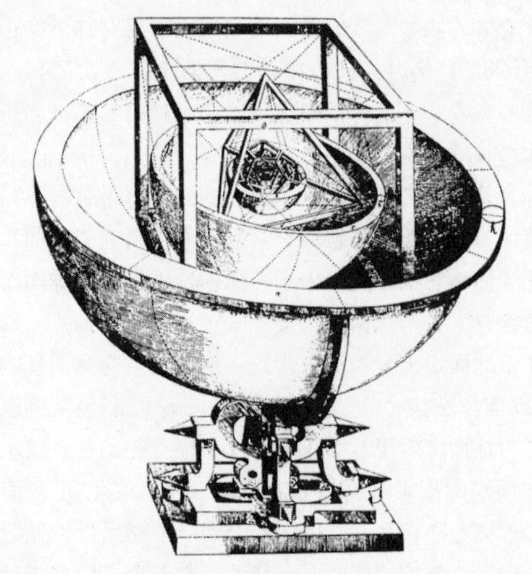

図 1-1 『宇宙の神秘』さし絵より

『宇宙の神秘』はケプラーがティコ・ブラーエと出会う以前の著書だが，そこでは惑星の軌道の円形性は自明のこととして前提されている．

とりわけ興味深いことは，太陽の中心性の承認の根拠がきわめて宗教的で敬虔な太陽崇拝にもとづくものであるとともに，その太陽崇拝が宇宙は厳密に幾何学的であるという信念と緊密に共存していることにある．しかしこのことは，ルネサンス期の新プラトン主義者にはめずらしいことではない(12)．コペルニクスもまた，「真中に太陽が静止している．この美しい殿堂のなかでこの光り輝くものを，四方が照らせる場所以外の何処に置くことができようか」（『天体の回転について』）と語っている．

ケプラーは，議論を次のようにコペルニクス以上に宗教的に展開している．

宇宙は球形の境界を持つという理論は，アリストテレスによってつぶさに論じられている．彼は主要に球形の至上性に依拠して論じている．いまではコペルニクスの研究の結果，恒星天の外球は運動を欠き，アリストテレスの形（球形）を保持してはいるものの，その中心に太陽を持つこととなった．他の天体の軌道もまた，星の回転運動によって示されるように，円形である．この事実は，神が天地創造に際して円の形を用いたということを完全に明らかにしている．しかしながら，世界においては三種類の量が区別される．すなわち，物体の形と数と大きさである．そして円形であるということは形を見出しただけのことでしかない．というのも，球が球の中に，円が円の中にのように，ある図形が同心円的に他の図形に挿入された場合に，すべての点で一致するかそれともまったく一致しないかのいずれかであるが，そのことは，大きさとは何の関係もないことだからである．そして球もまた，形においては唯一無二のものであるが故に，三位一体以外のいかなる数にも服しえない．したがって，もしも神が天地創造に際して円のみを考えたのだとしたならば，中心には神が父の似姿として描かれた太陽，周辺には子の似姿としての恒星球，もしくは『創世記』で語られている水，そして聖霊の似姿としての万物を充たし万物に広がる天の大気だけしか存在しないであろう．そのときには，これら以外には，宇宙の構成物として何一つ存在しないであろうと，私は言いたい．しかしもちろん，数えきれないくらいの恒星の数と，もっと限られた惑星の数もまた，現に存在する．そして，さまざまな大きさもまた，宇宙には存在する．それゆえわたくしたちは，これら数と大きさの原因を，円にではなく多角形に求めざるを得ない．というのも，もしもそうでないならば，神は完璧に合理的ですぐれたやり方が可能であったにもかかわらず，宇宙の中ででたらめに振舞ったということになってしまうからである．（『宇宙の神秘』）[13]

こういう審美的かつ宗教的としかいいようのない理由から，ケプラーは宇宙の構成原理に円や球以外の形，すなわち多角形，多面体の導入を合理化する．さてここで，「諸物体のなかで選択を行い，不規則で混乱したものを除去し，普遍的で単純なもの，すなわち等角・等稜のもののみを残す」ならば，五個しかない正多面体にたどりつく．

こうしてわれわれは，惑星運動のために軌道の円形を，また数と大きさのために物体〔正多面体〕を得たのである．この他には「神はつねに幾何学する」というプラトンの言葉以外に付け加えるものはない．可動物〔惑星〕の構造において神は，これらの物体〔正多面体〕の間に軌道を，また軌道の間に物体を，いずれの物体も惑星の軌道に挟まれないでおかれることのないように，挿入したのである（同上）[14]．

この奇妙な「理論」は彼の生涯の気に入りで，晩年の『世界の調和』（1619 年）でもあらためてこのモデルに戻っている．それどころか『世界の調和』にいたっては，この数的・音楽的調和という発想がますますエスカレートし，この書は天文学のすべてを和音をなす音階の整数比にあてはめようとする壮大で精魂込めた大ゴシック建造物である．それはなんとも幻想的な書物であり，その一端を知ってもらうためにその全五巻の目次を挙げておこう．

第１巻　幾何学篇
　調和的比例を証明する正則図形の起源と記述
第２巻　構造論篇，すなわち図形幾何学にもとづく篇
　平面と空間における正則図形の合同
第３巻　厳密な調和論篇
　図形の調和的比例の起源．古代と対照しての音楽的事物の本性と相違
第４巻　形而上学・心理学・占星術篇
　調和の精神的本質および世界における調和の特性，とくに天体から地上にふりかかる光線の調和，ならびに地上の心霊や人間の心霊など自然にたいするこれらの光線の影響．
第５巻　天文学・形而上学篇
　調和的比例による離心率の起源と天体運動の完全な調和．

　ここで，くりかえし登場する「調和」とは――最近では「和声」とも訳されているが――ひらたく言えば，簡単な整数比になるということを意味している．まさに，ピタゴラス主義者ケプラーの面目躍如たるものがある．さてこの第４巻のなかで，彼は自ら幾何学観をつぎのように語っている．

　諸事物の創造に先立って久遠に神の精神に属していた幾何学は，神自身であり――というのも，神自身でないものが神の中にあるだろうか――，また神に天地創造のための原型を与えたものである．幾何学は神の姿とともに人間の内に移り込んだのであって，眼を通してはじめて内に取り入れられたのではない[15]．

　ケプラーにとって天文学の真理は幾何学のなかにこそ存

在していたと言えよう．幾何学は，感性的感覚によって得られた知識ではなく，被造物としての人間一般に生来的に備わった普遍的認識規範と看做され，同時に，被造物としての自然もまた本質的に幾何学的構造を持つとされていたのである．それゆえ，天文学が幾何学によって捉えられ表わされることは自明であった[16]．

そして，この『世界の調和』の第5巻のなかに，太陽系の惑星の長半径の3乗は公転周期の2乗に比例するという，いわゆるケプラーの第3法則が，「調和」の一例としてちょこっと書かれている．ケストラー評するところの「熱帯産植物の繁れる中の忘れな草」のようにだ．ちなみに，第3法則の発見は1618年3月15日のことであるが，全惑星の太陽からの距離と周期の間に何らかの関係があるはずであるという発想は，すでに22年前の『宇宙の神秘』において登場しているのだ[17]．そのことは，ケプラーが当初からかのルネサンス期の太陽崇拝思想とプラトン・ピタゴラス的信念の持ち主として出発し，また終生そうであったということを再び示すものである．

これらのことを鑑みるならば，ケプラーの発見は，「何世紀にもわたる旧き数学的神秘主義の伝統と，近代の自然科学的思惟との決定的な出合いは，ケプラーにおいて起こった」（カッシーラー）ともいえるが，裏返せば「真理でまた重要になった理論が，始めにその発見者の心に全く粗野で合理的でない考究によって示されたという，科学史上あまり起こらない特殊な例である」（ラッセル）ともなる[18]．かかるラッセルの評価は科学を過度に合理的に見ているためだが，ともかくこうしてケプラーは，その不滅の法則を残したのである．

Ⅲ　楕円軌道への途

しかしケプラーは，『新天文学』――すなわち第1法則と第2法則の発見――にいたる1600年から1609年の過程では，俄然，徹底した実証主義者として登場する．じっさい，ケプラーが楕円軌道と面積定理に到達したのは，16年間にわたって継続的に観測され蓄積された，師ティコ・ブラーエの精密きわまる――すべて肉眼による！――火星の観測データに否応なく導かれてのことであった．とはいっても，ケプラーがティコに接近した本当の動機は，例の奇妙な正多面体理論を実証したいがためにほかならなかったのだが．というのも，コペルニクスの使っている数値があまり信用のおけないものだと彼は確信していたからである．それにコペルニクスの理論では，惑星軌道の中心は太陽ではなく太陽近くに位置する地球軌道の中心に置かれていたので，惑星軌道を含む例の球面が地球にたいしてだけは厚みを欠くことになる．そのためケプラーは正確な平均距離と離心率の値を必要としていたのであった．しかし奇妙な幾何学的理論の検証のために精密な観測データが必要だという確信は，ケプラーに特有のものである．ケプラーがティコの門下に入った数カ月後の1600年7月12日に，彼は知人に白状している．

私がティコを訪れた最も重要な理由の一つは，私の『宇宙の神秘』と前にお話しした『調和』を改めて検証するために離心率の正確な値を欲しかったからです．この考察は，アプリオリには周知の経験に反することはないでしょう．だけれどもそれだけではなくティコのデータとも一致しなければなりません[19]．

歴史上空前のティコの観測データをケプラーが利用できたのは，ケプラーにとってはまったくの幸運であったが，しかしそのデータの価値を知り活用できる人物としては，当時世界中でケプラー唯一人しかいなかったであろう．その意味では，ティコもまた幸運であった．ティコの死の直後にケプラーは，恩師メステリンに，「神様がいかんともしがたい運命によって私をティコにひき合せ，のっぴきならない〔ティコとの〕仲たがいの間も二人を引き離さなかったのだと，つくづく思います」と書き送っている．「神様がいかに旨く贈り物を分ち与えて下さったのか，判っていただけることでしょう．私たちのうちの一人だけではすべてを成すことはできません．ティコはヒッパルコスの役割を果しました．彼の業績は建物の土台にあたります．こうしてティコは巨大な仕事を成し遂げました．しかし一人ですべてをやり遂げることはかないません．ヒッパルコスは惑星理論を作りあげたプトレマイオスを必要としたのです[20]．」じっさいその通りである．ちなみにいうとケプラーがティコのもとに行くことになったのは新教徒であるがためにグラーツを追放されたからであった.

ケプラーはこのティコのデータをはやくからねらっていたらしいけれども，ティコに雇われたのは，ティコの死の1年前の1600年であった．ティコが存命したそのわずか1年余りの間にも，陽気で騒々しく厚かましい貴族のティコと陰気で病みがちで神経質な平民ケプラーの間にはひっきりなしにいさかいがあり，ティコは自分のデータをなかなかケプラーに見せなかった．先述の1600年7月12日付の手紙でケプラーは「ティコは，たまたま食事での語らいのときに，今日はある惑星の遠日点について，次の日は別の惑星の交点についてという具合に時たま漏らしてくれる以外には，彼の経験を分ち持つ機会を与えてはくれません」とその模様を語っている．ティコの死後は腹心のブラーエ一族が，価値も理解できないデータの奪い合いを演じ，新参でよそ者のケプラーは，まったく分がわるい．存命中にティコは，惑星をひとつずつ弟子に分担させ，火星がケプラーの割当てであった．その真相はこうだ．火星が太陽系の外惑星中ではもっとも円軌道からのずれが大きく，円軌道に当てはめることだけが「理論的解析」の作業でしかなかった当時，それは貧乏クジを意味していたのである．ケプラー自身が『新天文学』の序文で引用しているように「火星は観測を許さない星」（プリニウス）であった.

しかし，歴史の何たる幸運，何たる皮肉，だからこそケプラーは楕円軌道にたどりつけたのであった．想うに，火星以外では離心率が小さすぎて，ティコのデータの精度をもってしては楕円軌道の発見は不可能であっただろう．

地動説の立場を採るかぎり，地上の観測者は動いている観測者になるから，他の惑星の軌道を決定するためには，あらかじめ観測者の位置——つまり地球の位置——を決定しておかねばならない．あたりまえのことのようであるけれども，これはケプラーがはじめて設定した問題である．というのも，コペルニクスはアプリオリに地球が等速円運動をしているという前提に立っていたからである．他方ケプラーは，火星にたいして円軌道も等速性もなりたたないとすれば地球だけを特別扱いする理由はないと考えた．

そこでケプラーは，地球の運動を太陽—地球—惑星の三角測量で巧妙に決定したのである．図1-2で，太陽（S）—地球（E）—火星（M）が一直線上に並ぶ時（EがE_0の位置に来る時）を選ぶ．火星の周期は687日つまり1.88年だから，火星が元の位置（M）に戻ったときに地球は1.88周してE_1に来ている．ここで$\angle ME_1S$の観測値と恒星天を背景にした太陽の方向すなわち$\angle MSE_1$の値より地球の位置が決まる．こうして地球軌道全体を決めるには，地球と火星の両周期の公倍数すなわち15年のデータが必要とされる．そしてティコは，火星のデータをちょうど16年分そろえていた．まさに必要なだけのものを，ティコの観測が提供したのであった．天の配剤というべきか！

それだけではない．惑星の位置を長期にわたって持続

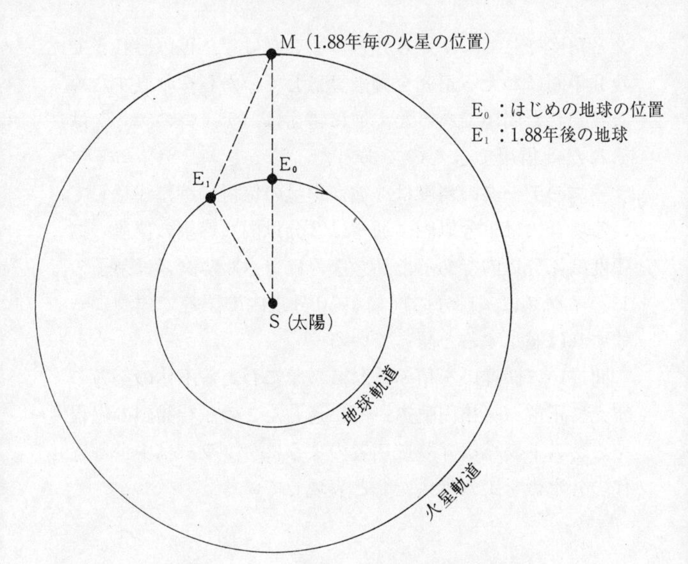

図 1-2　ケプラーによる地球の運動の決定

的・連続的に観測したのもティコがはじめてで，それまでの天文学は――コペルニクスも含め――惑星が合とか矩とか食とかの特別の位置にきたときだけを観測していたのである[21]．そしてケプラーがはじめに第2法則にたどりついたのはこの地球の運動についてであった．

じつは，この地球の運動の決定という問題は，火星のデータを相手に，何カ月にもわたる悪戦苦闘，気の遠くなるような試行と挫折ののちに達した成果が，ティコのデータと角度にしてわずか8分合わないだけで，彼はそれまでの2年間にわたる追究を御破算にして一からやり直すために設定した問題であった．逆に言えば，ティコのデータはそれだけ信用できたのであった．じっさい，ティコ・ブラーエのデータの精度は，彼が恒星の位置に特に注意している場合には1分以内，通常は2分以内，惑星の位置の信頼度は4分以内であった．ちなみにコペルニクスは弟子のレティクスに，自分の理論が10分以内の誤差で観測に一致すれば満足すると語っている(22)．

間違いに間違いを積み重ね，数年にわたる不休の努力のすえに正解——楕円軌道——に達したこの試行錯誤の過程を，ケストラーは「夢遊病者のようにケプラーは中世と近代の分水嶺を踏み越えた」と表現している．

Ⅳ 原因としての重力の追究

しかし，楕円軌道を主張するや否や，「何故」という問題が生ずる．円軌道なら，それが最も単純で完全な形だとか，自然は単純を好むとか，神様は世界を完全に造りたもうたとか，さまざまな神学的・審美的・形而上学的理由を挙げて済ませることもできよう．いずれにせよ，それ以上「何故」ということにはならない．じっさい，ケプラー自身，「エウドクソスやカリッポスやその後継者プトレマイオスら古代人は，円を越えることなく，そのさいどうして惑星は円軌道を完結するかに頭を悩ませることなく現象を記述する（demonstro）ことをならわしとしたのである」と評している[23]．だが，円でなく，楕円だというからには，そのことに対する上位の根拠が，つまり〈原因〉が必要とされる．

もちろんわたくしたちは，すでにニュートンの第2法則を知っているから，等速直線運動からの偏倚があれば，それが円であれ楕円であれ，ともかくも加速度の原因としての力を想定する．しかし，少なくともニュートン以前には決してそうではなかった．

たとえばガリレイは『天文対話』のあるところで，塔の上から落下する石は，地上から見れば直線的に落下するけれども，地球が自転しているから，じっさいには――つまり地球の外にある非回転系から見れば――等速の円軌道を描くとしている．もちろんこの結論は間違っているけれども，ともかくもそのことから，つまり等速円運動であるということから，ガリレイは「われわれは加速度や，他の運動の新しい原因を探究する必要はありません」と語っているのだ[24]．当時の最高の物理学者にしてこうだから，全体的状況は推して識りえよう．円でなくなったときにはじめて原因の追究が要請されたのである．

じつを言うと現代的観点から見ても，円であるということと，きわめて円に近いけれどもしかし円ではなく楕円であるということとは，決定的な違いがある．

だが，このことの重要性に気付いた現代の物理学者は意外に少ない．たとえば量子力学の創始者の一人，ボルンは

「コペルニクスの円あるいはケプラーの楕円は，現代物理学が軌道の運動学的記述あるいはホロノミックな記述と呼んでいるもの，すなわち運動の原因にふれずに運動を記述する数学的な定式化であった」として，コペルニクスの円とケプラーの楕円を同一平面上においている[25]．しかし「運動学的記述」というときには，その対極に運動の原因にもとづく「動力学的説明」という概念を想定しているわけだが，コペルニクスの円には，もともと動力学が存在しないし必要ともしない．天文学における動力学はケプラーから始まったのである．

現代で問題の所在を見抜いた数少ない物理学者は，ファインマンである．さすが戦後のピカ一の物理学者だ．有名な彼の講義録では，次のように語られている．

> わたくしたちの心の中には，対称性（シンメトリー）をある種の完全性と受け取る傾向がある．じっさいそれは，円が完全であるというギリシャ人の古い観念に似ている．惑星軌道が円ではなく近似的にしか円でないということを信じるのは，どちらかといえば恐しいことであった．円であるということと近似的に円であるということとの差は，小さな差ではない．それは，考え方に関するかぎり根底的な違いがある．円には完全性と対称性が顕われているが，円がわずかでも歪めば，途端に完全性や対称性はなくなってしまう．……円という観点から問題を見れば，惑星の現実の運動がもしも完全な円だったならば，説明しなければならないことは何もないであろう．それはまったく単純なことである．しかし，じっさいには近似的にしか円でないのだから，説明すべきことが数多くあり，その結果は重要な動力学上の問題となる[26]．

楕円軌道と面積定理を発見したケプラーもまた，軌道が円から歪み，速度の緩急が生じるという事実を前にして，その原因を求めざるを得なかったのである．思想的にはピタゴラス・プラトン主義者として幾何学的対称性を求めて止まない精神の持ち主であったケプラーの場合，自らの見出した法則の示す——現代風にいえば——対称性の破れは，人一倍のっぴきならない問題であったにちがいない．

彼がこの点で行き当たった問題が何であったのかを，ずっと後の1618，20，21年に書いた『コペルニクス天文学概要』で自ら鋭く切開している．この本は，カスパーが『ケプラー伝』で語っているように，内容的にはむしろ『ケプラー天文学概要』とでもいうべきのもので，「われわれがケプラーに負っている最大の書物」である[(27)]．コペルニクスが『天体の回転について』で円や周転円という古い科学の上に——幾何学的に——地動説を展開したのだとすれば，このケプラーの書物ははじめて楕円軌道にもとづいて新しい科学の上に——物理学的に——地動説を全面展開したものであり，地動説の歴史においてガリレイの『天文対話』以上に重要性を持つべきものであった．じっさい本書ではじめて，楕円軌道と面積定理が火星だけではなくすべての惑星と月にも成り立つことが主張され，第3法則が木星の4つの衛星にもあてはまることが示された．しかしローマ・カトリックの禁書目録にもリスト・アップされた本書は，ガリレイの書物ほどはポピュラーにならず，話題にされることもなく埋もれていった．本書で——当面の目的にとって――最も重要なのは次の部分である.

彼ら〔古代人〕は, 元に戻ってくるすべての運動のうちでは円が最も単純で最も完全であり, 卵形とかの他のすべての運動には直線性が混入していると考えた. したがって, この円運動こそ物体のきわめて単純な本性に最も似つかわしく, 神の精神たる動者に似つかわしく――というのも美と完全性は神の精神のものであるから――, 最後に, 球形を持つ天に最も似つかわしい, と考えたのである.

これに対して私は, 以下のように答えよう. もしも古代人が信じたように天の運動が精神の業であるならば, 惑星の軌道が完全な円であるということはもっともらしいであろう. ……しかしながら, 天の運動は精神の業ではなく自然の業, すなわち自然の物体の力の業であり, さもなければこれらの物体的な力に適合して一様に作用する精神の業である. このことは, 天文学者の観測によってこそ最もよく検証される. そして天文学者は, 視覚の錯誤を正しく取り除いたのちに, 楕円形の周回こそが惑星の現実の正しい運動であることを見出したのである. **そして楕円が, 自然の物体的な力とその力の放射と大きさについての証拠を提供している**[28]. (強調引用者)

先ほど引いたファインマンの言葉と較べていただきたい. ケプラーは事の本質を捉えていたのだ. それだけではない. 「天の運動は精神の業ではなく自然の業, すなわち自然の物体の力の業 (opus naturalis corporum potentiae) である」と言いきることによって――たとえその後に「さもなければ云々」という折衷主義的な文言を付しているとはいえ――, 後に見るようなニュートン的理神論をも乗り越えて, 一挙に18世紀啓蒙主義の近くにまで接近しているのだ．ケプラーをして2世紀先の力学思想を予感せしめた楕円軌道の発見の衝撃力の大きさを，この一言に見ることができよう．

さて，動力因の問題である，火星軌道相手の苦闘が大詰を迎えたのは1604年の末から翌年のはじめごろであった．1604年の12月には，軌道が楕円ならば旨くゆくことを見出しながらもいまだに結論として認めるには至らなかったが，翌年の2月10日には知人に次のように書き送っている．

> 私は物理的原因の研究に没頭しております．私の意図は，天の機構は神的な生命体というようなものよりはむしろ時計の働きのようなものだということを示すことにあります．つまり，時計の場合にすべての運動は単一の重しで動くように，多くの運動のほとんどすべてが単一のきわめて単純な磁力で行なわれるということであります[(29)]．

すでにこの時点でケプラーは，惑星を動かす動力因を探し求めていたのだ．ちなみにいうと，カスパーの『ケプラー伝』によれば，ケプラーが最終的に楕円軌道という結論にたどりついたのは1605年の復活祭（3月末〜4月初）のころである[(30)]．その年の10月11日には親友ファブリチウスへの手紙で

> もしも石を地球からはなれたところに置き両者があらゆる他の運動を欠いているとすれば，石が地球に接近するだけではな

く地球もまた石に接近し，両者はその質量に反比例して両者の間の空間を分かつでありましょう(31)．

と，彼の重力論を提起している（彼の重力論については次節で詳しく見る）．

そして1607年10月4日，火星の運動の解明を達成し，『新天文学』をほぼ脱稿したときに，彼は自ら行なったことの意味を充分明瞭に自覚して，次のような手紙を書いている．これは，人類史上はじめての物理学としての天文学の宣言である．

たったいま私は，火星の運動についての私の研究を最後までやりとげました．それは大変な頭脳労働を要しました，私は，天界の神学やアリストテレスの天界の形而上学のかわりに，天界の哲学ないしは天界の物理学を書きます(32)．

こうして，本書冒頭で述べた『因果律もしくは天界の物理学にもとづく天文学』という副題を持った『新天文学』が書き上げられたのであった．その序文で彼は，次のように総括している．

私がこの仕事〔天文学理論の修正〕を手がけて幸運にも成功しましたけれども，そのさい私は，アリストテレス形而上学からはずれ，むしろ天界の物理学に移りゆき，運動の自然的原因を追究するようになりました．……**目標に導く唯一の途は，私が本書で設定した運動の物理的原因にもとづくものであります．**（強調引用者）(33)

しかもその運動の物理的原因は――ケプラーの考えでは――太陽にこそ求められなければならない．しかし今回は，その根拠が，例の奇妙な太陽崇拝にではなく，物理学的な考察に求められている．

じつは，それぞれの惑星軌道が平面上にあること，各惑星の軌道平面が地球の軌道面にたいして一定の角度をなし，互いに少しずつ傾いていること，このことを発見したのはケプラーであった．いうならば，ケプラーの第0法則である．地球軌道面から見て火星が上ったり下ったりすることを，ケプラー以前まで，たとえばコペルニクスは，火星の軌道面が振動しているためだと考えていたのである[(34)]．しかもケプラーは各軌道平面の交線が太陽の存在する一点で交わることを見出した．ちなみにコペルニクスでは，惑星の回転中心は，そして全惑星の軌道面の交点も，太陽ではなく，太陽から少し離れた位置にある地球軌道の中心に関係づけられていた．各惑星の軌道面が振動しているように見えたのはそのためである．

したがって，太陽を厳密に惑星系の中心に置いたのはケプラーが最初である．

物理的原因の探究のための第一歩は，例の離心円の合流点〔各惑星の離心円の存する平面の交線が共通に持つ点〕が，コペルニクスやブラーエの見解に反して，まさしく太陽自身の中心にあり，その他の（太陽の近くの）点にあるのではないという証明にありました[(35)]．（『新天文学』序文）

それだけではない．彼の第2法則——すなわち面積定理——によれば，惑星の運行の速さは太陽からの距離にほぼ反比例している．この二つの事実こそは，太陽が動力因であることの証左ではないだろうか．

地球が運動するとき，地球の太陽への接近や太陽からの遠離に応じてその運動の緩急の法則を得るということが示されます．他の惑星もまた同じ目に遇い，その太陽への接近や遠離に応じて運動を促進されたり抑制されたりします．ここまでは，この現象の説明は純粋に幾何学的なものです．

この完全に確実な証明から，いまや私はまったく物理学的な仮定によって**五惑星の運動の源泉は太陽自体にある**と推論します．それゆえ，地球の運動の源泉もまた，他の五惑星の運動の源泉のあるところ，すなわち太陽のうちにあるのだということは，きわめて確かなようです(36)．（同上，強調引用者）

こうしてはじめて天文学は物理学になり，惑星は太陽が及ぼす力——現代的に言うならば重力——によって運動するという思想が生まれたのであった．

ちなみにコペルニクスの場合，太陽は惑星に熱と光を与えるだけである．

V　ケプラーの重力論

ケプラーの重力論は『新天文学』の序文，彼の死後に遺稿として出版された『ケプラーの夢』，および『コペルニクス天文学概要』に展開されている．

はじめに『新天文学』の序文から見てゆこう．

重力〔または重さ〕にかんする正しい学説は，以下の公理の上に作られます．

物体的実体は，物体的であるかぎり，類似の物体の力の及ぶ領域の外に単独で在れば，その本性によりその位置に静止しようとします．

重力（gravitas）とは，類似物体間の合体し結合しようとする相互的・物体的傾向作用（affectio）のことです（磁力もまたこの顕われです）．それゆえ地球は，石が地球を引き寄せようとする以上に，石を引き寄せます．

重い物体は，（かりに地球が世界の中心にあると考えてもかまいませんが）世界の中心に向かって運ばれるのではなく，球形の類似物体――すなわち地球――の中心としての中心に向かって運ばれるのであります．それゆえ，地球がどこにあったとしても，あるいは地球が生命的な力（facultate sua animali）によってどこに運び去られたとしても，つねに重い物体は地球に向かって運ばれます．

もしも地球が丸くなければ，重い物体はどこでも地球の中心に向かって運ばれるのではなく，さまざまな側から色々な点へと運ばれるでしょう．２個の石を第３の類似物体の力の及ぶ領域の外の世界のどこかで互いに接近して置くならば，この２個の石は，磁気的物体と同じように，その中間のある位置で邂逅します．そのさい，一方は他方の質量に比例する距離だけ他方に接近します．

月と地球が，何らかの生命的な力もしくはそのようなものによってその軌道に保持されていなかったならば，地球は月にたいして両者の間の距離の1/54だけ上昇し，月は53/54だけ下降し，そこで両者は合体するでしょう．そのさいに両実体は同じ密度であると想定されています(37)．

こういうのを読むと，なんとなく幼稚でありしかも常識的だと思われるかもしれないが，わたくしたちにとってそれほど違和感がないということ自体が，この所説の革命性と画時代性とを裏づけているのだ．マックス・ヤンマーは，これを力と質量が物理学に導入されたほとんどはじめての文書としているし[38]，また『新天文学』独訳版の訳者ゲオルグ・バルダウフは，引用文第2パラグラフのところに，「慣性法則の静的部分の最初の明確な把握である」と注を付している．

慣性については後に触れることにして，ここではこの「重力」または「重さ」について考えてみよう．ケプラーの理論の革命性は，当時完全に支配的であったアリストテレス・スコラの自然学と対照することによってはじめて明瞭になる．アリストテレスにおいては，地上の物体は火・空気・水・土の四元素より成り，火と空気は，いわば絶対的に軽い元素，水と土は絶対的に重い元素であり，重い元素より成る重い物体は，世界の中心たる地球の中心に向かう．ここではもちろん「世界の中心」にアクセントが置かれている．すなわちアリストテレスの空間は球対称ではあるが均質ではなく，中心と周辺が歴然と区別されているのであり，重量物体は特別な位置としての世界の中心に向かうのである．たまたまその中心に地球が一致しているにすぎない[39]．したがってまた，水や土と世界の中心が相互的に引き合うのでもなく，水や土は自らの本性により一方的に「世界の中心」に向かうにすぎない．このことを踏まえて前述の一文を読み直せば，ケプラーの言わんとしているところがよくわかるであろう．ケプラーにおいては重い物体は，「世界の中心」にではなく他の球形物体——その物体がどこに位置していても——の中心に引かれるにすぎないのである．もちろん，軽い元素より成る軽い物体についても同じである．アリストテレスにあっては，火や空気はその本性により世界の中心から遠ざかるとされる．したがって「重い」「軽い」はそれぞれの元素に固有な絶対的質の区別を意味していた．各元素はそれぞれ「重さ」ないし「軽さ」のいずれかの実体的質を持つといってもよい．これについてもケプラーは，軽いものといえども地球の引力により引かれているとして次のように語っている．

月の引力が地球にまで及んでいるならば，当然地球の引力は月にまで，そしてさらに高くにまで及んでいるはずです．そして，地上の材質から成る高くに持ち上げられた事物でこの（地球の）引力の強い腕をのがれうるものはありません．

物体的質量より成るいかなる事物も，絶対的に軽いことはなく，もともと稀薄であるか，もしくは，熱によって稀薄になったに応じて，軽いにすぎません．……　軽いもののこの説明から，軽いものの運動もまた結論されます．そのとき人は，軽いものが上向きに運動するさいに世界の限界面にまで逃れるとか，地球から引き寄せられないとかいうことを仮定することは許されません．というのも，軽いものは重いものより引き寄せられかたが少ないので，重いものによって押し出されるにすぎず，押し出された所で軽いものは静止し，地球によってその位置に保たれるのです[40]．

つまり現代的に読み込めば，「軽さ」とは大気の浮力のことであって，このケプラーの発見は，単に惑星の軌道の問題にとどまらず，アリストテレス以来の物質観と空間観に根底的変革をもたらすものであることがわかるであろう．位置が相対的なものでしかなく，物体相互の関係においてはじめて決まるものであり，また「重さ」「軽さ」とは地球と物体の相互的な引力の強さの相対的な差でしかなく，世界の絶対的な位置たる中心に向かうないしは中心から遠ざかる物体の絶対的性質ではないということ，このような見方はアリストテレスの自然学とはまったく相容れない．じっさい，地上物体の「重さ」をこのように2物体間の相互的牽引の結果ととらえ，したがってまた，類似の物体の力の及ぶ領域の外（extra orbem virtutis cognati corporis）にある2個の物体というものを想定することによって地球の引力圏から頭のなかで飛び出したのも，彼がはじめてである．

もちろん「重力」は，ケプラー以前にも語られている．たとえばコペルニクスは，次のように語っている．

少なくとも私は，重力は自然のある欲求にほかならぬと思う，宇宙の建築者の高い配慮によって，その部分が球の形に結合して一にして全体であるように与えられたものである．この性質は太陽にも月にも同じように付属していると考えられる，それらの天体は種々の方法でそれぞれの回転をするけれども，この〔重力の〕働きによってそれらの現わす丸さを持っているのである[41]．

このコペルニクスの重力は，地上物体は地球に引かれるという14世紀のオレームの理論の影響を示しているが，さらに遡れば，「それぞれのものが自分と同族のものに向かってゆくという，そのことが動いている当のものを重い（と呼ばれる）ものにし」と語ったプラトンにまでゆきつくであろう．しかしこのプラトンとコペルニクスの重力は，同族のものの間，つまり一天体とその天体上（天体表面）の物体間に働く力であって，異なる天体間──たとえば月と地球，太陽と惑星──に働く相互的な力では決してない．他方ケプラーの重力は──ケプラー自身の表現では「類似物体間」の力とされているけれども，そしてこの点で科学史家の見解も分かれるのだが──月と地球間にも働くものであり，のみならず後述のように，太陽と惑星間にも同様の引力を考えている点で，それまでの重力思想を越えている[42]．

Ⅵ「ケプラーのアキレス腱」──慣性

物体が動くのはその固有の目的を実現させるためではなく，外力が働くからであると主張することは，裏返せば，外力が働かなければ物体は静止を続けるという意味での「慣性」を認めたことになる．したがってケプラーは重力を発見すると同時に，──もちろんこの限られた意味における──「慣性」をも発見した．じっさい，彼がはじめて重力について言及した1605年10月11日付のファブリチウス宛の書簡（Ⅳ節）で，「すべての物体はそれ自身の本性から静止しているという性質を持つ，すなわちいかなるところであれその場所にとどまろうとする」とはっきりと語っている．簡単なことのようだが，この「すべての物体」には天体も含まれているのであり，天体にたいして「慣性」を認めることはきわめて大きな飛躍が必要とされたのである．

この彼の慣性論を展開したのが，前節冒頭に述べた遺稿『ケプラーの夢』であった．この『ケプラーの夢』――書かれたのは『新天文学』出版の少し後と考えられている[43]――は，聖霊の助けを借りて月に旅行した人間の物語で，いまでいうSFのはしりのようなものだが，じつに奇妙な，しかし魅力的な物語である．そこでは，月の気候や月の住民の様子，月から見た地球や諸天体の運動が描かれ，また本文自体は短いけれども詳細な「注」がケプラー自身の手で付されていて，この「注」が物理学的に見てきわめて興味深い．

とくにこの『夢』で描かれている月までの飛行の具体的な記述とその「注」は，ケプラーの重力論と慣性論を知るうえで貴重である．概略は次の通りだ．こういうところを要約すれば原文の味わいが抜け落ちるが，――さいわい良い邦訳も出ているので――要約で我慢していただこう．

人間は月への出発にあたって激しいショックを受ける[A]．大砲で空高く打ち上げられるようなもの[B]だからである．そこでショックを分散させるように四肢をうまく配置しておかねばならない．その後はずっと楽になり(C)，人間を運ぶ聖霊は手を離してもよく(D)，人間はほとんど聖霊の意志の力だけで転がされてゆく(E)．そしてついには人間の体がひとりでに月に向かって進むようになり(F)，その先では人間の体が月に激突しないように，聖霊が前に立ってゆく(44)．

これを読むと，ケプラーは類まれな想像力の持主であることがわかるだろう．現代風に解釈すれば，はじめに地球の重力圏から抜け出すための大きな加速度によって人体は巨大な力（慣性力）を受けること，月と地球の間には無重力状態があること，月の引力圏では逆に月に向かって加速され，そのままでは月に激突すること，等に相当し，これらは今から見てすべて真である．アポロ計画に350年先んじて，ケプラーの想像力は燃えていたのだ．

さてケプラーは，上記(A)〜(F)に次のような「注」を付けている(45)．（じつは「注」はもっと多く，ここに挙げるのはその一部にすぎない．）

(A) 私は「重さ」を磁気力に類似した相互に引き合う力として定義する．この引力は，近接している物体間では遠く離れている物体間におけるよりも大きい．そこで，くっついたままの物体が引き離されるときにはより強い抵抗が生じる．

(B) 押された物体が容易に動くときは衝撃は激しくない．そこで鉛の球の方が石つぶてよりもずっと大きな音をたてるのは，前者の方が重さが大きく，したがって抵抗がより大きいからである．そうすると，からだは重いものであるから，急に押されるときの衝撃は極度にはげしいものとなるだろう．

ここで「抵抗（renitentia）」という言葉に注意していただきたい．物体は運動にたいして抵抗する──つまり現代的にいえば「慣性」を持つことが語られている．しかも，この「慣性」が物体の質量に比例することまで指摘されている．そこでさらに「注」を読んでゆこう．

(C) これは，体が地球の磁力のおよぶ範囲を越えてなお遠くへと運ばれて，ついに月の磁力の方が強くなったときの状態を言っているのである．
(D) 地球と月の磁力がそれぞれの反対方向に引く力によって打ち消されると，体はどの方向にもまったく引っぱられていないというような状態になる．そのときには，体が全体として四肢を前に進ませる．腕や脚の方が全身よりも小さな部分だからだ．
(E) まったく意志だけでというわけではない．力もやはり必要だ．というのは，おのおのの**物体はその物質に比例して運動に対する慣性的な抵抗をもっているからである．この慣性は，引力圏外の場所にある物体に静止の状態を与える**．物体をその位置から動かそうとする人はこの力あるいは慣性に打ち勝たねばならない．（強調引用者）

ここまできて，ケプラーの慣性論はあらためて明白になる．はじめにもいったようにケプラーの「慣性」は「速度」に抵抗する「慣性」のことであって，物体は力が働かないかぎり静止状態を続けようとする性質を持つとされているのだ．したがって，地球の引力と月の引力の両者の圏外にある中間領域では，聖霊がこの「慣性」をもつ人間に力を加えなければ人間は前進しえないことになる．

この「慣性論」は，いまから見れば間違っている．たしかにここには「ケプラーのアキレス腱」(ホルトン)(46)があるといえよう．「慣性」を「運動に抵抗するもの」とする誤解から「運動状態の変化に抵抗するもの」という正しい把握に至るには相当の飛躍がなければならない．そしてその飛躍は，ガリレイ，ガッサンディ，デカルトを俟たねばならなかった．最終的にはオイラーとダランベールが完全に正しい概念に達した．

しかし，考えてみれば，概念を誤用したということは，ともかくも概念を導入したことでもある．じっさい，1736年に公刊されたオイラーの著書『力学，解析学的に示された運動の科学』では，「慣性 (inertia)」を定義したあとで(後述，第8章Ⅴ参照)，慣性概念のはじめての形成者としてケプラーを挙げている．

> この語 (inertia) をはじめて創ったケプラーは，この語に，すべての物体が有しその物体をその状態から追い出そうとするすべてのものに抵抗すべき力を認めている(47)．

オイラー以前にも，ライプニッツはクラークとの往復書箇で「ケプラーによって語られた慣性」と認めている(48).しかるにその後の物理学史においては，慣性概念の導入におけるケプラーの役割が過小に評価されてきたきらいがある(49).

ところで，ケプラーが「静止慣性」しか認めないのであれば，何故地上物体は地球の運動に取り残されないのかという，コペルニクスの地動説にたいしてくり返し持ち出された批判を，ケプラーも免れえない．コペルニクスはこれにたいして，地球と同質の地上物体は地球の運動を共有すると反論しているけれども，ケプラーは，「重力論」にもとづいてこれに反論する．すなわち，地上物体は地球の強い重力によって引きずられ，その結果，地球の回転に随伴するというのである．その意味でも，ケプラーの慣性論は彼の重力論と補完しあっている．

そこで，最後に，もう一度「注」のなかから彼の重力論を見ておこう．

(F) これは，月の磁力圏に近づいてその引力が優勢になったときである．どうしてそうなるかと思うなら，地球の一部分が月球と等しくて等しい引力を及ぼすと仮定してみたまえ．両球の間に浮かぶ物体は，両球からの距離の比が両球の物体の比に等しい点にあるときは静止したままになるだろう．反対方向へ引っぱる力がお互いに打ち消し合うからだ．こういった現象は，物体の距離が地球からは地球の半径の58倍と59分の1で，月からは同じく59分の58になったときに起るだろう(*)．しかし，物体が少しでも月に近づいたら月の引力に支配されるだろう．接近によって月の引力が強くなるからである．

これから見てわかるようにケプラーの考えによれば，地球ないしは一般に物体の重力は，物体からの距離に反比例し物体の質量に比例する，つまり現代風に書けば，

$$F \propto \frac{m}{r}, \qquad (1\text{-}1)$$

という関数形を持つということになる．

(*) ここに出てくるややこしい──『新天文学』序文にあったのとは少々異なる──数字は大略次のようにして求められたものであろう．ケプラーは地球と月の距離を，

$$\left(58+\frac{1}{59}\right)R+\frac{58}{59}R = 59R, \quad (R= \text{地球半径})$$

としている．他方，『夢』の「注」62 では月の視半径を角度にして 15 分としているから，月の半径 R' が，

$$R' = 59R\times\frac{15}{60}\times\frac{\pi}{180} = 0.257R,$$

したがってまた，地球と月を同密度と仮定して質量比が，

$$\frac{m}{m'} = \frac{R^3}{R'^3} = 58.6 \cong 58,$$

と求まる．そこで，地球と月の中間でこの質量比に分かつ点では月からの引力と地球からの引力が等しくなり重力が働かないとして，その点を求める．

そのとき多分ケプラーは，地球表面から月までの距離 $58R$ をとって，力の打ち消しあう点を月からは $\frac{m'}{m+m'}\times 58R=\frac{58}{59}R$，したがって地球の中心からの距離は $59R-\frac{58}{59}R=\left(58+\frac{1}{59}\right)R$ だと計算したのであろう．

もちろんこれもまた，いまから見れば間違っている．しかしケプラーは，『新天文学』において「天界の物理学」すなわち「動力学」を人類史上はじめて創り出そうとしたのであり，この関数形も根拠のないものではない．むしろ彼が見出した第2法則——面積定理——を彼の「運動の法則」にもとづいて説明するために誘導されたのであり，その意味で首尾一貫しているとともに，対称性（等速円運動）の破れにたいする〈外的原因〉の追究という動機に貫かれているのである．そこで次節でケプラーの「動力学」を検討する．

Ⅶ ケプラーにおける惑星運動の動力学

わたくしは，ケプラーの重力論を述べている本章をひとまず彼の動力学で締めくくるつもりだが，そのためにこれまでのストーリーを少し振り返ってみよう．ピタゴラス主義者たるケプラーにとって，自ら発見した法則における対称性の破れの事実——すなわち，惑星軌道は円ではなく楕円であり，しかもその速さは太陽からの遠近に応じて遅速を示すという事実——は，その因果的原因の追究へと彼を導いたこと，こうして彼は，天体間に働く重力と物体に備わる慣性抵抗という概念にたどりついたということを見てきた．とすれば次の問題は，この重力と慣性を用いて惑星運動の円形性や等速性からの偏倚がいかに動力学的に説明されるのかを検討することでなければなるまい．

さて，ケプラーによれば惑星はどのような仕組みで太陽のまわりを運動するのか．前節で少し触れたが，彼は，『新天文学』において，地球の引力とそれによる地球のまわりの物体の運動を次のように述べている．

たしかに地球の牽引力は，上方の非常な広さにわたって存在しています．とはいえ，地球の直径にくらべて著しく大きな間隔だけ離れて在る石は，現実には地球の運動に完全に随伴する（sequor）ことはなく，むしろこの石の抵抗力と地球の引力が合成されるために，地球の牽引からいくぶん自由にされるでしょう(50)．

わかりにくいところだが，ここで「地球の運動」とあるのは地球の自転を指していることに注意してもらいたい．つまり，地球の引力圏にある物体は，地球の引力によって地球の自転方向に回転するように引きずられるのであって，他方，慣性抵抗はその牽引に抗するのである．したがって物体は，地球の引力と物体自身の慣性抵抗とのかねあいで決定される速度と軌道とを持つことになる．ここではいつのまにか，物体に働く引力が軌道の中心（地球）方向にではなく，いわば軌道の接線方向に働く駆動力とされている．このような点を捉えてケストラーは「ケプラーの天才の度合は彼の自家撞着の強度である」とまで言っているが，しかし，遠心力というような概念はもちろん，数学においても微積分はおろか極座標や解析幾何学すら存在しない時代のことであり，むしろ細部における誤りにもかかわらず大胆な思想が述べられているのだから，あまりこだわらずに本節を追っていこう．

つぎに惑星の動力学を追うために少し先まわりして，後の『コペルニクス天文学概要』を見てみることにしよう．というのも，この『概要』こそは，「彼の先行者の純粋に幾何学的な構成を物理力の導入によって克服し，それまでの計算処方を因果的自然原因によって乗り越え，運動学を動力学で置き換えた最初の試み」（カスパー）であるからだ[51]．そこではケプラーは，自転する地球とその引力圏にある物体の関係を，太陽と惑星の関係にもあてはめる．すなわち，惑星が太陽のまわりを回るのも，慣性を持つ惑星を太陽が自転に伴って軌道に沿って駆動し続けるからだと考える．以下は『概要』からの引用である．

> 太陽の駆動力以外に惑星自身のうちに運動に対する自然の慣性も存在することはすでに述べたことである．……それゆえ太陽の駆動力と惑星の不活動性ないし物質的慣性の間の競合が生ずる．そしてそれぞれは何割かの勝利を収める．駆動力は惑星をその位置から動かし，物質的慣性は自らの，つまり惑星の，身体を，それを捕らえ込んでいる太陽の束縛から解放する．かくして惑星の身体は，まずこの力の円のある部分に，ついで別の部分――惑星がたったいま解き放たれたばかりの処にすぐ続く部分――に捕らえ込まれる[52]．

ここでも，太陽が惑星を動かす力は，軌道に沿った方向の駆動力とされている．（ちなみに言うと，このような根拠にもとづいてであれ太陽の自転を予言したのはケプラーである．）

以上で「天体動力学」の定性的側面が明らかになったから，つぎに定量的側面の検討に移ろう．問題は，惑星—太陽間の距離 r が一定ではなく，速度の大きさ v も一定ではないこと，にもかかわらず第2法則，つまり動径方向に垂直な速度成分を $v_{\perp}$ として

$$\text{面積速度} = \frac{1}{2}rv_{\perp} = \text{一定}$$

がなりたつ事実，とくに近日点（P）と遠日点（A）にたいしては，$v_{\perp}=v$ ゆえ

$$r_{\mathrm{A}}v_{\mathrm{A}} = r_{\mathrm{P}}v_{\mathrm{P}}$$

となる事実が，どのように説明されうるのかにある．ここでケプラーは，このことを大雑把に rv＝一定がつねになりたつと解する．したがって関係，

$$v \propto \frac{1}{r}, \tag{1-2}$$

が得られる（rv＝一定はケプラーが第2法則以前に見出したものである）．

他方，彼の慣性論では物体（惑星）は力が働かなければ静止，力が働けば速度を得るのであり，また彼の慣性は質量に比例しているから，いうならばケプラーにとっての動力学の方程式——運動方程式——は，

$$mv \propto F, \tag{1-3}$$

のように表わされ，(1-2) (1-3) より，(1-1) の力の関数形；

$$F \propto \frac{m}{r},$$

が求められることになる．

こうして見ると，彼の重力論が彼の慣性論に補完されているとともに，その誤りもまた慣性論の誤りと裏腹になっていることがわかる．速度に抵抗する慣性にとらわれているかぎり，こうならざるをえないのだ．

ところで，このように議論を整理すると，それはあまりにも整理のしすぎで，整理というよりは歪曲ではないのかとの感も，正直いって，否めないことである．しかし，表現の様式はともあれ，筋道としてはこの議論はケプラーの語っているものとそれほどは変わらない．じっさいケプラー自身，力が距離に反比例して減少することを次のように例証的に示している．

「この（惑星の）遅速の法則と例証は何か？」

テコのなかに真の例証が存在する．というのもそこでは，腕がつり合っていれば，各腕に吊したおもりの比は腕の長さの比に逆比例しているからである．すなわち，より短い腕に吊したより大きなおもりのモーメントは，より長い腕に吊したより小さいおもりのモーメントに等しいからである．そして，短い腕〔の長さ〕の長い腕〔の長さ〕にたいする比は，長い腕につけ

> たおもりの短い腕につけたおもりにたいする比に等しい．そしていまかりに，心の中で一方の腕を取り去ってみて，そのおもりの代りに，残った腕のおもりを支えるのに等しい力をテコの支点のところに想定してみるならば，テコの支点におけるこの力は，遠くにある小さなおもりにも近くにある大きなおもりにも拮抗するということは明らかである．そして天文学もまた，惑星に関して，**惑星が太陽から直線距離にして遠くにあるときは，その距離が縮まったときに較べてその惑星を回転させるのに小さな力しか及ぼさない**ということを示している．そして，惑星の軌道上で同長の弧を取れば，**各弧の太陽からの距離の比は，惑星がその弧を通過する時間の比に等しい**のである[53]．（強調引用者）

もちろん，ここで語られているテコと重力のアナロジーはなりたたない．だいいちあまりにも飛躍がありすぎて，少なくとも近代物理学の初等的部分だけでも教育された者にとっては，立ち入って論ずるに値しないように見えよう．

しかし，ともかくもここではじめて，運動の外的原因としての重力があり，その力が数学的関数で表現されるという思想が公然と提起されたのである．この二点，すなわち原因としての力および関数概念としての力という観念こそ，その後の近代力学誕生への決定的な衝動を与えたのである．そのさい，その関数形が $1/r$ か $1/r^2$ かはさしあたっては二義的な問題であり，また，その着想を説明づけその思想を普及させるために間違ったアナロジーを用いたからといって，誰もそれを咎め立てることはできまい．

そしてより重要なことは，この重力の導入が，上記の引用からもわかるとおり，彼自身の発見になる第1，2法則——すなわち円形性と等速性の破れ——を原理的レベルで説き明かすためのものであったことであろう．彼にとって現象のレベルでの統一性や完全性の喪失は，原理のレベルで回復されねばならなかったのであり，面積定理に示される不規則性は単なる不規則性ではなく，「規則的な不規則性」(『概要』) を意味していたのである，すなわち，

> 真の単純性は，天文学理論の基礎にある諸原理に関して求められるべきであります．私の説の場合に，もしより少数の普遍的諸原理からかくも多様な諸現象が帰結するのであるとしたら，それでも君は，かかる結果の多様性を理由に，原理の単純性を否認するのでしょうか？ よもや君はプラトンの言葉を忘れたのではありますまい．万にして一なるものへ．(楕円軌道に難色を示した友人ファブリチウス宛の書簡)(54)．

これは「宇宙の諸部分の最上の配置と完全な秩序とを維持するものは，円運動と静止状態以外にはないことは何の疑いもありません」と『天文対話』で語ったガリレイの自然観とは決定的に異なる(55)．ガリレイには空間的配置の秩序——現象の秩序——が自然の秩序を表わすのに反し，ケプラーにとっては力学的合法則性——原理の秩序——が自然界の真の秩序を表わしているのであった．

このようにしてケプラーは，楕円軌道と面積定理の発見によって根底的に揺らいだアリストテレス－プトレマイオスの——コペルニクスにまで至る——自然学を原理的に止

揚するものとして重力の概念にたどりついたのである．そしてこの重力の問題のなかに近代力学の栄光とそしてまた解きえぬ謎が，ともに込められていたのであった．

Ⅷ　ケプラーにとっての重力

わたくしたちは，重力が関数形式で与えられたならばそれ以上重力の存在論上の意味を問おうとはしない．重力が「いかに」作用するのかのみを問い，「なにゆえに」と問わないのが現代における科学の身構えなのである．

しかしケプラーは近代の直前の人である．その彼は重力をどのようなものと見ていたのだろうか．彼は『新天文学』の序文で次のように語っている．

太陽はたしかにその位置にとどまっているが，旋盤の中にあるかのように自転しているのである．しかし太陽は，その光の非物質的放射によく似た，その物体の非物質的放射（speciem immateriatam corporis sui）を広い宇宙に放っている．この放射は，太陽の自転にともなって自らも世界中に広がる渦のように回転し，同時に惑星をその回転とともにひきずってゆく．そのさいに放射の法則にのっとって濃密や稀薄になるに応じて，牽引力は強くなったり弱くなったりする．

すべての惑星を太陽のまわりのその軌道内で運ぶこの共通の力の発見の後には，私は，私の証明の正当な結論として，個々の惑星にその動者（motor）を割り当て，惑星球の中でその位置を割り振らねばならない(56)．

後に『概要』第4巻においてもケプラーは，この同じ思想を「その活力にみちた力の放射（speciem illius virtutis energeticae）」として語っている．

これをケストラーに倣って，現代の重力波理論の先駆と見るかそれともデカルトの渦動理論（後述）の先駆と見るかという風に考えたならば[57]，見方や立場によってその評価は分かれるであろう．

たとえばケプラーから1世紀後のライプニッツは，ニュートンの重力理論を批判して「私は，天体の運動はエーテルの運動によって惹き起された，つまり天文学的に言うならば，〔固体ではなく〕流体よりなる輸送球〔の運動〕によって惹き起されたということを認めなければならないと考える」と語った上で，「この見解は，無視されつづけてきたけれどもきわめて古くからある．というのも，エピクロス以前にすでにレウキッポスがそれを語り，彼は〔世界〕体系の形成においてそれ〔流体よりなる輸送球〕に渦動の名を与えているし，またわれわれは，いかにしてケプラーが渦動をなす流体の運動によって重力をおぼろげに表現したのかを見てきた」と続けている[58]．しかしこのライプニッツの発言は，一方ではニュートンの理論にたいするアンチ・テーゼを提起しようとしたものであると同時に，他方では，渦動理論の発見者をケプラーにすることでデカルトを貶めようとする動機にもとづくものである．

ところでケプラーは『概要』において，光は3次元に広がってゆくがゆえにその強度は$1/r^2$で減少するに反し，惑星軌道は一平面上にあるため惑星を動かす「物体の非物質的放射」は2次元に広がり，したがって重力は$1/r$で減少するとも説明している[59]，そのかぎりでは，彼の想像力は――ケストラーの言うように――いまの「重力波」に親しいある種の「重力放射」を描いていたと言えないこともない．

しかし考えてみるに，ケストラーのように「重力波か渦動理論か」と問題を立てること自体，ケプラー以後現代に至るまで歴史を知っているわたくしたちの一種の奢りのあらわれであって，ケプラー自身は，彼以後の近代科学を知らないのにひきかえ，逆に，わたくしたちにとっては暗闇のなかに没してしまった中世の思想を彼は一身にひきずっていたはずである．ものごとを現代人の眼と現代人の知識で判断してはならないのだ．

じっさい，ケプラー自身の生涯もまた中世的悲惨に彩られていた．ケプラーの生涯に較べるとガリレオ裁判などはまだしも「近代的弾圧」に見える．16世紀にドイツ国内を席巻した宗教論争と17世紀の30年戦争，そして続発する悪疫とペスト禍を背景とする彼の人生には，貧困・宗教的迫害・流浪・病苦がつねに同居していた．ティコ・ブラーエの後継者として「宮廷数学官」という立派な肩書きを与えられていながら，ケプラーはその名目上の給料をほとんど支給されていなかった．彼が貴族や大衆に認められたのは，その不滅の法則によってではなく，たまたまいくつかの星占いが的中したからなのだ．そして彼の母親は

「魔女」の嫌疑で魔女裁判にかけられている．この魔女裁判の時代に占星術をなりわいとする人物によって〈新天文学〉の幕が上げられたのを思うとき，はじめてその先駆性が読みとれるのである．

このことを考えあわせるならば，ケプラーが神秘的な想像力を駆使してたどりついた重力を，現代的な概念装置でとり込もうとすること自体に無理がある．

ニュートンが提起し，デカルト派とライプニッツが拒否し，そのために18世紀には多大な論争を惹き起し，最終的には単なる関数形式としてのみ古典力学の内部になんとか収まった重力にくらべて，ケプラーの重力はもっと得体のしれないところがあった．つまりケプラーは，「力」の概念が「霊力」とか「意志力」というような擬人的な観念から脱皮してゆく過渡期に位置していたのであり，そのためにこそ，ケプラーよりも先に進んでいた同時代人ガリレイがかえって重力を認められないという逆説が生じたのである．

そこで次章では，ガリレイと対比させることでケプラーの重力に逆照明をあてつつ，ガリレイの重力観を見てゆくことにする．

第2章　重力にたいするガリレイの態度

1　潮汐と重力――ケプラーの理論

通常，ガリレイこそはニュートンに先んずる最高の物理学者であると考えられている．慣性の法則と落体理論や放物体理論の創始者であり，望遠鏡による月面の最初の観測者でもあれば木星の衛星と太陽黒点の発見者でもあり，さらには材料力学や無限数論の先駆者でもあるとされている．そして教会権力に屈することなく地動説を主張して自己の科学的信念をつらぬいた科学革命の英雄にして殉教者とも評価され，彼がミケランジェロの死んだ年に生まれ，また彼が死んだ年にニュートンが生まれたことまでが，「神の愛でし人」として特別な星の下に生まれたことをほのめかしているようである．たしかに『ガリレオ裁判』の著者の言葉を借りれば「ガリレイの悲劇は才能が有過ぎたことだった」といえよう[1]．

しかし本書では，ガリレイを論ずるにあたって，通常はあまり触れられない彼の潮汐論から見てゆこうと思う．というのも，潮汐現象の説明こそは，天才ガリレイが決定的に間違えた問題であり，そのような問題から入ってゆくのはガリレイにたいしてフェアーでないようだが，しかしこの問題はガリレイにとってはコペルニクス説を論証するいわば決め手であったし，他方では重力にたいする彼の態度を最もよく示し，したがってまた，彼の自然観——機械論的自然観——をもよく現しているからである．そしてこの重力——天体間に作用する引力——をめぐるガリレイとケプラーの対立のなかに，やがてはデカルト派とニュートン派の対立にまで発展してゆき，そして古典力学がついに解決を見出しえなかった問題が込められているのである．

＊　＊　＊

潮汐現象の特徴は，大略次のとおりである．潮の満干は，主要に半日周期，つまり6時間毎に満潮と干潮が交代で支配する．そして，ほぼ月に面した海面とその反対側の海面で同時に満潮になる．

もちろんこの潮汐と月の位置の相関は，神話時代からよく知られていた．たとえば，G. ハワード・ダーウィン——進化論で有名なチャールズ・ダーウィンの息子——の『潮汐』によれば，アイスランドの古文書 *Rimbegla* には「潮は月に従うもので，月が照らせば潮は退き，月が動いてゆけば潮が満ちてくると司祭ベダは言って居る」等の言葉が見られるとある[2]．

ストラボンによる次のようなポシドニウスの記述は正確である．

月が十二宮（獣帯）の一宮に相当する距離（即ち角度にして

30度）だけ（東方の）地平線上に昇った時に潮は満ち始め，月が子午線に達するまでは潮が陸の方へ向ってやって来るのが見られる．月が子午線を通過すると，今度は次第に潮が退き，月が西方の地平線上獣帯の一宮に相当する幅だけ上方に在る時まで退き潮が続く．そして月が実際に没しつつある時は海水は静止の状態に在り，更に月が地平線下獣帯の一宮に相当する距離だけ沈むまで其の状態を続ける．其の時から再び潮が上げ始め，月が地球の下方の子午線を経過するまで上げ潮が続き，それから退き潮に移り，月が東方の地平線下獣帯一宮の距離だけの所に来るまで退き潮の状態である．それから海水は静止の状態に入り，月が東の地平線上獣帯一宮の距離だけ昇るまで静止状態を続け，それから再び上げ潮となる．此れがポシドニウスに拠る潮汐の日周運動である[(3)]．

こういう月と潮汐の相関はよく知られていたことであるから，潮汐を月の影響や作用に帰す説明はもちろん古くから存在した．しかしそれを，月と地球の間に働く「重力」によって論じたのは，これまたケプラーが最初の一人であった．

ケプラーの潮汐論は，『新天文学』の序文および『ケプラーの夢』の「注」に見られる．

『夢』では，「海洋の潮汐は，太陽および月が不在である真夜中にも，それらが存在している正午とにおいてと同じくらい大きいのである」（注204）と，潮汐の半日周期を認めたうえで，「潮汐の原因は，太陽と月が磁力に似たある種の力で海水を引っぱるためらしい．地球そのものもその上の水を引っぱっているが，これはわれわれが《重さ》と呼んでいるものである」（注202）とあるように，潮汐を月・太陽・地球の引力の重畳効果に——正しく——帰している[4]．これは，ニュートンによる潮汐のつりあい理論を確実に先取りするものである．

『新天文学』の序文ではもう少しきちんと展開されている．

月に備わった引力の範囲は地球にまで及び，熱帯の海水を引き寄せ，かくして月が天頂に達する位置において，いわば月と海水は邂逅することになります．このことは，閉ざされた海では見分け難いことですけれども，大洋の容器がきわめて広くその水があちらこちらに流れるようなところでは，顕著なことです．……

月がす早く天頂を通過しても，水はそんなに早くついてゆけませんから，熱帯では海水は西方に向かい，向きあっている海岸にぶつかって方向を変えます．……

潮汐が〔熱帯とは〕別のいずれの場所に見られても，私は潮汐と月の引力とを関係づけて説明したいと思います[5]．

前章で述べたように，直観的にであれ天体間の重力を捉えていたケプラーは，さすがに本質に迫っている．しかも，海水の粘性まで考慮して，潮汐の動的な把握を試みているのだ．

もちろん彼は，はじめに引いた『夢』の注204のあとに，

われわれの海洋（大西洋）に見られる夜の高潮をアメリカ海岸からのはね返りのせいにしないかぎり，私の予言は成り立たない．その場合，月は自分の方にひきつける水をアメリカ海岸

に打ち当てることになる．そしてそれがまたヨーロッパとアフリカの海岸で逆転して帰ってくると，これを次の日に戻ってきた月がつかまえるのである[6]．

と付け加えて，潮汐の周期が半日であることを説明するのに相当苦慮している．しかし，ともかくも大切なことは，ケプラーにおいては潮汐の説明原理が天体間の引力に求められていることにある．

Ⅱ　ガリレイの潮汐論とケプラー批判

ガリレイによる潮汐現象の説明方式はまったく異なる．彼の理論（『天文対話』第４日）では，潮汐は地球の力学的運動，つまり自転と公転の重ね合せの結果とされている．したがって彼は，潮汐こそ地球上で地球の運動を直接に立証できるものと意気込んでいる．

じっさいローマ法皇から弾圧された『天文対話』のもともとの構想は『潮の満干についての対話』であり，４日間にわたる対話形式で書かれたその構成では，第１日，アリストテレス『天体論』批判，第２日，地上物体の運動現象による地動説の可能性の論証，第３日，天文現象による地動説の蓋然性の論証，を受けて，最後の４日目に潮汐現象が地動説の決定的確証として論じられている[7]．地上物体の運動や天文現象は，地動説でも天動説でも説明できるという意味で，地動説の「可能性」ないし「蓋然性」を示す

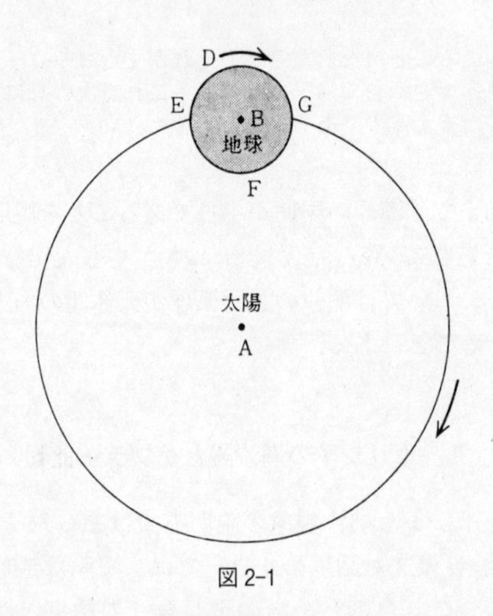

図 2-1

にすぎないのに反し，潮汐現象はベーコンの言う意味での決定的実験（experimentum crusis）であるとされているのだ．ローマ法皇との間に確執を惹き起こしたのも，直接にはこの点である．

彼の詳細な説明をかいつまんでいうと，次のとおりである．

図 2-1 のように地球 B が太陽 A のまわりを時計回りに公転し，同時に地球は同方向（D → G → F → E）に自転しているとする．地球のこの日周運動と年周運動を重ね合せると当然 D 点の速度は大きく F 点の速度は小さくなる．海水はこの速度変化についてゆけず，このような速度変化

のある容器中の水面に高低が出来るのと同じように，海の窪みという容器に入れられた海水は満干を示す．これこそが「満干のもっとも強力で第一次的な原因」[8]である．

もちろん，これでは，彼自身も知っていた月あるいは太陽の影響が出てこない．しかしガリレイは，それを副次的なもの，つまり日周運動による効果を拡大したり抑制したりするだけのものとしている．またこれでは，満干は1日周期となり，ガリレイ自身の実証的精神をも納得させない．彼は満潮と干潮の間が6時間であることも知っていたのだ．そこで「二次的な原因」として「容器の長短や水の深浅」が，満干を惹き起こすものではないが，その「往復の時間」を規定するものとして持ち出される．少し苦しい感じだが，その後が大変面白いので，少し引用しよう．

だからといって，6時間の周期が他の時間間隔よりも固有だとか自然的だとかいうのではなく，おそらくこれがこの何世紀もの間実際に見てこられた唯一の海である地中海に属しているため，もっともよく観察されたからでしょう．また地中海のすべての部分でそのような周期が観察されているのでもありません．なぜならダーダネルス海峡やエーゲ海のようないくつかの狭い場所では，周期がずっと短く，また相互に非常に違っています．ある人のいうのによると，アリストテレスはそのような変化とその原因が理解できず，長い間それをエウボエア島のある海岸で観察したのち，絶望にかられて海にとび込み自ら水死をしたということです[9]．

もちろんアリストテレスが云々というのは作り話である

が，読みようによっては，アリストテレスすら悩みぬいた問題を自分は解いたのだというガリレイの自負が窺えよう（もっとも，アリストテレスが潮にさらわれて死んだという話は，前述の『ケプラーの夢』の「注」にも出てくるから，当時はそのように思われていたのかもしれない）.

というわけでガリレイは，「この（地球の）日周回転が年周運動を加減することにこそ容器の不斉一な運動の，したがって満干の，根本的な原因が存在する」と結論づける．したがってまた，「地球が不動である場合には，自然的には満干が生じえない」ことになり，地動説も実証されることになる[10].

ともあれ，この議論がまったく機械論的な説明原理にもとづいていることに注意してもらいたい．通常『天文対話』のこの部分は，ガリレイ研究の権威ドレイクらきわめてわずかな例外を除き，好意的には採り上げられない[11].たしかにそれは間違っている．しかしあえてここで論じたのは，そこに，ガリレイが天体間に作用する重力という発想からいかに遠くにいたかを読み取りうるからである．事実ガリレイは，天体間に働く重力をあからさまに否定している．『天文対話』のあるところで彼は，重力にもとづくケプラーの潮汐論を名指しで次のように批判している．

また（ある古代の数学者の述べているように）大地の運動が月の天球の運動と出会うと，そのような出会いのため，満干がひき起こされるということは，まったく空しいことです．というのは，どうしてそうならなければならないのか説明がつかずわからないだけではなく，明らかな誤りが認められるからです．というのは大地の回転は月の運動方向に反対しておらず，同じ方向になされるからです．……しかしそのような自然の驚くべき事柄について哲学したすべての偉大な人間のなかでも，特にケプラーについては他の人に対してより以上に驚きます．というのは，かれは偏見のない鋭い才能の持ち主で大地に運動を帰属させることを支持していますが，ところが**月の水に対する支配力や，また隠れた性質や同じような子供らしいこと**に耳を傾け，同意しているからです．（強調引用者）

ここで最後に出てくる〈隠れた性質〉という言葉に注目していただきたい．別のところでは次のようにも言っている．

この海の満干がどのように大量の水のなす位置的で感覚的な運動であるかということを見ると，ぼくの知性は光や穏やかな熱や隠れた性質に支配されたものや同じような空しい想像力の産物を裏書きする気にはなりえません．これらのものが満干の原因である，あるいはありうるなどというのはとんでもないことで，反対に満干こそそれらの原因なのです．すなわち満干がかれらの頭脳を自然のもっとも隠れた作用について思弁したり探求したりしうるようにするよりも，駄弁と頑迷さに向くようにする原因なのです[12]．

この〈隠れた性質〉という烙印こそ，形成途上における近代物理学——とりわけ力学——が，アリストテレス・スコラの自然学を粉砕するために浴びせた，そして後にはデカルト主義者とライプニッツがニュートンの重力論に投げつけた，決定的な侮蔑の言葉であった．

古来、アリストテレス学派の自然学では，「質(性質 qualitas)」とは物質的物体のすべての知覚可能な徴標をさしていた．つまり丸いとか四角いという物体の幾何学的形状も温かい・冷たいという性状も色や味や手ざわりなどもすべて同じレベルで物体の性質と看做されていた．他方，「隠れた性質（qualitates occultae)」とは，感官によってはそれ自体は知覚されえないけれども知覚可能な一定の効果を惹き起こすものをさしている．たとえば，磁石は鉄を引き寄せるという顕在的効果をもたらすが，それは「磁力」というそれ自体としては色や味とちがって直接には知覚されえない性質――すなわち「隠れた性質」――を持っているからである，ということになる．そしてこのような議論がアリストテレスの権威にもたれかかった学校哲学者――スコラ学者――のあいだでは，大手をふってまかり通っていたのである．

しかしこのような論法は，ガリレイ以降の人々の眼から見れば，単に現象を言い換えたにすぎないことになる．18世紀百科全書派のディードロにいわせれば，「隠れた性質」とは「原因に置きかえられた結果自身にほかならない」のである[13]．じっさいこういう論法を使えば，すべての事柄の「説明」が可能である．たとえば，硫黄はなぜ燃えるのか，それは「可燃性」という性質を持っているからである，塩はなぜ水に溶けるのか，それは「可溶性」という性質を持っているからである，等々．「哲学者のなかには，

《わたしには分からない》という本音を隠すために共感，反感，隠れた性質，影響力，その他の用語を使うひとがいます」というガリレイの揶揄のなかに，その言葉が当時持っていたひびきがよく表わされている[14].

ちなみに，もともとは生物とくに人間間の精神的交流や反撥に由来するこの「共感と反感」もまた，ルネサンス期のアリストテレス派の学者が用いたものであり，生物態的世界像に起源を持つものである．ガリレイは『天文対話』で，頑固アリストテレス主義者として登場させたシムプリチオの口を通して，「共感というのは相互に質のよく似たものの間に生まれる一種の一致であり，相互的な欲望です．したがって反対に他のものが自然的に避け合い恐れ合う憎悪と敵意とを反感と呼びます」[15]と語らせている．

もちろんこのような性質にもとづく現象の説明は，アリストテレス自然学の枠組みのなかではじめて意味を持ったものであった．火・空気・水・土の四元素より成るアリストテレスの世界において，各元素は乾・湿および温・冷の各二種の性質を持っている．つまり，たとえば火は乾と温の，水は湿と冷の両性質を持つ．そして火が上空に昇り，また火と水の間に湿と温の性質を持つ空気が在り，乾と冷の性質を持つ石が水の下に沈むのは，このような性質間の共感と反感を表わしていると説明されるのである．ひらたく言えば，たとえば管のなかに水を入れたときになかの空気が追い出されるのは，力学的な問題ではなく，水の元素と空気の元素の持つそれぞれの性質（冷と温）の間に反感が存在するからであると言うわけだ(16).

そしてガリレイにとっては，月が地上の物体（海水）に引力（重力）を及ぼすから満潮が生ずるなどという説明の仕方は，天体が地上物体に及ぼす支配力や影響力というような占星術師の戯言か，さもなければせいぜい隠れた性質や共感・反感という陳腐なアリストテレス主義者——学校哲学者——の発想と同レベルのものに見えたのであった．というのも，ガリレイこそは，最初のしかもきわめて明快な機械論的自然観の提唱者であったからである(17).

Ⅲ　機械論的自然観と重力

ガリレイの著書『偽金鑑識官』は，『天文対話』以前のもの（1623年）だが，ガリレイの自然観はここでほぼ完成されていた．さしあたってそこから見てゆこう．そこで彼は次のように述べている．これは，ガリレイの——そして一般的に言っても——機械論的自然観の決定的テーゼであるから，少し長いが全文引用しておこう．

> わたしが，ある質料とか物体を考えるとき，ただちにイメージとしてえがく必要にかられるのは，つぎのようなものだと考えます．つまり，そのものが，しかじかの形をして境界と形態を持っており，他のものとくらべて大きいか小さいか，また，しかじかの場所に，しかじかの時刻に存在し，運動しているか静止しているか，他の物体と接触しているかいないか，一個か多数個かということなのです．いかなるイメージを作る場合

も，物質をこれらの条件から切り離して考えることはできません．しかし，その物質が，白いか赤いか，苦いか甘いか，音を出すか出さぬか，芳香を発するか悪臭を放つか，というこういった条件をかならず含めてその物質を理解しなければならぬとは考えません．それどころか，もし諸感覚がわたしたちにともなっていなければ，理性や想像力それ自身だけでは，それらの〔色や臭などの〕性質にまでは到達しないはずなのです．したがって，これらの味や匂いや色彩などは，それらがそこに内在しているかにみえる主体の側からみると，たんなる名辞であるにすぎないのであり，たんに感覚主体のなかにそれらの所在があるにすぎない，とわたしは思うのです．だから，感覚主体が遠ざけられると，これらの性質はすべて消え失せてしまうのです．しかしながら，わたしたちは，他方の第一の実在的性質に，これらの性質とは異なる特定の名辞を与えたので，その他方の性質もまた，真の性質であり，かつ現実的であるという点において，これらの性質と異なるもう一つのものだというように信じがちなのです(18)．

物体の幾何学的形状と個数および時間的・空間的位置とその運動のみを客観的なものと認め，他方人間の感覚器官との関係にすぎないその他の諸性質を主観的なものとして物体の真の性質から排除するこの区別こそは，古代原子論者デモクリトスに始まり，近代においてはガリレイによって提唱され，一方ではジョン・ロックに，他方ではデカルトに継承されてゆく，いわゆる「第１性質」と「第２性質」の区別である．これは，アリストテレス・スコラの物質観とは決定的に対立する．というのもスコラ哲学では，物質における諸性質も色や味や香りなどの知覚における性質もすべて物質の偶有性として実体視され，したがって同一水準の客観性を要求しているからである．

そして，この第1性質と第2性質の区別にもとづいてこそ，相対的な人間の感覚に由来するすべての主観的性質を物体からこそぎ落し，すべての現象を幾何学的形状の時間的・空間的位置変化としての運動のみから説明するべしという機械論的自然観が生まれてくるのであった．ガリレイのこのテーゼでは，重さや質量でさえも第1性質に含められていないことに注目していただきたい．

このような立場を採るかぎり，物体間に働く力は一定の延長を持ち幾何学的にのみ特徴づけられる無性質の物体の相互的接触による運動伝播から導き出されるべきもの——すなわち，物体の不可透入性の結果——であって，逆に物質の性質として玄妙なる力を導入して現象の説明原理に用いることはできない相談であった．

ガリレイそして一般に機械論的自然観の立場では，膨大な空間をへだてて作用する天体間の力というようなものは〈隠れた性質〉以外のなにものでもなかったし，ガリレイには質的で自然学的な意味での重力の放射説——すなわちケプラーの言う speciem immateriatam corporis sui——など受け容れようがなかったのだ．したがってまたガリレイにとって，潮汐は，地球の窪みという幾何学的容器に入れられた海水と，地球の自転運動と公転運動のみから純粋に機械論的に説明されねばならないことであった．

ひるがえって考えるに，ケプラーはこのような機械論的自然観とはまったく別の地盤に立っていた．たしかに彼もまた，自然の真理は幾何学的・数学的に表現されるという信念をガリレイと共有してはいた．しかしアニミズムの母斑を残す彼の思想は場合によっては神秘的ですらあり，天体間に働く重力という観念にケプラー自身はなんらの違和感を感じない．もともと「力」という概念は，生物態的な世界像のなかから生み出されたものであり，「霊力」とか「魂の力」とか「意志の力」というような擬人的な発想に由来している．そしてケプラーの片一方の足は生物態的世界像におかれていたのだ．

青年時代のケプラーは，1596年の作『宇宙の神秘』の惑星の太陽からの距離と周期の関係を問題にした20章で，

もしもわれわれがよりいっそう真理を追究し，これら〔太陽から惑星までの距離と惑星の速度〕の間に何らかの関係を定めようとするには，次の二つのいずれかを選ばなければならない．すなわち太陽から遠い惑星ほど惑星の運動霊（motrices animas）が不活発であるか，あるいはまた，運動霊(*)はただ一つすべての惑星の軌道の中心――つまり太陽――のみに在って，近くの惑星をより強く駆り立てる，いいかえれば，遠くにある惑星にたいしては，距離とともに力能が減退するために駆動の力能が衰弱するか，そのいずれかである．

と書いたが，ずっと後のこの第2版（1621）ではここに次のような注を付け加えている．

(*)　もしも「霊（anima）」という言葉を「力（vis）」という言葉で置き換えれば，ほかでもない，『新天文学』において天

> 界の物理学を基礎づけ，そして『概要』第4巻でさらに発展させられた原理が得られる．というのも，以前には私は，天体を駆動する英知体についてのJ.C.スカリゲルの理論を受け容れていたために，惑星を駆動するのは霊であると信じきっていたからである．しかしこの駆動因が，太陽光線のように，太陽からの距離とともに衰弱することを識ったときに，私は，この力はある物体的なものでなければならないという結論に達したのである．たとえ物体的という言葉が文字通りではなく，光はある物体的なもの，つまり非物質的ではあるが物体から出る放射であるということと同じであるにしても[19]．

ここで看て取れるように，ケプラーにとって「力」——いまの場合では「天体間の重力」——という概念は［霊］ないし「魂」の概念を母体として生まれつつ，同時に「霊」や「魂」の概念を克服することによって形成されてきたものである．上記の引用のなかに，『新天文学』を間にはさんで中世的・自然学的「力」概念から近代物理学の「力」概念への漸次的移行がじつによく表わされているといえよう．そしてこの転換は『概要』における「天の運動は精神の業ではなく自然の業，すなわち自然の物体の力の業である」（1章Ⅳ参照）という立場に連なってゆく．

とはいえケプラー自身は，じつは中世的要素をついに振るい落としきれなかったのであって，彼の物理学においては近代的な物理学と古代から中世までの形而上学が渾然一体となっている．晩年の『世界の調和』で彼は，「動物にとっての心に相当するものは，地球にとっては月下の自然である」[20]と語っているが，ケプラーの見た地球はガリレイの見た地球とはまったく別の存在物，ないしは存在者であった．したがってこのような立場では，潮汐現象もまた，単にわたくしたちが理解しているような意味での重力の効果によるだけではない．次に挙げるのは『世界の調和』第4巻における潮汐についての記述である．

件の著しい半日ごとの海の満干以上に，陸上の動物の呼吸や，とくに口から水を吸い込み鰓から再び水を吐き出す魚の行為に類似しているものがあるだろうか．この海の満干は，じつは月の運行に見合っているのであって，そのことについては私は，私の火星の研究〔『新天文学』〕の序文で，あたかも鉄が磁石によって引き寄せられるように，質量の物体的な力を通して水が月に引き寄せられることが正しいようであると説明しておいた．…… 動物が昼夜の交代に合わせて睡眠と覚醒とを繰り返すように地球はその「呼吸」を太陽と月の運行に合わせるのだと主張するならば，とりわけ，肺や鰓の役割をする弾性的部分が地球の深部に示されるならば，人は哲学を好意的に聞くべきだということを私は信じてもよい(21)．

この「地球の呼吸」という潮汐の説明を，ケプラーは例の『ケプラーの夢』の注62では，『新天文学』において以前に展開した月の引力による潮汐論への「付加的な理由」だとしている．つまりケプラーの頭のなかでは，天体間の重力という観念と地球を一個の生物のように看做す生物態的な世界観とが共存しているのであって，そのかぎりでは，空虚な空間を隔てて月と地球が引き合うのは，生物同士が仲間を求めあったりするのと同じように別段奇異なことではなかったのだ．

それどころではない．すでに1602年に『占星術のより確かな基礎について』を書いた彼は，この『世界の調和』の第4巻でも占星術を論じているが，そこでは彼はいかがわしい「迷信的占星術」を否定してはいるものの「経験的に立証される占星術」は肯定しているのである．その二種類の占星術の区別は，わたくしには読んでもよくわからないのだが，たとえば

> 私は，惑星が合（conjūnctiō）になったり，または占星術のこれまでの理論によれば星相（aspectus）を形成するたびごとに，大変規則的に大気の状態がかき乱されたことに気づいている．他方ではまた，何の星相も生じないかまたはきわめてわずかな星相のとき，あるいは星相が速やかに生じては消えてゆく場合，たいていは静穏が支配することに気づいている(22)．
>
> 人は，いかに軍事において戦闘や会戦や襲来や攻撃や征服や暴動や突然の恐怖の勃発が，多くの場合，火星と水星，木星と火星，太陽と火星，土星と火星等々の星相の時期に起こるかを知り，いかに伝染病にさいして，強い星相の時期により多くの人々が病臥するかを知る(23)．

というような一文に出合う．ここで「星相（aspectus 視角）」とは『コペルニクス天文学概要』（6巻・5部Ⅳ）では「二つの惑星の光線によって地球で形成される，月下の存在者を有効に刺戟する角度である」と説明されている．たとえば合（0度）や衡（180度）が第1級の，矩（90度）が第2級の強い星相を形成する．そして『調和』第4巻は，この星相の理論の詳細な解説にあてられている．

この『世界の調和』をガリレイが読んだかどうかは不明であるが，ガリレイが確実に読んだはずの書物が一冊ある．後章で詳しく述べるつもりであるが，ガリレイがはじめて望遠鏡を用いて天空を観察し，木星の4個の衛星などを発見して，1610年に『星界の報告』（『星界の使者』とも読まれる）という本を出した．この発見は大きなセンセーションをまき起こし，アリストテレス主義者がこぞって反撃に出たのだが，そのとき断乎としてガリレイを支持したのがケプラーで，彼はただちにガリレイの新発見を認めて『星界の使者との対話』を発表しガリレイを援護した．それは，ガリレイこそは真理の友であるという基調に貫かれてはいるのだが，そのなかに次のような一節を見出す．

たしかに4個の惑星〔衛星〕が異なった周期と異なった距離で木星のまわりを回っています．そこで，この素晴しい変化に豊んだ光景を自らの眼で見る人々が木星にはいないのだとすれば，いったい誰のためにという問題が持ち上がってきます．というのも，われわれ地上の人間に関するかぎり，これらの惑星がそれを見ることのないわれわれに主要に仕えるというようなことを私に信じさせうるいかなる議論も私は知らないからです．われわれは，われわれのすべてが，今後貴下ガリレイの望遠鏡を手にして至極あたりまえにそれらを見るであろうとは期待すべきではありません．

私が思うに，ある種の他の批判に対決するにはここが丁度よい機会でしょう．ある人々は，われわれの地上の占星術，あるいは技術的にいうならば星相の理説を誤ったものと見るのではないでしょうか？　といいますのも，〔木星の衛星の存在を知らなかった〕今までは，星相を構成する惑星の数について誤っていたからです．しかし彼らは間違っています．なぜなら，諸惑星がわれわれに影響を及ぼすのは，その衝撃が地球に達するある決まった仕方によってであります．それというのも諸惑星は星相を通じて作用し，星相とは地球の中心もしくは眼において形成される角度によってもたらされる傾向のことだからです．あきらかに惑星そのものはわれわれには作用しませんが，その星相の作用のみを通して，その原理を共有する地上の心に抑制や刺戟を与えるのです[(24)]．

そしてガリレイの発見した木星の衛星は角度にしてせいぜい木星から14′しか離れないがゆえに，地上からそれらを見る角度としての星相にはこれまでに知られていない効果を及ぼすことはないから，占星術はこれまでも間違っていなかったし今後も維持される，というのがケプラーの議論である．ケプラーにとっては，月のみならず木星や土星までが，その配置を通して，地上の天候や人間の体に影響を及ぼすというのは，決していぶかしいことではなかったのだ．したがって月と太陽が協同して地表の海水に力――影響力――を及ぼし合うことも，別段不思議なことではない[(25)]．

自分の新発見の擁護のために書かれたものであるといえ，この一文を読まされたガリレイはどういう気分であっただろうか．生物態的世界像をきっぱりと退け，機械論的自然観を提唱するガリレイにとって，ケプラーの言うような天体間の重力などは，文字通り占星術師の世迷い言であって時代を逆行させるものにしか思えなかったであろう.

Ⅳ　ガリレイにおける科学の課題

たしかにガリレイは, 天体間に働く重力という観念を〈隠れた性質〉であるとして退けた. しかし, 彼の物理学上の業績の最も重要なものが他でもない落下物体の理論であったことを鑑みるならば, 地上の物体に働く地球の重力──重さ──の客観性を当然彼は認めていたであろうと, わたくしたちは考えたくなる. ところが, 先に引用した『偽金鑑識官』に述べられている彼の「機械論的自然観」のテーゼでは, 物質において真に客観性を持つもの（第1性質）が幾何学的形状と位置と個数だけに切りつめられ, 物体の落下の原因としての「重さ」や「質量」でさえも排除されているのである. とすれば, いったいガリレイは地上物体にたいする地球の重力をどう考えていたのか, 物体の落下と重力とはどのような関係にあったのか. この点の検討は避けられない.

しかしその前に, ガリレイにとって「機械論的自然観」とはどのようなレベルでの主張であったのかを考えてみなければならない.

近代物理学史上に登場するいくつかの科学思想にたいして, しばしば「機械論的自然観」ないし「力学的自然観」というレッテルが貼られてきた. 本書では「機械論的自然観」と「力学的自然観」とを──欧文では同一に表現されているけれども――区別して使用するつもりである．その区別については後（第11章VI参照）に述べるが，「機械論的自然観」を主要にガリレイとデカルトの思想にたいして用いる．しかしそれでもその言葉は，玉虫色とまでは言わないまでも内容に相当の幅を持ち，個々人の主張に即して具体的に検討されなければならないものである．そのさい，その自然観が，いわば科学方法論のレベルで語られているのかそれとも存在論のレベルで主張されているのか，その点の識別は不可避である．

とりわけガリレイの場合，彼が古代・中世と近代との分水嶺に位置しているだけに，彼の自然観をアリストテレス以来の生物態的自然観と対照するにあたって，単に自然的事物とその秩序をいかなるものと見るのかという，いわば自然学と物理学の対象の捉え方の違いだけではなく，それ以上に，自然法則とはなにか，なにを明らかにするものなのか，さらには自然法則における真理とはなにかという点で，つまり自然学と物理学自体の捉え方において，彼と彼以前の学者とは立脚点に根本的な相違があることを忘れてはならない．じっさい，ガリレイによってはじめて提唱されたまったく新しい自然科学の方法と態度，それゆえにまた根本的に新しい法則概念や真理概念と切り離しえないものとして，彼の「機械論的自然観」が在りうるのだと言える．

そこで本節では，「重さ」や「重力」の問題を後まわしにして，ガリレイにとっての認識の課題とはなにかの検討を行なう.

アリストテレスにとって「認識」とは，事物の存在論上の本質もしくは実体を明らかにするという問題を意味していた．したがって運動の解明は，「どのように」運動が行なわれるかではなく，あれやこれやの運動が「何故に」その特有の形態をとるのかを，事物の本質から目的因（窮極因）にのっとって説明することであった．それゆえ認識論は，いわゆる「実体・形相」の形而上学と不可分のものであった．論理学もまたこの形而上学に支えられていた．

ガリレイが生涯の後半期に議論の対抗軸におき打倒の対象にしたものは，もちろんこのアリストテレス存在論・形而上学であったが，それにたいして彼は，別個の存在論を対置したわけではない．むしろ彼の科学は，存在論上の問題，つまりあるものがその本質（ヌーメノン）ないしは実体においてなんであるかという問題を断念し，学の対象を現象（フェヌーメノン）に限定することによって可能となっているのだ．運動についていうならば，「何故に」と問うのではなく，もっぱら「どのように」と問うものである．その意味でガリレイにとっての認識とは，いうならば「現象論的認識」であった．

この立場を，彼は『太陽黒点についての書簡』（1613年──第3書簡）できわめて率直に語っているから，少々長いが引いてみよう．

わたくしたちは，考察のさいに自然的実体の真の内的本質に通暁するべく努めるのか，それともいくつかの徴標の認識でもって満足するのか，そのいずれかであります．私は前者の試み〔本質の究明〕を，きわめて身近な地上の実体要素の考察にさいしても，あるいはきわめて遠隔の天界の実体の考察にさいしても，同じように不可能な企てだと看做しております．わたくしたちは，月の実体について識らないのとほとんど同じくらい地球の実体についても識りませんし，太陽黒点の実体について識らないとほとんど同じくらい地球の雲の実体についても識りません．というのも，私は，身近な実体の理解においても〔その形而上学的本質については〕まったく識ることのない個別的規定の集まり以上に何らかの有利な立場にあるとは考えないからです．たとえば雲の実体はなにかと問うてみるならば，それは湿った蒸気より成るとの答えが返ってくるでしょう．では，さらにその蒸気とはなにかと問えば，おそらくは，熱の力によって稀薄にされた水であるとの答えが返ってくるでしょう．しかしながら，それでも私が疑問に固執し，それではいったいなにが水に本質的であるのかと尚かつ識ろうとすれば，どのような研究にもかかわらず，つまるところ水とは流れゆき，かつわたくしたちがつねに触れるところの件の流体であるということを経験するにすぎないでしょう．つまりその知識は，なるほどより身近であり感性的知覚に依拠してはいるけれども，最初に雲について持っていた概念以上に事実の内的なものへ導くものでは決してないのです．という次第ですから，私は，月や太陽についてより以上に，火や地球の真の絶対的本質を理解することはありません．……しかし，事物の諸徴標の洞察にとどまろうと欲するならば，きわめて遠隔の物体の場合にも望みがないわけではなく，身近な物体と同じように考察できましょう．じっさい私たちは，場合によっては，前者を後者より以上に正確に認識することがあります．というのも，諸惑星の周期をさまざまな潮の流れの周期以上に正しく知っているのではないでしょうか．月が球形であることを，地球が球形であるということを知る以前に，またよりた易く，知ったではありませんか．……それゆえ，太陽黒点の実体を究めるということがまったく無駄な企てであるとしても，その位置，その運動，その形状と大きさ，その透明度，その可変性，その生成と消滅，等々のような徴標を知ることは，決して許されないわけではないし，またそれらすべては，自然的実体の他のよりむつかしい特性を哲学するための手段としてあらためて用いうるわけです[26].

これ以上の解説は不要であろう．ガリレイにとって認識の課題は，現象における諸徴標とその関連の洞察に尽きているのである．したがってまた，自然を幾何学的形状を持つ諸物体の運動として見るという彼の「機械論自然観」は，もともと存在論的考察の断念——形而上学の放棄——と表裏一体のものなのである．

V　ガリレイにおける法則概念と真理概念

科学がヌーメノン（本質）の追究を断念して，フェヌーメノン（現象）の把握に甘んじるのだとすれば，何がその真理性を保証するのか．フランス啓蒙主義以降の近代物理学の考え方に馴染んでいるわたくしたちならまだしも，アリストテレス的思考に囚われていた当時の人々にとって，これはないがしろにすることのできない問題であったはずだ．つまり，スコラの自然学は，自然的事物の本質が明らかにされてはじめて完結しえたのである．だが，この点にこそガリレイの真理概念と法則概念の決定的な新しさが存在した．

ここで，ガリレイにとっての現象とは，あくまでも幾何学的・数学的概念で読み込まれた現象であることに注目してもらいたい．前述の『書簡』でガリレイの挙げている「経験的諸徴標」とは，大半が周期であり，形状であり，数学的・幾何学的概念で記述されうるものであることからも判るであろう．

> 哲学は，眼のまえにたえず開かれているこの最も巨大な書〔すなわち宇宙〕のなかに書かれているのです．しかし，まずその言語を理解し，そこに書かれている文字を解読することを学ばないかぎり，理解できません．その書は数学の言語で書かれており，その文字は三角形，円その他の幾何学図形であって，これらの手段がなければ，人間の力では，そのことばを理解できないのです(27)．（『偽金鑑識官』）

とすれば，ガリレイの「現象的認識」の真理性とは，幾何学的・数学的諸法則の真理性以外のなにものでもないことになる．

『天文対話』のあるところでガリレイは，地球の回転と地上物体の運動についての純然たる幾何学的な論証の後で，頑固アリストテレス主義者シムプリチオの口から，球と平面は一点で接するという数学的命題は数学的命題としては正しくとも現実の物質より成る球と平面については成り立たないが，それと同じように，幾何学的に真であるからといって自然学的に真であるとの保証はないという批判をあえて語らせている．しかし，これに対するサルヴィアチことガリレイの反論はきわめて単純である．

ガリレイはそのように数学的真理と自然学的真理とを区別して後者を上位におくアリストテレス的二元思考を退ける．現実の物質的な球や物質的な平面が不完全であるがために広がりを持つ面で接するという事実はもちろんガリレイも認めるが，しかしそれは，そこでいう球や平面が完全な球や完全な平面でないからにすぎない．現実の物体であっても，もしも完全な球と完全な平面に形作られてさえいれば，幾何学的定理で証明される通りの振舞いをするはずである——というのがガリレイの回答である．いわく，

ですから君は，物質的な球を物質的な平面にくっつけながら，じつは完全ではない球を完全ではない平面にくっつけ，そして一点では接しないといわれるのです．しかしねえ君，非物質的な球であっても不完全であれば，非物質的ではあるが完全に平らでない面と抽象的に一点ではなく，その表面の一部で接しうるのですよ．だからこれまでのことで具体的に生じることは同じ仕方で抽象的にも生じるのです．そして抽象的な数でなされた計算と運算とが金貨や銀貨，また売買に具体的に合致しないとなれば，これはまったく新奇な事実でしょう．ところでシムプリチオ君，これがどういうことだかおわかりですか．もし計算家が砂糖や絹や羊毛について計算を合わせようと思えば，箱や大包みや他の梱の重さを差引かねばなりませんが，それと同じように，幾何学的哲学者が抽象的に証明された結果を具体的に認識しようとすれば，**物質の障害を取り去らねばなりません**．このことがなされうるならば，ことがらは算術計算とまったく同じように生じると断言します．ですから誤りは抽象的なものにも具体的なものにもなく，幾何学にも自然学にもなく，正しい計算をなし得ない計算家にあるのです．ですからもし君が，たとえ物質的であっても完全な球と完全な平面とをうれば，それが一点で接することに疑いはありません(28)．（強調

引用者)

この議論だけから，ガリレイの法則概念と真理概念は，さしあたって次のようにまとめることができるであろう．すなわち，第1に，自然法則は数学的・幾何学的概念で表現され，その真理性は，数学的・幾何学的命題と推論の真理性によって保証されるということであり，第2には，この意味での自然法則は，事実上大きさを無視しうる物体を幾何学的な点に，事実上平らとみなしうる平面を幾何学的平面に，等々の置き換えをする──「物質の障害を取り除く」──ことによって得られる理想化され数学化された現象にたいしてあてはまるということである．

もちろんこのかぎりでは，こうして得られた法則が観念の世界にたいしては成り立ちえても，現実の複雑な物理的自然をよく捉えているかどうかについては，保証はない．問題は，「物質の障害」とされる副次的要因をさらなる数学的処理に委ねることによって，このような数学的理想化を原理的にいくらでも進めうるのか，またそのことによって数学的命題がいくらでも精密に自然を捉えうるのか，という点にある．この点について，晩年の『新科学対話』でガリレイは次のようなやりとりを展開している．

投射物体の放物運動が水平方向の等速度運動と鉛直方向の等加速度運動の合成により示されるというガリレイの論証にたいして，シムプリチオは，水平方向の運動を直線で表わせば，その上の点は遠くにゆくにつれて地球中心から遠ざかるために等速ではありえないし，また，鉛直方向の自由落下においても媒質の抵抗が不可避であるから等加速度でありえないと批判を加える．この第1点について，サルヴィアチことガリレイは，両端に錘を吊した梃子にたいして，アルキメデスが，梃子が直線でしかも地球中心から等距離にあり，さらに錘を吊す糸は互いに平行であると仮定したことを例にひいて，梃子の寸法が地球中心からの距離に較べて充分に小さいかぎりでこのような「仮定」は許されると主張し，次のようなコメントを付け加えている．

もしも私たちが，われわれの証明した結論を，有限とはいえ非常な遠距離に応用させせようとする場合には，私たちは，地球の中心からの距離が実際は無限でなく，ただ色々の装置の小さなディメンジョン（寸法）に較べれば非常に大きいというに過ぎないのだ，という事実を考慮し，この証明された真理の基礎の上に如何なる訂正をしなければならないかを考慮しなければならないのです(29)．

そしてまた，自由落下にたいする媒質の抵抗が等加速度落下を妨げるではないかという第2の批判について，次のように反論している．

媒体の抵抗から生ずる攪乱はと言えば，これは著しいことですが，その影響が多様なので，一定の法則も，的確な論述も述べ与えることができません．例えば私たちが単にこれまで学んだ空気の抵抗を考えるだけでも，その攪乱は放物体の無限に多様な形・重さ・速度に応じた無限に多様な仕方ですべての運動にたいして行われることが認められます．……故に，問題を科学的な方法で取扱うためには，まずこれらの困難を切離してみることが必要です．すなわち，抵抗がないものとしてその定理を発見しかつ証明した上で，それを使用し，経験が教える制約つきでそれを応用するのです[30]．

したがってガリレイにおける自然法則においては，そこで用いられている理想化された数学的概念とその帰結は，一定の適用限界を有し，理想化が妥当とは看做されない限界外においては，然るべき「補正」が事後的に勘案されねばならないということであり，その限界の決定はあくまで経験的にしかなしえないことになる．逆にいえば，この意味での自然法則と現実の自然との間に不一致が見られるときには，その差は「偶然的で外的な」攪乱要因ないし「物質的な障害」に帰せられるのであり，そのような「一定の法則も的確な論述も述べ与えることのできない」副次的攪乱要因や補正項を経験的・実験的に指摘しうるかぎりにおいて，数学的・幾何学的法則の現実的自然への適用は正当化されるのである．

この意味においての自然法則――諸現象間の数学的・幾何学的関連の法則――を見出すことにこそ，ガリレイにとっての認識の課題はあった．

Ⅵ 自然認識における「コペルニクス的転換」

一見したところヌーメノン（本質）への問いかけを断念

し，もっぱらフェヌーメノン（現象）の考察に甘んずるというガリレイの態度は，きわめて受動的で消極的な態度であるかのように思われる．しかしこの学問観の転換によってはじめて，じつは自然に向きあう人間の姿勢も一変したのである．

ガリレイは，現実の自然が豊富で複雑な世界であることを百も承知していた．彼がやろうとしたことは，そのような複雑きわまる自然にたいして，人間が自ら構成した数学的・幾何学的諸概念と諸定理を用いて自然のなかに法則性を主体的に読み込もうとすることであった．その意味において，ガリレイによってはじめて，自然にたいして人間の認識が能動的に立ち向かうという「近代人の姿勢」が生み出されたのである．

古代哲学と近代哲学の相違は，カントが『純粋理性批判』の第2版序文（1787年）で語ったいわゆる「コペルニクス的転換」に特徴づけられる．「我々はこれまで，我々の認識はすべて対象に従って規定されねばならぬと考えていた．……そこで今度は，対象が我々の認識に従って規定せられねばならないというふうに想定したら，形而上学のいろいろの課題がもっとうまく解決されはしないかどうかを，ひとつ試してみたらどうだろう．……」[(31)]．ガリレイが行なったのは，この態度変換に他ならなかったのであった．

カントの『純粋理性批判』第2版が出た翌年に『解析力学』を著したラグランジュは，そこでガリレイについて

「木星の衛星，金星の満ち欠け，太陽黒点などの発見は，望遠鏡と勤勉とを必要としたにすぎなかった．しかし，つねに眼の前にありながらいつの時代にも哲学者の探究を免れてきた現象〔すなわち運動〕のなかに自然の法則を洞察するためには，並はずれた天才が必要であった」[32]と語っている．じっさい機械論者ガリレイにとってその本領は，地上物体の運動の科学において発揮されたのであり，その成果はガリレイが70歳を越えてしかも宗教裁判の判決により社会から隔離されたなかで書き上げた，彼のもっとも価値多い著作『新科学対話』(1638) に結実した．ガリレイ自身，『新科学対話』の第3日冒頭に「私の目的はきわめて古い対象についてのまったく新しい科学をうち建てることである．自然界においては，運動より古い，根源的なものはない．」と自己の成果を認めているのだ[33]．

たしかにガリレイの運動理論は時代を画している．しかしそのことは，単に，等加速度運動では速さが時間に比例し落下距離が時間の2乗に比例するとか，放物体の軌道は放物線であるというような個別的成果だけを指しているのではない．落体理論などのいくつかの成果は，すでに14世紀のオレームやマートン学派たちによっても得られているし，また投射物体は45°の仰角で打ち出されたとき最長射程をもつこともタルターリヤによって見出されていたといわれる[34]．真の画時代性は，それらの成果を導きまた論証したガリレイの方法にこそある．

たとえば，石の落下と木の葉の落下を較べてみればおよそ異なった外観を呈する現実の自然物の落下にたいして，様々な副次的要因を分別し捨象し，一連の〈思考実験〉を適用することで，すべての物体が第一義的には等加速度の落下をすると推察する．そこで，完全な自由落下や完全に滑らかな斜面上の落下においては等加速度運動が生じるという仮説を立て，等加速度運動における時間と落下距離の関係を純粋に数学的に導き出し，そのあとで，完全な球とか完全に滑らかな斜面という理想化された事物や空気抵抗の不在という理想化された条件にできるだけ近く事実上それらと同一視しうる実験装置と実験条件を人為的に作り出して実験する．そしてその結果と数学的に見出された関係とを照応させることで，はじめに仮設した法則の正否を判定し，数学的に得られた法則の適用限界を評価する．これがガリレイの方法である．このプロセスをバートは，分解（resolution）・論証（demonstration）・実験（experiment）と三段階に定式化しているけれども，とくにそこでは実験が最後に置かれていることに注目すべきであろう．そしてガリレイの実験の多くは〈思考実験〉である[35]．

古代のピタゴラス派やあるいはコペルニクスが，地面は確固として不動であるという日常的・実感的経験にそむいてまで地動説を唱えたことを，「彼らはいきいきとした知性でもって自己の感覚に暴力を加え，感覚的経験が明らかに反対のことを示しているにもかかわらず，理性の命ずることを優先させることができたのです」[36]と賞讃したのはガリレイ本人であった．事実，『天文対話』では，認識における感覚と経験の重要性にくり返し言及しているのは，むしろスコラ派のシンプリチオであるし，さらには，「経験はあらゆる科学に必要不可欠である．なぜならあらゆる科学の原理は帰納の結果である」と語ったのは，当時アリストテレス学最大の権威でかつガリレイの終生の論敵クレモニーニであったとのことだ[37]．したがってガリレイにおける実験の位置づけは，ベーコンのいうような「一切の先入観を捨てて」受動的に経験的事実を蒐集し，しかるのちに帰納的に法則を導き出すためのものでは決してない．

現実にガリレイは，等加速度運動における落下距離と所要時間の関係を理論的・数学的に導き出したのちに，その帰結を検証するために，落下距離を拡大する目的で大きな斜面を用い，摩擦を減らすようになめし皮を貼り付け，また，必要な精度で時間を測定するために水時計を考案して，首尾よく実験を行なったといわれている．もちろんそのような実験装置は，現代のエレクトロニクスを駆使したものに較べてまったく単純で素朴な代物である．しかし，まずはじめに人間が頭のなかで法則を構成し，しかるのちにその法則の真理性を検証するために，基本要因を剔抉し所望の効果を拡大し，逆に副次的攪乱要因を抑制する装置を作って実験するという思想においては，現代の実験思想はガリレイの思想を一歩も越えてはいない．

したがってまた，ガリレイにおいては，数学的に構成された法則の基幹的部分が一回実験的に検証されたならば，その法則から演繹されるすべての命題は正しいことになる．彼は放物体は 45° の仰角で打ち出されたときに最長射程を持つことを数学的に証明しているが，その結果は水平方向の等速度運動と鉛直方向の等加速度運動が立証されていさえすれば，あらためて実験するまでもなく正しいのであった．ガリレイのいうところでは「その理由を発見することによって得られた一個の事実についての知識は，実験をくり返すことなしに他の諸事実を理解させ確かめさせるものです．……著者〔ガリレイ〕はかようにしておそらく**経験上からはかつて観察されなかったことまでも証明した**のです」[38]ということになる．

上述のガリレイの科学の方法のなかにこそ，自然認識の転換——古代・中世と近代とを分かつ「コペルニクス的転換」——が存在する．

> 自然科学者たちの心に一条の光が閃いたのは，ガリレイが一定の重さの球を斜面上で落下させた時であった．……こうして自然科学者たちは次のことを知った，すなわち——理性は自分の計画に従い，みずから産出するところのものしか認識しない，——また理性は一定不変の法則に従う理性判断の諸原理を携えて先導し，自然を強要して自分の問いに答えさせねばならないのであって，徒らに自然に引き廻されて，あたかも幼児が手引き紐でよちよち歩きをするような真似をしてはならない，ということである．さもないと予め立てられた計画に従わない偶然的な観察が生じることになるし，またかかる観察はいくら寄せ集められたところで，理性が求めかつ必要としているような必然的法則にはならないからである．互いに一致する多くの現象が法則と見なされているのは，理性の原理に従ってのみ可能である．また実験は，理性がかかる原理に従って案出したと

ころのものである．理性はこのような原理を一方の手に握り，またこのような実験を他方の手にもって，自然を相手にしなければならない，それはもちろん自然から教えられるためであるが，しかしその場合に理性は生徒の資格ではなくて本式の裁判官の資格を帯びるのである．生徒なら，教師の思うままのことを，何でも聞かされてだけいなければならない．しかし裁判官となると，彼は自分の提出する質問に対して，証人に答弁を強要することになる[39]．

この引用は，カントの『純粋理性批判』第２版序文の有名なくだりだが，このような評価はなにもカント主義特有のものではない．今世紀のスペインの哲学者オルテガ・イ・ガセットも同様のことを語っている[40]．

しかしカントは，この「一定不変の法則に従う理性判断の諸原理」なるものを，超歴史的・超社会的に存在する〈人間一般〉の〈純粋理性〉の先験的認識形式と捉えることによって――そしてそのような見方はその後の啓蒙主義者たちに無意識のうちに継承されてゆくのだが――ガリレイ物理学の現実を決定的に見誤ったといえる．

実際にはガリレイは，一方では――次節に見るように――厳密に数学的・論証的な推論を，むしろアリストテレス自然学から受け継いだ諸観念を論理的に首尾一貫させるという形で実行し，その点において時代の制約をよく体現しているのであるが，他方では，はじめて「理論の適用限界」という思想を提唱することによって，自然科学の先験的明証性という観念論をからくもまぬがれたのであり，そこでゆきついたのが，彼の「数学的現象主義」の立場と，彼の「実験」の位置づけであった．

Ⅶ　所与としての加速度とガリレイの慣性

前節で検討したガリレイの自然認識は，「理性が自らの計画に従って自ら産出したもの」のみを認識し，そのために人間は，「自分の提出する質問に対して証人に答弁を強要する」本式の裁判官として自然に対峙するのであるから，たしかに人間の主体性と能動性は保証されている．

しかし，くどいようだが，ガリレイにとってこの態度は存在への問いかけを断念し現象の認識に甘んずることによってはじめて保証されていることを忘れてはならない．この点が最も尖鋭に顕われるのは，ほかでもない地上物体の落下の原因としての「重力」ないしは「重さ」の問題である．天体間に働く重力をガリレイが〈隠れた性質〉として退けたことはすでに述べた．ガリレイの物理学には地球が地上の物体に及ぼす「重力」すなわち「重さ」という契機も登場しないのである．

『天文対話』でガリレイは，「〔物体の落下の原因は〕誰でもそれが重さであることを知っている」というシンプリチオに対して，「君は間違っています．君は，誰でもそれが**重さと呼ばれるもの**であることを知っている，というべきでした」と批判しているが，彼は，ある性質に名前をつけることによって本質を知ったとするスコラ的発想を拒否する[41]．それゆえ地上物体の落下の研究にさいしてガリレイは，単にすべての物体の落下が等加速度運動であるという現象的事実にもとづいてその様々の帰結を数学的に展開しているだけあって，それ以上の追究は行なおうとはしない．彼は落下加速度の原因への問いを却下するのである．落体の理論を論じた『新科学対話』の第3日でガリレイは次のように自らの立場を明瞭に語っている．

今ここで自然運動の加速度の原因が何であるかについて研究することは適当ではないと思います．これについては色々な学者が種々の意見を提出して居り，ある者はこれを中心への引力であるとし，ある者はこれを常に物体の極めて微小な部分に相互に起る斥力とし，またある者は落体の背後に集積してこれを一つの位置から他へと動かすところの，周囲の媒体の力であると説明しています．これらすべての観念は，その他のものと共に検討を加えねばならないでしょうが，これによって得るところは少いでしょう．しかし現在，われわれ著者〔ガリレイ〕の求めているところは，その原因は何であれ，加速運動のいくつかの本性を研究し，説明するに在るのです[42]．

地上物体はすべて下方への加速度を有するという事実のみを容認し，それ以上加速度の原因を追究しようとはしないガリレイの態度は，加速度を認識の枠外に存在する所与として単に受け容れることに相当する．

だが，ひとたび加速度を所与として既成のものとして受け容れてしまったならば，すべての場合において加速度の存在を前提として議論を展開せざるを得なくなるであろう．ガリレイの物理学はこの一点で大きくつまずいた．じっさい，はじめて望遠鏡で天体を観測し，月が地球と同じ物質より成ることを説き，コペルニクス地動説のためにあれほど闘ったガリレイであるが，彼の思考方法は驚くほどこの地上物体の持つ加速度に縛られているのである．

じつをいうと，ガリレイは新しい力学に達する以前にはアリストテレス自然学の影響を相当に受けていて「自然的物体は下方に向かう傾向を持つ」と考えていた．『天文対話』においてもガリレイは，「あらゆる物体は……その本性上動きうるものであるから，本性上，ある特別な場所への傾向を持つかぎり，自由にされれば動くであろう．……この傾向をもっていることから必然的に，物体は運動をするにあたってたえず加速するということが生じる」[43]と論じている．しかしこの立場を克服するにあたって彼は，「傾向」と称される事態の原因の究明に向かわずに数学的現象主義にとどまったがために，「すべての物体は下方への加速度を持つ」という言いかえないし「加速の原因が在る」という受認に終わってしまったのだ．それが最も顕著に看て取れるのは，ほかならない彼の「慣性の法則」においてである．「慣性の法則」は，ガリレイが最終的に定式化した形では次のように表現されている．

われわれは，どんな速度であっても，一旦運動体に与えられれば，加速あるいは減速の外的原因が取り去られている限り，不変に支持される，ただしこういう条件はただ水平面上でしか見出されない，ということを知り得る．何となれば，下向きの斜面の場合には，そこに既に加速の原因が在り，上向きの斜面の場合には，既に減速の原因が在るからである．このことからして，水平面に沿う運動は永久的であることが判る[44]．(『新科学対話』)

現在わたくしたちが理解している「慣性の法則」では，「ただし」以下はまったく不要であるし，運動の持続は水平面にかぎられるものではもちろんない．しかしガリレイにとっては，この「ただし」以下は不可欠の条件であった．鉛直下方への加速度はその成因を窮めることのできない所与としてあり，すべての物体は鉛直下方に加速度を持つとの前提から議論がはじまるかぎり，加速度の存在しない，それゆえ現代からみれば重力の存在しない状態を考えようがないのである．

この「慣性の法則」がガリレイにおいて持っていた意味は，その形成過程の『天文対話』の次の議論でよりいっそう明瞭となる．

サルヴィアチ　この球が下方に傾斜した面上では自分から動き，上方に傾斜した面上では暴力なしには動かない理由は何であると考えるかいって下さい．

シムプリチオ　それは，重い物体の傾向が大地の中心に向かって運動し，暴力によってのみ上へ，大地の周辺の方に向かって運動するものであるからです．ところが下方へ傾いた表面は中心に近づくものですし，上方へ傾いた表面は中心から遠ざかるものです．

サルヴィアチ　ですから上へも下へも傾いていない表面は，そのあらゆる部分において中心から等しい距離にあるはずです．ところで世界にいったいそのような表面があるでしょうか．

シムプリチオ　なくはありません．この地球の表面がそうです．もっとも，今あるような粗雑で山が多い表面ではなく，ずっと滑らかであるとしての話ですが．しかし凪いで穏やかなときの水面はそうです．

サルヴィアチ　ですから平穏な海を動いてゆく船は上へも下へも傾いていない表面の一つを進む運動体の一つです．だからあらゆる偶然的で外的な障害を除いた場合，一度衝撃を与えると，〔この水面上の船は〕たえず斉一的に運動しようとします(45)．

宇宙空間における地球の中心性を否定し，また，運動の相対性——ガリレイの相対性——を見抜いて地球の運動が地球上の人間には感知しえないことを論じ，感性的感覚にもたれかかった地動説否定論者の反論を一掃したガリレイが，かくも律気に地球上の物体のもつ加速度にこだわり続けているのには驚かされるが，加速度の原因やその存在根拠への問いを放棄した以上，いたしかたのないことであった．

しかも注目すべきことは，この地球表面での「円運動の慣性」なるものが，そのまま天体の永遠の運行に横すべりさせられていることである．

円運動は運動体をつねに端から出発させるとともに端に到達させる運動ですから，第一に，これのみが斉一的でありうるのです．というのは，運動の加速は運動体がそこへの傾向を持っている端に向かって進む場合に生じ，減速はこの同じ端から出発してこれから遠く離れることに対して運動体の示す抵抗から生じるのですから．そして円運動にあっては，運動体はつねに自然的な端から出発し，つねにその自然的な端に向かって動くのですから，この運動体のなかでは抵抗と傾向とがつねに等しい力を持つのです．この力の等しさから減速でも加速でもないもの，すなわち運動の斉一性が生まれます．この斉一性と限界づけられていることとから，たえず回転を繰り返して永遠に継続しうることとなります(46)．（『天文対話』）

このようにガリレイは，地上での経験事実に〈思考実験〉を施すことによって，天体の斉一な円運動という古代からの固定観念をより「合理的」に論証し，他方で現在の慣性法則の理解とは逆に，宇宙は有限であるというアリストテレス自然学の前提を受け容れ，直線運動の持続性を積極的に拒否している．すなわち，「直線運動はその本性上無限ですから，なんらかの運動体がその本性上直線に沿って……動く原理を持つということは不可能です．」(47)

しかもそのさいガリレイは，「円運動というものは，全体にとっても部分にとっても自然的なものです．直線運動は無秩序になった部分を秩序づけるためのものです」と語り(48)，アリストテレスにおける〈自然運動〉と〈強制運動〉の区別を踏襲しつつ，直線運動の〈自然性〉を否定することによって，円運動を唯一の〈自然運動〉に祭り上げたのである．つまりガリレイの意図は，アリストテレスの概念枠を地球もまた動くというコペルニクス説と折り合せることによる，首尾一貫した自然学の構築にあった．

ガリレイの見るところでは，「アリストテレスが天体を地上の物体から区別する条件はどれ一つとして，かれが天体の自然運動〔円運動〕と地上物体の自然的運動〔直線運動〕の相違以外のことから演繹したものではない」(49)のであるから，逆に円運動の〈自然性〉を地上物体にまで押し広げてアリストテレスの理論を首尾一貫させるならば，アリストテレス主義者の地球中心性の主張は根拠を失うことになる(50)．（第４章Ｉの引用参照）

ガリレイは，このようにあらためて円運動の至上性を結論づけるのであるから，ケプラーのような天体の運動の原因としての力という発想はどうしても出てこない．ケプラーにとってのアキレス腱が慣性であったとすれば，ガリレイにとってのアキレス腱は重力であると言えよう．

ともあれガリレイの提唱した新しい科学の方法と新しい認識理想，すなわち自然にたいする人間の主体的な態度と数学的に合理的な認識は，他方で存在の領域という合理性の貫徹しない，またその前では人間の認識が受動的たらざるを得ない領域を外的所与として受認することによってはじめて可能となっていた．

だが，その後の近代科学と近代哲学の発展は，このガリレイの放棄し断念した問題に繰り返し挑戦しては挫折してゆくなかで形成されていったのである．というのも，主体的な態度と合理的な認識の理想は，つねに汎合理主義として全面貫徹の要求をともなうものだが，他方でそれは，自己の扱いうる領域の外部にある世界，認識の前提として土台として存在する世界をつねに所与として残すがゆえに，形式的には完結していても実質的には部分的・特殊的法則の体系として終わらざるを得なかったのである．しかも西欧近代科学は，この悪無限の葛藤を一つの価値にまで高めたのだ．

ガリレイの提唱した方法と思想に潜在的に孕まれていた二律背反が明らかになるのは，その後のニュートンとデカルト主義の対立においてであった．それは以下の章で述べてゆこう．

第3章　万有引力の導入

I　ニュートンの物質観と重力

ガリレイによる地上物体の運動理論を見たら，歴史的にはデカルトとホイヘンスによる慣性原理の発展と衝突の理論へと話はつながってゆくべきかもしれない．しかし本書は，なるほど歴史的に書いてはいるが力学史を書いているつもりはないし，また，機械論的自然観とはどうも旨く折り合わなかった玄妙不可思議な重力をめぐって話を進めているので，歴史的順序にはこだわらずに，一足飛びにニュートンによる重力——万有引力——の導入へと進む．

まだ完全に中世社会にあった1607年のプラハで，ケプラーが神秘的な想像力のおもむくままに天体間の重力を口にして以来約80年の後，1687年にニュートンは，物理学史上最大の書『プリンキピア（自然哲学の数学的諸原理）』を公にして，重力を数学的かつ実証的な近代物理学の土俵上に登らせた．時はイギリス・ブルジョア革命たる名誉革命の前年，すなわち近代市民社会の成立と同時であった．

だが，ニュートンの導入した重力も，その画期的な数学的成功にもかかわらず，〈隠れた性質〉だというガリレイがケプラーの重力に加えた批判に答えることができなかった．本書はその問題をめぐって話を進める予定だが，さしあたって本章はニュートンによる重力の導入を見てゆく．

『プリンキピア』は，次の「定義」からはじまる．

定義Ⅰ　物質量（quantitas materiae）とは，物質の密度と大きさとをかけて得られる，物質の測度である．（以下すべてにおいて，物体とか質量という名の下にわたくしが意味するところはこの物質量のことである．）

定義Ⅱ　運動量（quantitas motus）とは，速度と物質量とをかけて得られる，運動の測度である．

定義Ⅲ　物質の固有力（vis insita）とは，各物体が，現にその状態にあるかぎり，静止していようと，直線上を一様に動いていようと，その状態を続けようとあらがう内在的能力である．（この力は常にその物体に比例し，質量の慣性（inertia）となんらちがうところはない．）

定義Ⅳ　外力（vis impressa）とは，物体の状態を，静止していようと，直線上を一様に動いていようと，変えるために，物体に及ぼされる作用である[1][*]．

ここで，「定義Ⅰ」に注目してもらいたい．これにたいしてエルンスト・マッハは次のような批判を加えた．

定義Ⅰは，……見せかけの定義にすぎない．質量を体積と密度の積と表現したところで，密度自体が単位体積あたりの質量としてしか言い表わしようがないから，これによって質量概念がはっきりするわけがない[2]．

---

[*] 定義は，このあと向心力について四つあるがここでは省略する（後述，第11章Ⅳ参照）．また文中（　）内は，各定義につづいてある説明文中の一部である．

論理的に検討すれば，たしかにマッハの指摘するとおりである．しかしニュートンは徹底した原子論者であった．その原子も，彼は単一の窮極粒子だけを想定していたのである．したがってニュートンにとっては，物質の構成要素としての窮極粒子こそが巨視的な物質に先行し，したがってまた窮極粒子の集合状態の濃密や稀薄を表わす「物質の密度」が「物質量」に先行する概念であったと言える．じっさいニュートンは，『プリンキピア』の第3篇の「命題6・定理6・系4」で次のように語っている．

あらゆる物体の硬い微小部分がすべて同じ密度をもち，そして隙間なしには稀薄にできないとすると，真空が認められねばならない．密度が同じであるとは，その固有力が（物体の）大きさに比例することをいうのである[3]．

ニュートンの死後に残された彼のノートや抜書きや手稿類は，彼の姪の婿で彼の後をついで造幣局長官となったコンデュイットの手で集められ保管され，その後も子孫に伝えられ，150年後に所有者ポーツマス伯によりケンブリッジ大学に委託された．じつはその大部分は，秘教的な反三位一体の教義と錬金術についてのもので，とても近代物理学の創始者のものとは思えない代物だが，これがポーツマス・コレクションであり，ケンブリッジ大学はそのカタログを作成し，そのうちの自然科学関係のおもなものだけを残してその他を所有者ポーツマス伯に返した．そしてその戻ってきた部分が，じつに今世紀の1936年になって競売に付されている．また，そのコレクションのなかのいくつかの手稿が最近（1962年）になってA. R. ホールとM. B. ホールの手によって“*Unpublished Scientific Papers of Isaac Newton —— A selection from the Portsmouth Collection in the University Library, Cambridge*”という標題で公刊されている．これには，ラテン語の原典には英語対訳がつけられていて大変有難い．

そのホール&ホール編訳書のなかに，先ほど述べた『プリンキピア』の「第3篇・命題6」の系にたいする下書きか書き直しのための草稿と考えられる部分が含まれているが，そこには次のように書かれている．

系5．　物体が通常信じられているよりもはるかに稀薄であるということを私たちはすでに示唆しておいたが，同じことがこの命題から導かれる．というのも，水は同体積の金よりも19倍も軽いように，水は金よりも同じ割合で疎であり，それゆえ，もしも金が完全な固体であるとすれば，固体に濃縮された水〔の体積〕は以前の1/19の小ささになり，したがって水はその18倍の真空を持つであろう[4]．

明らかにニュートンは，水であれ金であれ物質の窮極粒子が同一の質量を持つと想定していたのである．（ここで「完全な固体」とはまったく隙間のない集合状態をさしている．）

ともあれ，ニュートンが巨視的物体をある窮極粒子より構成されたものと見ていたということは，彼の重力論を検討してゆく上での重要な鍵となることであるから記憶していていただきたい．さて，この『プリンキピア』の冒頭の「定義」のあとには，「絶対空間」と「絶対時間」について述べた「注解」が続き，ここはその後くり返し論議の的になったところだが，今は問題にしないで，その後につづく運動法則を見てゆこう．

ニュートンが定式化した運動の法則は，ニュートン自身の表現の仕方（「公理または運動の法則」）では，

法則Ⅰ：すべて物体は，その静止の状態を，あるいは直線上の一様な運動の状態を，外力によってその状態を変えられないかぎり，そのまま続ける．

法則Ⅱ：運動の変化は，及ぼされる起動力に比例し，その力が及ぼされる直線の方向に行なわれる．

法則Ⅲ：作用に対し反作用は常に逆向きで等しいこと．あるいは，二物体の相互の作用は常に相等しく逆向きであること[5]．

とある．ニュートンは，その表現からもわかるように，この3法則を「力学の公理」と位置づけている．

しかしこの運動法則は，じつは相当にやっかいな内容を含んでいる．ニュートンの時代には「力」や「質量」がいまだに概念的に整備されていなかったからだというだけではない．それらを現代の概念装置でもって論理的に首尾一

貫させようとしても，どこかで循環論に陥ったり収まりの悪いところが出てくるのだ．とくに「力」と「質量」が難物で，力については定義Ⅳと法則Ⅱは循環している．定義Ⅳでは運動状態の変化を惹き起こすものとして「外力」が定義されていて，法則Ⅱではこの「外力」つまり「起動力」に比例して運動変化が生ずるものとされているが，これではにわとりと玉子であろう（後述，第11章Ⅳ参照）．質量についても，マッハ流に法則Ⅲを用いて操作主義的に定義する途もあれば，基準となる既知の力を用いて法則Ⅱより質量を決めるいき方もあるだろう．

「法則Ⅰ」自体が，ある物体に外から力が働いていないということは，それが運動状態を変えない――等速直線運動を持続する――ことからしかわからないのであれば，「法則Ⅰ」は運動の「法則」と呼びうるのか，それとも外力が働らいていない状態の「定義」にすぎないのか，よくわからない．

ヤンマーは『質量の概念』のなかで，「私たちは質量に関するある理論を持つことによって力に関する知識を得るし，また力に関するある理論を持つことによって質量に関する知識を得る」というホワイトヘッドの言葉を引いているが，この言葉には，ニュートン力学の公理論的構造を明確にさせようと試みた者なら一度は必ず味わったことのある気分がよく表明されている．

そういうわけで，現段階では「力学は，これまで物理学が構成した最も簡単な理論であり，また中程度の大きさの対象に関して最も高度に立証されたものであるにもかかわらず，もし解析ということがそこに含まれている基本的用語を定義することを前提とするものであるとするならば，ニュートン力学の論理的構造は，完全に解析しようとするどのような試みも受けつけないように見える．こういう点から考えると，理論を組み立てあげるのに先立って基本的用語を明確に定義することを主張するのではなく，理論自身の構成を通してこれらの用語の深い意味を受け止める方がおそらくよいように思われる」というヤンマーの忠告に従うことにする[(6)]．すなわちまずは常識的な——高等学校や大学の教養課程の一番はじめに出てくるような——形；

法則Ⅰ：慣性の法則，

法則Ⅱ：運動方程式；$\dfrac{d\boldsymbol{P}}{dt} = \boldsymbol{F}$，　$(\boldsymbol{P} = m\boldsymbol{v})$，

法則Ⅲ：作用・反作用の法則，

を採ろう．そしてニュートン自身の重力の導入の仕方と位置づけのなかに，とくに力と第Ⅱ法則の意味を考えてゆくことにしよう．ややこしい問題はおいおい触れてゆくことにする．わたくしたちの当面の議論は重力に焦点が合わされているのだ．

II 万有引力を帰納する

昨今の通常の教科書では，このニュートンの3法則とニュートンの重力；

$$F = -G\frac{Mm}{r^2}$$

を前提にして，ケプラーの法則を導くことが慣わしだけれども，ここでは，ニュートンの3法則にもとづきケプラーの法則を所与として重力を求めてみよう．こういう行き方をとった理由はいくつかあるけれども，それはあとでその都度述べてゆくつもりである．少なくともそれはニュートンに忠実な方法であり，したがってまたニュートンの物理学思想と重力観を特徴づけるものである．

ニュートンは『プリンキピア』の第1版への序文で「哲学における困難はすべて次の点にある」と語って，問題を，

> さまざまな運動の現象から自然界のいろいろな力を研究すること，そして次にそれらの力から他の現象を説明論証すること．

と設定し，さらに具体的に，「〔第3篇では〕天体現象から，…… 物体を太陽や各惑星に向かわせる重力が導きだされます．次にそれらの力から，他の諸命題，それもまた数学的なものですが，によって，惑星や彗星や月や海の運

動が導かれます」とその方法と目的とを語っている[7].

ここで「運動現象」⇨「力」⇨「他の現象」となっていることに注目していただきたい．すなわち，「第一原因」⇨「力」⇨「現象」という演繹的方法論でもなければ，逆に「加速度の原因を問わない」としたガリレイのように単に現象とその数学的関連の考察にとどまるわけでもないし，だからといってまた，「現象」⇨「力」⇨「力の成因」という，いわば「第一原因」にまで立ち還る回路を採るわけでもない．とすればニュートンにとって，重力とはまずはじめに現象から帰納されるものであり，またそのようにして得られた重力がより多くの現象を説明づけうることでもってその権利根拠が示されることになる．

もちろんこのようにまとめあげることはあまりにも近代的にすぎるのであり，ニュートンの自然観ははるかに複雑ではるかに得体の知れないところがあるのだが，それは後章での話題にまわす．ともかくもニュートンは，『プリンキピア』を辿るかぎり実際にこのようにして重力を帰納しているのである．

ちなみにいうと，まずはじめに現象から力を帰納するニュートンの方法を顧みるならば，前節で述べた「外力の定義」と「運動の第Ⅱ法則」の混乱もある程度説明がつくであろう．

通常の理解では，力が与えられたときに，そこから加速度を定め運動を決定するものが運動方程式だとされている．しかし，逆説的に聞こえるが，ニュートン自身のこの帰納的方法に従えば，運動方程式とはさしあたってはむしろ「力の定義」と考えられるべきものである．つまり，速度変化が観察されたとき，その変化の方向に変化に比例した力が働いているものとされるのである．実際こう理解しなければ，その後のデカルト主義者との論争も理解できない．

そういう次第であるから，本節ではニュートンにならって「運動の現象」⇨「力」という途すじを辿ることにする．とはいえニュートンが『プリンキピア』で採った幾何学的手法は，わたくしたちにはあまりにも見通しが悪いから，スッキリと当世風にやる．時代劇のなかに現代の風景が割り込んだ感が否めないが，我慢していただきたい．

さてここでいう「現象」とは，もちろん，ケプラーの法則で表わされる惑星の運行——すなわち，数学的に表現された「現象的法則」——を指す．

ケプラーの3法則（＋1法則）そのものはよく知られている．現代風に書けば以下の通りである．

第0法則：惑星の軌道は定平面上にある．

第1法則：惑星の軌道は太陽を一方の焦点とする楕円である．すなわち，極座標でかけば，

$$\frac{1}{r} = \frac{1+e\cos\varphi}{a(1-e^2)}, \tag{3-1}$$

r：太陽からの距離，φ：近日点からの角度

e：離心率，a：長半径（$a\sqrt{1-e^2}=b$ が短半径）．

第2法則：面積速度は一定．すなわち，

$$\frac{1}{2}r^2\dot{\varphi} = \frac{1}{2}h\,(\text{定数}). \tag{3-2}$$

第3法則：すべての惑星の公転周期（T）の2乗と長半径（a）の3乗の比は等しい．すなわち，

$$\frac{T^2}{a^3} = \text{すべての惑星にたいして一定}. \tag{3-3}$$

（ケプラーは，楕円の焦点を太陽としているが，正しくは，太陽と惑星の重心が焦点であり，そのため，第3法則は，厳密には太陽と惑星の質量をそれぞれM，mとして，

$$\frac{T^2}{a^3}\left(1+\frac{m}{M}\right) = \text{一定}. \tag{3-4}$$

となる．）

これらはもちろん，このかぎりで純粋の経験則である．

この経験的所与から重力は以下のようにして導かれる．

軌道平面上の運動方程式を直交座標系で，

$$m\frac{dv_x}{dt} = F_x,\qquad m\frac{dv_y}{dt} = F_y \tag{3-5}$$

のように表わす．ここで図3-1のように焦点を原点とし（r，φ）方向を軸とする座標系（回転系）を考えると，

$$v_r = \dot{r} = v_x\cos\varphi + v_y\sin\varphi,\qquad v_\varphi = r\dot{\varphi} = -v_x\sin\varphi + v_y\cos\varphi \tag{3-6}$$

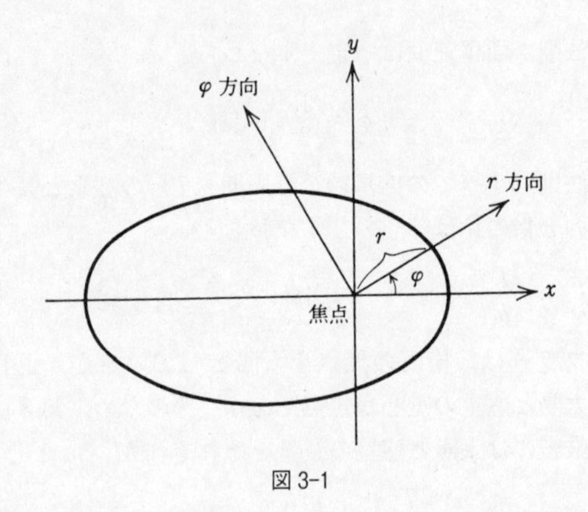

図 3-1

と変換できる（これは回転座標系だから $m\dot{v}_r = F_r$ とおいてはいけない）．この第1式の両辺を時間微分して，

$$\ddot{r} = \dot{v}_r = \dot{v}_x \cos\varphi + \dot{v}_y \sin\varphi + (-v_x \sin\varphi + v_y \cos\varphi)\dot{\varphi}.$$

これに (3-5)，(3-6) を用いて，

$$m\ddot{r} = F_r + mr\dot{\varphi}^2, \tag{3-7}$$

($F_r = F_x \cos\varphi + F_y \sin\varphi$ は力の r 方向成分)．同様に，F_φ を，φ の増加する方向（r と直交する方向）の力の成分 ($F_\varphi = -F_x \sin\varphi + F_y \cos\varphi$) として (3-6) の第2式を微分したものに (3-5) を代入して，

$$m\frac{d}{dt}(r\dot{\varphi}) = F_\varphi - m\dot{r}\dot{\varphi},$$

あるいは，

$$m\frac{d}{dt}(r^2\dot{\varphi})=rF_\varphi \tag{3-8}$$

が得られる．

さて，ケプラーの第2法則（$r^2\dot{\varphi}=$一定）が成り立つとすると，当然（3-8）の左辺＝0だから，

$$F_\varphi=0, \tag{3-9}$$

つまり，力は焦点（太陽）方向成分のみ（中心力）であることがわかる．

次に，ケプラーの第1法則（3-1）より$\ddot{r}$を求める．

$$\dot{r}=\frac{e}{a(1-e^2)}r^2\dot{\varphi}\sin\varphi,$$

$$\ddot{r}=\frac{e}{a(1-e^2)}r^2\dot{\varphi}^2\cos\varphi \quad (r^2\dot{\varphi}=h=\text{一定を用いた})$$

$$=\frac{-h^2}{a(1-e^2)r^2}+r\dot{\varphi}^2 \quad \text{（再度（3-1），（3-2）を用いた）}.$$

これを（3-7）式と比較して，

$$F_r=-\frac{mh^2}{a(1-e^2)}\times\frac{1}{r^2}, \tag{3-10}$$

つまり，重力は距離の2乗に逆比例した引力である．

ではその比例定数は？

そこで，第2法則を用いて周期を求めると，面積速度の定義より，

$$T=\frac{2}{h}\times(\text{楕円の面積})=\frac{\pi a^2\sqrt{1-e^2}}{h/2}$$

となる（楕円の面積$=\pi ab=\pi a^2\sqrt{1-e^2}$）．

これを第3法則（3-3）に用いると，

$$\frac{a^3}{T^2} = \frac{h^2/4}{\pi^2 a(1-e^2)} = \frac{\kappa}{4\pi^2} \quad \text{（惑星によらない定数）}$$

と表わされ，この結果を（3-10）に代入すると，

$$F_r = -\frac{\kappa m}{r^2} \tag{3-11}$$

が得られる．κは太陽に関する物理量（たとえば質量）だけの関数であり，各惑星に関する物理量を含みえない．

ところで，惑星（質量m）が太陽によりこの力で引かれているのならば，同時に太陽は，同じ力で惑星から引かれていなければならない（ニュートンの第Ⅲ法則）．したがって，逆に惑星に固有の定数κ'を用いて，

$$F_r = -\frac{\kappa m}{r^2} = -\frac{\kappa' M}{r^2}$$

とも表わされるはずであるから，力のこの二つの表式を等置して，

$$\frac{\kappa}{M} = \frac{\kappa'}{m} = G$$

と置くことができる．ここにGは太陽にも惑星にもよらない定数——普遍定数——であり，これを用いて重力は，

$$F_r = -G\frac{Mm}{r^2}, \quad F_\varphi = 0 \tag{3-12}$$

と求められる．

これをニュートンの万有引力，Gを万有引力定数という．

このようにケプラーの法則から解析的に重力を導き出す

方法は，実は，ラプラスが『天体力学』（第2巻・第1章）[8]でやっていることである．そしてラプラスはそれ以上に重力の本質の詮索をしない．このことは後にフランス啓蒙主義の重力観を論ずるときの伏線になっているので，心に留めておかれるとありがたい．

なお，ニュートンによる幾何学的な導き方は『プリンキピア』の第1篇の第2章と第3章にある．すなわち，第2章の命題2・定理2で面積速度が一定の場合に力は中心力であること，また第3章の命題11・問題6で，楕円の焦点に向かう力で物体が楕円軌道を描いて運動するとき，力は距離の2乗に反比例することが証明されている．とはいえ，関連した諸定理を含めてこの証明をフォローするには相当の根気と忍耐が必要である[9]．

また，いま展開した議論のなかで，重力が2物体の質量の積に比例することを示した最後のところは，いささかトリッキーに思われるかもしれないけれども，やはりニュートンに忠実であることを示しておこう．当初『プリンキピア』は『物体の運動について』と題され2巻から成る予定であったが，その第2巻にあてられていた『世界の体系について』――現『プリンキピア』（第3版）の第3篇に当たる――のなかに，

　引っぱられる物体に働く向心力の作用は，等しい距離においてはこの物質にも比例するので，理性の要求するところでは，引っぱる物体の物質にも比例する．というのは，すべての作用

は相互的であって，物体を（運動の第Ⅲ法則により）互いに近づくようにするからであり，したがって，双方の物体において作用は等しくなければならないからである[10]．

とある（『プリンキピア』第3篇・命題7・定理7の説明がこの部分に相当する）．したがって，以上すべては，解析的に書き直した点を除いてニュートンの方法を踏襲したものといってよいであろう．

こうして見ると，ケプラーの3法則は，万有引力を導くためにはいずれもが必要不可欠で，しかも何ひとつ余分なものを含まず，あたかも半世紀後のこのニュートンによる総合を予定して神がケプラーに与えたかのようである．

しかし現実にはケプラーの死後その3法則は埋もれていた．

じっさい17世紀にケプラーの3法則がたどった運命は暗いものであった．それは，前にも見たように同時代人では唯一理解しうる能力を持っていたはずのガリレイには完全に無視され，30年戦争の混乱を通して西欧人の視界からは消えていった．デカルトは死ぬまで3法則を一度も耳にしていない[11]．当時の大抵の科学文献に眼を通しヨーロッパの科学の情報センターの役を果たしたメルセンヌでさえ，やはり知らなかった．イギリスでは，ケプラーとニュートンの中間に位置するホロックス（1617-41）だけが知っていたけれども，24歳の若さで世を去った彼の遺稿は死後31年間人目に触れず，「ケプラーを有するものはすべてを有する」という彼の讃辞は孤空に消えていった[12]．フランスではビュリアルデュがケプラーの法則について公表した最初の人物らしいが，それは1639年のことで大した注意もひかなかった[13]．

あたかも時たま地上に湧き出す地下水流のようにして17世紀ヨーロッパの地底を流れつづけ，半世紀後に突如としてニュートンの掘った井戸から噴出したようなものである．そしてニュートンはその成果を完全に飲み尽した．

しかし，そのニュートンもどういう径路でケプラーの法則にゆき当たったのかは，彼自身も語ろうとしないし，不明である．『プリンキピア』ではニュートンは，第3法則についてだけケプラーの名をそれも第3篇ではじめて挙げ，第1・第2法則（楕円軌道と面積定理）については発見者の名前すら挙げていない．いや，第2篇・命題53の「注解」では，楕円軌道と面積定理を「コペルニクスの仮説」とさえよんでいる．かなり意図的である．じっさいにはニュートンは，その発見がケプラーによることを知らなかったわけではない．ポーツマス・コレクションには5枚の紙に書かれた英語の手稿が含まれているが，そのなかに次のように書きつけられている．

現象14．水星，金星，火星，木星，土星の惑星は，楕円〔卵形—oval〕の焦点に置かれた太陽のまわりの楕円〔卵形〕上を動き，中心にある太陽から各惑星にひかれた直線は等しい時間に等しい面積を掃く．ケプラーは精巧な論法でこのことを火星について証明し，天文学者はすべての惑星についてこれが成り立つことを示した(14).

編集者ホール&ホールによれば，この手稿は1685年以降に書かれ，『プリンキピア』のための下書きではないとしているが，ともかくもニュートンの態度はフェアーではない．それだけではない．『プリンキピア』出版にさいし重力がr^{-2}で変化するという発見をめぐるフックとの論争が持ち上がったが，ニュートンは1686年にハレーに，「私は重力の発見に対しては，楕円に対してと同じだけの権利を持っています．といいますのも，フックはその〔重力の減少の〕割合が中心から非常に遠くでは距離の2乗に非常に近いということ以上を知らず，そのことを単に推測したにすぎず，それはケプラーが軌道形は円ではなく卵形であることを知り，それが楕円であることを推測したのと同じです．……それゆえ私は，楕円に対してと同じだけのことを重力の減少の割合に対して成し遂げたのであり，フックに対して，またケプラーに対しても，より以上の権利を持っていると主張します」と，手紙に書いている(15).

このフックとの確執をみても，ニュートンのやり方はあまり気持のよいものではない．少なくとも傲慢なニュートンは，なにごとにつけ他人の発見を認めようとはしなかったようである(16)．このニュートンの不誠実をはじめて指摘したのはニュートンの友人にして協力者，そして『プリンキピア』出版の功労者ハレーであった．膨大で難解な

『プリンキピア』のはじめての手短で正確な要約と解説を書いたのもこのハレー（1687）であるが，そこで彼が「これらすべて〔ニュートンの重力論の帰結〕はケプラーがその英知と努力のたまものとして発見した天体の運行の現象に一致することがわかり……」と述べたことによって[17]，ようやくニュートンの重力とケプラーの法則が完全に公に結びつけられたのであった．

III　運動方程式を解く

さてニュートンの方法によれば，このように現象から帰納的に重力を求めたならば，次になすべきことはこの求められた重力を用いて「演繹的に現象を説明する」ことにある．もちろんそのさいに「説明するべき現象」は，はじめの帰納のさいに用いた「現象」だけに止まらない．より広い現象を説明してはじめて——そして，可能ならば，未知の現象を予言することによってはじめて——求められた重力の普遍性が示されるであろう．

もちろんニュートンの重力によって解明された問題はきわめて多くまた多岐にわたっている．しかし今節では重力とニュートンの運動法則からケプラーの3法則を演繹してみよう．ただしニュートン流の幾何学的様式は用いず，というか，幾何学的には一般解を求めるのは困難でニュートンはそれには成功していないと思われるので、ここではもっと直截な解法を示す．

万有引力をうける物体にたいする運動方程式は，ベクトルで表現すれば

$$m\frac{d^2\boldsymbol{r}}{dt^2} = -G\frac{Mm}{r^2}\boldsymbol{n} \quad \left(\boldsymbol{n}=\frac{\boldsymbol{r}}{r}\right) \tag{3-13}$$

となる．この式と $\boldsymbol{r}$（位置ベクトル）との外積を作れば，時間導関数をドットで表わして，

$$\boldsymbol{r}\times\ddot{\boldsymbol{r}} = -\frac{GM}{r^2}\boldsymbol{r}\times\boldsymbol{n} = 0, \tag{3-14}$$

他方，

$$\frac{d}{dt}(\boldsymbol{r}\times\dot{\boldsymbol{r}}) = \boldsymbol{r}\times\ddot{\boldsymbol{r}}+\dot{\boldsymbol{r}}\times\dot{\boldsymbol{r}} = \boldsymbol{r}\times\ddot{\boldsymbol{r}}$$

だから，(3-14) はすぐさま積分できて．

$$\boldsymbol{r}\times\dot{\boldsymbol{r}}\equiv \boldsymbol{h} = \text{定ベクトル（積分定数）} \tag{3-15}$$

が求まる．これは軌道面に垂直なベクトル（単位質量あたりの角運動量）で，軌道が一平面上にあるというケプラーの第0法則と，面積速度が一定であるというケプラーの第2法則とを表わしている．$h=|\boldsymbol{h}|$ が面積速度の2倍である．

他方，運動方程式 (3-13) と $\boldsymbol{h}$ ベクトルの外積は，

$$\begin{aligned}\ddot{\boldsymbol{r}}\times\boldsymbol{h} &= -G\frac{M}{r^2}\boldsymbol{n}\times\boldsymbol{h}\\ &= -G\frac{M}{r^3}[\boldsymbol{r}\times(\boldsymbol{r}\times\dot{\boldsymbol{r}})]\\ &= -G\frac{M}{r^3}[(\boldsymbol{r}\cdot\dot{\boldsymbol{r}})\boldsymbol{r}-(\boldsymbol{r}\cdot\boldsymbol{r})\dot{\boldsymbol{r}}].\end{aligned}$$

ここで$r^2=(\boldsymbol{r}\cdot\boldsymbol{r})$の両辺を時間で微分することにより$(\boldsymbol{r}\cdot\dot{\boldsymbol{r}})=r\dot{r}$が得られ，これを用いて上式を書き改めると，

$$\ddot{\boldsymbol{r}}\times\boldsymbol{h}=\frac{GM}{r^2}(r\dot{\boldsymbol{r}}-\dot{r}\boldsymbol{r})=GM\frac{d}{dt}\left(\frac{\boldsymbol{r}}{r}\right)$$

$$=GM\dot{\boldsymbol{n}} \tag{3-16}$$

となり，$\boldsymbol{h}$は定ベクトルだから（3-16）は直接積分できて，

$$\dot{\boldsymbol{r}}\times\boldsymbol{h}=GM(\boldsymbol{n}+\boldsymbol{e}) \tag{3-17}$$

が得られる．ここに，

$$\boldsymbol{e}=\text{定ベクトル（積分定数）} \tag{3-18}$$

であり，離心ベクトルと呼ぼう[(18)]．（3-17）の両辺と$\boldsymbol{r}$の内積を作ると，

$$((\dot{\boldsymbol{r}}\times\boldsymbol{h})\cdot\boldsymbol{r})=GM\{(\boldsymbol{n}\cdot\boldsymbol{r})+(\boldsymbol{e}\cdot\boldsymbol{r})\} \tag{3-19}$$

となり，この左辺は，$\boldsymbol{h}$の定義（3-15）を用いて，

$$((\dot{\boldsymbol{r}}\times\boldsymbol{h})\cdot\boldsymbol{r})=((\boldsymbol{r}\times\dot{\boldsymbol{r}})\cdot\boldsymbol{h})=(\boldsymbol{h}\cdot\boldsymbol{h})=h^2$$

のように表わせ，また，

$$(\boldsymbol{n}\cdot\boldsymbol{r})=\frac{(\boldsymbol{r}\cdot\boldsymbol{r})}{r}=r$$

であるから，定ベクトル$\boldsymbol{e}$と動径ベクトル$\boldsymbol{r}$のなす角度をφ，つまり，

$$(\boldsymbol{e}\cdot\boldsymbol{r})=er\cos\varphi$$

と表わせば（$e=|\boldsymbol{e}|$），結局（3-19）は，

$$h^2=GMr(1+e\cos\varphi)$$

となり，最終的に，

$$r=\frac{h^2/GM}{1+e\cos\varphi} \tag{3-20}$$

が得られる．これは，軌道面上での軌道の形を表わす方程式$r=r(\varphi)$で，

$$\begin{array}{ll} e=0 & \text{円} \\ 1>e>0 & \text{楕円} \\ e=1 & \text{放物線} \\ e>1 & \text{双曲線} \end{array}$$

を意味している．

すなわち，(3-20) 式は$1>e\geqq 0$の場合にケプラーの第1法則を表わしている．

楕円の場合，離心ベクトルの大きさeは円軌道からの外れの度合を表現していて，離心率と呼ばれる．また，ベクトル$\boldsymbol{e}$と$\boldsymbol{h}$の内積を作ると，$\boldsymbol{n}$と$\boldsymbol{h}$の定義と (3-17) 式を用いれば，

$$(\boldsymbol{e}\cdot\boldsymbol{h})=0$$

であるから，$\boldsymbol{e}$と$\boldsymbol{h}$は直交，つまり$\boldsymbol{e}$は軌道面内にあることがわかる．また (3-20) 式より$\varphi=0$でrは最小だから，$\boldsymbol{e}$は，惑星が太陽にもっとも近づいた点（近日点）の方向を指している．そして，軌道面上での惑星の位置はrとφで示される（rは太陽からの距離，φは近日点からの角度）．

とくに楕円軌道 ($1>e\geqq 0$) の場合を考えよう．図3-2で$\mathrm{F_1}$を太陽に一致した焦点として，近日点距離$\overline{\mathrm{F_1P_1}}$は，

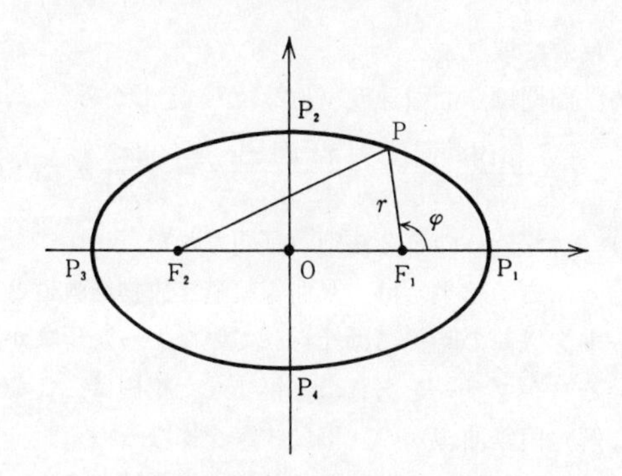

図 3-2　楕円

$$r_{\min} = r(\varphi=0) = \frac{h^2/GM}{1+e},$$

また遠日点距離 $\overline{F_1P_3}$ は,

$$r_{\max} = r(\varphi=\pi) = \frac{h^2/GM}{1-e}$$

であるから，長半径 $\overline{OP_1}$ は,

$$a = \frac{1}{2}(r_{\min}+r_{\max}) = \frac{h^2/GM}{1-e^2}$$

となり（$h=\sqrt{GMa(1-e^2)}$），楕円の方程式（3.20）は離心率と長半径を用いて,

$$r = \frac{a(1-e^2)}{1+e\cos\varphi} \tag{3-21}$$

と表わされる．また短半径が $\overline{OP_2}=a\sqrt{1-e^2}$ であること

もすぐに看て取れよう.

他方, 周期は, 面積速度 $(h/2)$ が一定だから,

$$T=\frac{\text{楕円の面積}}{\text{面積速度}}=\frac{\pi a^2\sqrt{1-e^2}}{h/2}=\frac{2\pi}{\sqrt{GM}}a^{3/2} \tag{3-22}$$

となり, ケプラーの第3法則が証明された.

たしかにこの結果には, 双曲線軌道, 放物線軌道というニュートン以前の時代には知られていなかった現象が含まれている. ケプラーをあれほど悩ませた楕円は, ここでは可能な解 (円錐曲線) の一例にすぎなくなった.

ニュートンははじめは彗星の軌道を放物線と考え, 1680年の彗星について実測とかなりよく合うことを示し, また,『プリンキピア』の第3版では, 1682年に出現した彗星の軌道が離心率の大きい (1に近い) 楕円であって, 1607年と1531年にも現われたものとほぼ同一の軌道をもつので, それらを周期75年の同一の彗星 (ハレー彗星) だとしたハレーの推測についても触れている. このハレーの予言は, 1758年に彗星が戻ってくるというものであった. のちにクレーローは土星と木星による引力の影響を考慮に入れて, この彗星は1759年4月13日±1カ月の間に近日点に達すると予言したが, じっさいハレーの予言通り58年のクリスマスにたしかに彗星は地上から観測され, 59年の3月13日に――クレーローの予言した範囲から1日だけ外れて――近日点を通過した[19]. 「現象」⇨「力」⇨「別の現象」というニュートンの方法は, こうして実践され貫徹されたのである.

Ⅳ　ニュートンの飛躍

このようにして太陽と惑星間に働く力として得られた重力にニュートンが加えた決定的な意味は，この力を総じて他のすべての物体間に働く力であると拡張解釈したことにある．とりわけ著しいことは，地球と月の間に働く力と地球と地上の物体間に働く力が同一の力で説明されるという考察であった．かつてケプラーの脳裡にひらめいた思想が一挙に推し進められた．

しかし考えてみれば，このような拡張解釈は，ニュートンにとっては別段問題にするほどのことではなかったのかもしれない．というのも，すでに「物質量」の定義のところで見てきたように，ニュートンの物質観は相当徹底した原子論である．とすれば，ニュートンにとっては，太陽と惑星間の重力といえどもそれらを構成する窮極粒子間の重力の和であり，すべての物質がこの同一の窮極粒子より成っている以上，すべての物体間に働く重力が同一であるというのは，当然のことであったのであろう．

実際『プリンキピア』の第３篇・命題７・定理７には，

> 重力はありとあらゆる物体に存在するであろうこと，そして各物体に含まれる物質量に比例するであろうこと．

とある．重力が「物体に存在する」とは，もちろん「物体に付与されている」ことを意味する．そしてさらにその系

1で，

したがって，ある惑星全体に向かう重力は，その個々の部分に向かう重力から生ぜられ合成されたものである．このことの実例は，磁気的および電気的な引力においてみられる．事実全体に向かう全引力が個々の部分の引力から生じている．このことは重力においても，多数の小さな惑星がひとつに集まって球体となりより大きな惑星をつくっていると考えることによって理解される．全体の力は各構成部分の力から生ぜられねばならないであろうからである[20]．

と，説明を広げている．

それだけではない．ニュートンは『プリンキピア』の初版を出したのちに大陸から出された批判に反論するために，再版のときに「一般的注解（*Scholium Generale*）」をつけ加えた（第6章参照）．そこにはニュートンの科学思想が展開されているが，その「一般的注解」のための草稿が五種類ポーツマス・コレクションに含まれ，その一つが前述のホール＆ホールの編訳書に載せられている．そこには，重力が単一の窮極粒子の効果であるとする次のような注目すべき見解が見られる．

重力は，その効力を減少させることなく太陽や惑星の真芯にまで入り込むある原因よりなり，またその作用がすべての物体の物質量に比例するがゆえに，表面粒子にだけではなく，すべての物体の真芯にまで及んでいる．重力は，物体の単一の粒子が遠く離れたところに距離の2乗に反比例して減少する作用を及ぼすところのある原因に由来する．というのも，太陽の力はそのすべての〔構成〕粒子の力より合成され，この〔上述の〕法則によって惑星軌道のすべてに伝えられるからである[21]．

もっともニュートンは，第2版（出版1713年）が印刷されるときにこの部分を削除したが，しかしそれは，彼がこの思想を放棄したからではなく，病的なまでに論争をきらう彼が不用意に原子論的思想を表明することでデカルト派やその他の方面からの批判が出るのを避けたためと見るべきであろう．というのも，1717年に出された『光学』の第2版には，《疑問》という形で——批判にたいする逃げ路を作っておいて——いくつかの所見を発表しているが，そのなかでもあらためて微小粒子間の重力について触れているからである．

そもそもニュートンにとっては——A．コイレによれば——粒子間の引力のみが唯一の現実的なものであり，結果としての巨視的物体間の引力は数学的な実在性しかもたないものであった[22]．地球と月の引力はあくまで構成粒子間の引力の数学的総和としてのみ存在したのである．

とすれば，ニュートンにとって月と地球の間の引力と地上の物体と地球の間の引力が同じ起源の力であるということは，自ら受け容れるのに困難を感じるような突飛なアイデアではなかったはずである．むしろ困難は，莫大な数になる地球の構成粒子と地上物体の構成粒子間の力の合力がはたして単純な逆2乗の法則に従うのか否かという，数学的問題にこそあった．というのも，ニュートンにとってあるアイデアの正否を決するものは，数学的に立証されかつ経験（実験）的に検証されるという事実であったからだ．たとえその事実が唯一で充分な条件ではないにしても．

彼が，距離の逆自乗に比例する万有引力の着想を得たのは，青年時代，1665〜66年のペスト禍をのがれてウールスソープの田舎に帰省していた時だといわれる．それから『プリンキピア』の執筆まで20余年の遅延がある．このおくれの原因については，歴史家の間で諸説があり，その一つに次のような理由があげられている．すなわち，地球上の物体を考えるときに，地球半径をa_Eとして，地球の引力を単純に$1/a_E^2$に比例するものと看做してよいのかという問題にニュートンが頭を悩ませたからだというのである[23]．

『プリンキピア』執筆までのおくれが本当にそのためかどうかはともかくとして，ニュートンがこの問題を真剣に考えたことは確かである．たとえば太陽－地球間の距離（約1.5×10^8 km）を地球半径（$a_E=6.4\times10^3$ km）と比較すれば，太陽のまわりの地球の運動を考える際に地球を大きさのない質点と考えても，それほど無理はないであろう．しかし地上や月から見れば，地球は巨大な物体であり，地球の引力を，全質量が地心に集中した質点によるものとして計算してよいというアプリオリな理由も，直観的な尤もらしさもない．

そういうわけで，ニュートンは自力でこの問題を数学的に解決しなければならなかった．彼の解法は『プリンキピア』第1篇・第12章に含まれている．しかし，例によって彼の手法は幾何学的でわずらわしいので，ここでは対称性が見やすいようなやり方で示しておこう．

いま，地球全体を微小な体積要素に分割して，その i 番目の要素の質量を m_i，また，図3-3のように m_i の点から重力を測定する点（P）までのベクトルを $\boldsymbol{r}_i'$ とする．微小体積要素を地球を構成する微小粒子，m_i をその質量と考えてもよい．このとき，観測点に置かれた単位質量の質点に微小質量 m_i が及ぼす引力は，もちろん，

$$\boldsymbol{F}_i = -G\frac{m_i}{r_i'^2}\boldsymbol{n}_i', \quad \left(\boldsymbol{n}_i' = \frac{\boldsymbol{r}_i'}{r_i'}\right), \tag{3-23}$$

であらわされる．

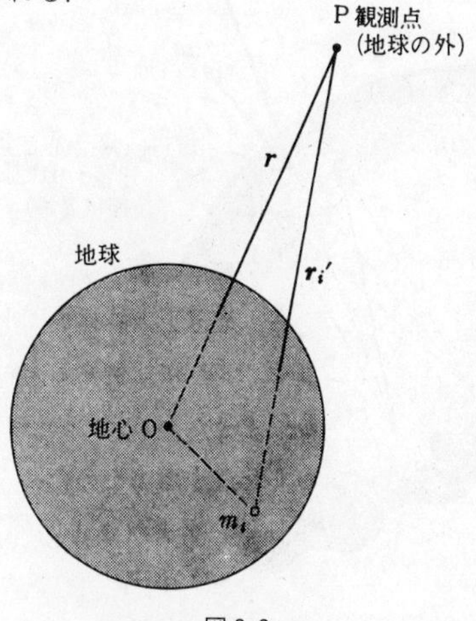

図3-3

ここで，地心Oを中心として地球の外の観測点Pを通る半径r（$=\overline{\mathrm{OP}}>a_{\mathrm{E}}$）の球をかき，その球面上のPでの微小面積ベクトル（大きさは面積，方向は球面の外向き法線方向）$\boldsymbol{ds}$を用いて，

$$(\boldsymbol{F}_i\cdot\boldsymbol{ds}) = -G\frac{m_i}{{r_i'}^2}(\boldsymbol{n}_i'\cdot\boldsymbol{ds})$$

なる量（m_iによる引力と$\boldsymbol{ds}$の内積）を考える．このとき，図3-4よりわかるように幾何学的な量$\dfrac{(\boldsymbol{n}_i'\cdot\boldsymbol{ds})}{{r_i'}^2}$は，

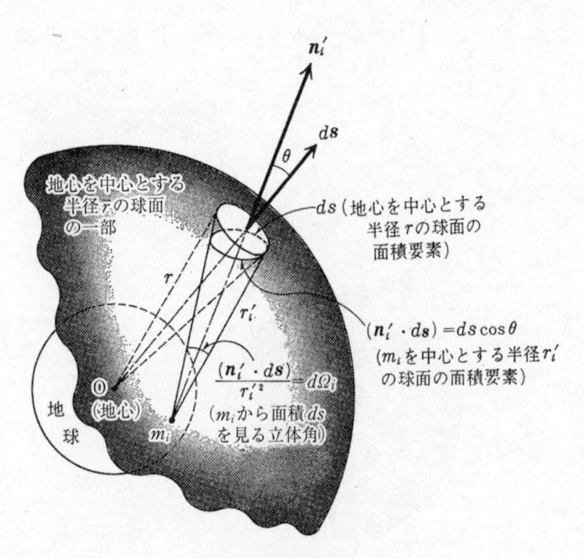

図3-4

m_i から微小面積を見る立体角 $d\Omega_i$ であるから，

$$(\boldsymbol{F}_i\cdot d\boldsymbol{s}) = -Gm_i d\Omega_i$$

と表わされる．この量を球面全体について積分すると，$\int_S d\Omega_i$ は，質点 m_i が球面の内側にあるかぎり，m_i の位置によらず全立体角 4π に等しいから，

$$\int_S (\boldsymbol{F}_i\cdot d\boldsymbol{s}) = -Gm_i \int_S d\Omega_i = -4\pi G m_i$$

となる．この式を地球内のすべての微小体積要素ないしは構成粒子について加え合わせると，

$$\boldsymbol{F} = \sum_i \boldsymbol{F}_i \quad \text{（地球全体による引力），}$$

$$M = \sum_i m_i \quad \text{（地球の全質量）}$$

として，

$$\int_S (\boldsymbol{F}\cdot d\boldsymbol{s}) = \int_S \sum_i \left(\boldsymbol{F}_i\cdot d\boldsymbol{s}\right) = -4\pi G M \qquad (3\text{-}24)$$

が得られる．

ところで，地球の質量分布が完全に球対称だとすると，$\boldsymbol{F}$ も球対称のはずであるから，いずれかの方向にだけ重力が強くなるという理由がなく，地心を中心とする球面S上では，$\boldsymbol{F}$ は大きさが一定で，つねに法線方向（$\boldsymbol{r}$ 方向）を向いていなければならない．つまり，

$$\boldsymbol{F} = F(r)\boldsymbol{n}, \quad \left(\boldsymbol{n} = \frac{\boldsymbol{r}}{r}\right)$$

と表わされるはずである．これを（3-24）式に用いれば，

$$\int_S (\boldsymbol{F}\cdot d\boldsymbol{s}) = \int_S F(r)ds = 4\pi r^2 F(r) = -4\pi GM$$

となるから，地球の中心から $\boldsymbol{r}$ のところの単位質量の物体に働く引力として，

$$\boldsymbol{F}(r) = -\frac{GM}{r^2}\boldsymbol{n} \tag{3-25}$$

が得られる．つまり，地球の質量分布が球対称であれば地球の外にある物体に働く地球の引力を，地球の全質量が地心に集中したものによると看做してもかまわないことが証明された．

以上で，窮極粒子間に距離の逆2乗に比例して減少する重力が働くとするならば，このような粒子より成る巨視的物体が球対称な質量分布を持つ場合，その巨視的物体が他の物体に及ぼす重力もやはり距離の2乗に逆比例することが示された．

とすれば，本節のはじめに述べたニュートンのアイデア，すなわち，地球と月の間の力と地球と地上物体の間の力がともに地球の引力によるというアイデアは，月や地球が球形であることを踏まえれば，数学的には次のように示されるであろう．つまり，地球（質量 M）が月（質量 M'）に及ぼす力の大きさは，地球と月の距離を R として，

$$f(R) = M'F(R) = G\frac{MM'}{R^2} \tag{3-26}$$

であり，他方，地球が地上物体（質量 m）に及ぼす力の

大きさは，地球半径をa_Eとして，月の場合と同一の定数Gを用いて，

$$f(a_E) = G\frac{Mm}{{a_E}^2}$$

で与えられる，ということになる．

もちろんこのアイデアはひとつの飛躍――作業仮説――であって，その正否は実証的かつ定量的に判定されなければならない．そこで，もしも上式で与えられる力が現実に地上物体に働いているとすると，運動方程式：

$$m\alpha = f(a_E)$$

より，地上物体の落下加速度は，

$$\alpha = \frac{GM}{{a_E}^2}$$

となるはずであろう．ところで，上記の力によって地球のまわりを回る月にたいしても，当然ケプラーの第３法則が成り立つはずである．すなわち，月および――ニュートンの時代には知られていなかった――地球のまわりを周回するすべての物体（人工衛星）についても，

$$\frac{(\text{長半径})^3}{(\text{周期})^2} = \frac{GM}{4\pi^2} = \text{一定}$$

となるはずである．このことは，今世紀（20世紀）後半になってはじめて実証された（表3-1）が，ともかくもこの表の月にたいする値より，

$$GM = 4\pi^2 \times 1.01 \times 10^{13}\ \mathrm{m^3/sec^2}$$
$$= 3.99 \times 10^{14}\ \mathrm{m^3/sec^2}$$

表3-1 月と人工衛星についてのケプラーの第3法則

衛星名	a(長半径, m)	T(周期, sec)	a^3/T^2(m^3/sec^2)
ジェミニⅢ	6.570×10^6	5.29×10^3	$1.01_3\times10^{13}$
スプートニクⅠ	6.952×10^6	5.77×10^3	$1.00_9\times10^{13}$
タイヨー	8.074×10^6	7.20×10^3	$1.01_5\times10^{13}$
テルスターⅡ	1.2248×10^7	1.35×10^4	$1.00_8\times10^{13}$
モルニアⅡ	2.6376×10^7	4.26×10^4	$1.01_1\times10^{13}$
シンコムⅢ	4.2186×10^7	8.618×10^4	$1.01_0\times10^{13}$
月	3.85×10^8	2.376×10^6 (27.5日)	$1.01_0\times10^{13}$

(a, Tの値は『理科年表』1979年版, および恒星社『現代天文学事典』より)

が得られる. この値と地球半径:

$$a_{\mathrm{E}} = 6.38\times10^6\ \mathrm{m},$$

とを用いれば, 地上物体の落下加速度は,

$$\alpha = \frac{GM}{{a_{\mathrm{E}}}^2} = 9.80\ \mathrm{m/sec^2}$$

となり, これはまさしく地上で観測される物体の落下加速度(g)の値そのものである.

こうして, 同一の重力が地上物体と月の運動とを支配しているというケプラーにはじまりニュートンにひきつがれたアイデアが厳密に立証物質化されたのであった.

V　万物の有する重力

前節で,「ありとあらゆる物体に存在する，つまり付与されている重力」というニュートンの重力思想を語ったが，そこで引いた『プリンキピア』第3篇・命題7・定理7の系1のあとにニュートンは,

> われわれの身辺にあるすべての物体は，その法則に従ってたがいに重力で引きあわねばならないが，そのような種類の重力はまったく知覚されないという反論をする人があるとしたら，わたくしは次のように答える．それらの物体に向かう重力は，地球全体に向かう重力に対してその物体（の質量）対地球全体（の質量）の比にあるため，はるかに小さく知覚されえないのである，と[24].

と，補足している．ニュートンは地上物体間の重力も認めていたことがわかる．ただし，その実験的検証については事実上不可能だと看做していた.

この点を，つまり地上の2物体間の重力を直接に実証したのは，1世紀後のイギリスの天才的実験物理学者キャヴェンディッシュによる1798年の実験であった.

彼は図3-5のように，両端にそれぞれ質量 m の物体をつけた長さ $2l$ の軽いさおを吊した弾性体のねじり糸を用いて，このさおの両端近くに別の質量 M の物体を近づけたとき，たしかに m と M が引き合い糸がねじれることを観測した．いま糸が角度 θ_0 だけねじれて，その結果 m と

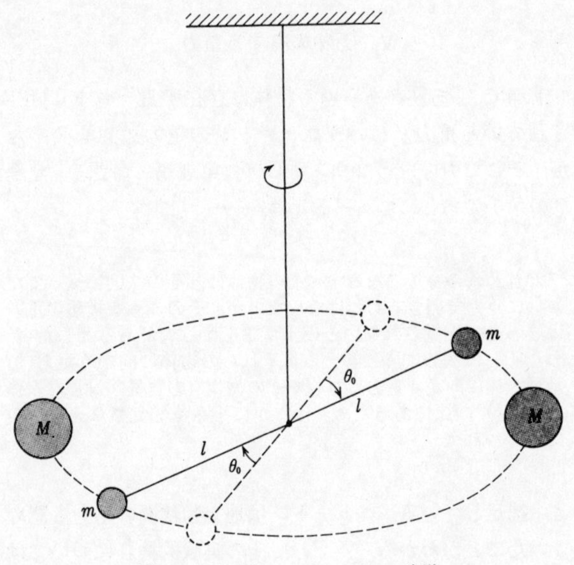

図 3-5 キャヴェンディッシュの実験

M の距離が r になってつりあったとする．糸のねじれ定数を k とすると，この m と M の重力による偶力によって糸がねじれたのだから，

$$k\theta_0 = 2\frac{GMm}{r^2}\times l$$

でなければならないであろう．次に M を遠ざけるとさおが振動をはじめる．さおの慣性モーメントは，

$$I = 2ml^2$$

だから，その振動の周期は，

$$T = 2\pi\sqrt{\frac{I}{k}} = 2\pi\sqrt{\frac{2ml^2}{k}}$$

であり，つりあいの条件より求めた k を用いて，

$$T = 2\pi r\sqrt{\frac{l\theta_0}{GM}}$$

と書けるから，周期 T を測定することによって，万有引力定数：

$$G = (2\pi)^2\frac{r^2 l\theta_0}{T^2 M}$$

が得られる．こうしてキャヴェンディッシュは，

$$G = 6.754\times10^{-11}\ \mathrm{Nm^2/kg^2}$$

を得た(25)．地上における物体間の重力というニュートンのアイデアが1世紀後に直接検証されたといえよう．

じっさい，もうこの時代になれば「ありとあらゆる物体に存在する重力」というニュートンのパラダイムは定着していたようである．このパラダイムを考えうるかぎりの現象に押し広げてあてはめ，野放図に拡張解釈してゆくことが力学の路線とされるようになっていた．トーマス・クーンのいう「科学革命」が成しとげられたといえよう．

キャヴェンディッシュの実験とほぼ同じころ（1796年）に出版されたラプラスの『世界の体系』では，天体が光にたいしても重量物質にたいしてと同じように重力を及ぼすという主張までなされているのだ．

地球と同一の密度を持ち，半径が太陽の250倍以上の光る天体があったとしても，その重力のために，そこから出た光はわれわれのもとにはとどきえないであろう．それゆえ，宇宙におけるきわめて巨大な発火天体が，まさにこのことのために見えないということがありうる(26)．

この予言的というか途方もない推測は，結論だけを見れば，じつはまったく異なったチャネルで最近脚光をあびているブラック・ホールの議論と一致している．しかしラプラスの思想の立脚点は100パーセント，ニュートンの重力論である．

ニュートンの理論によれば，天体（質量M）の重力の作用を受けている粒子（質量m）の運動は，運動方程式：

$$m\frac{d\boldsymbol{v}}{dt} = -G\frac{Mm}{r^2}\cdot\frac{\boldsymbol{r}}{r}$$

に支配されている．この両辺と$\boldsymbol{v}=\dot{\boldsymbol{r}}$との内積をとり変形すれば，

$$\frac{d}{dt}\left(\frac{m}{2}v^2-G\frac{Mm}{r}\right) = 0$$

となり，これより，

$$\frac{m}{2}v^2-G\frac{Mm}{r} = 一定$$

というエネルギー保存則が得られる．ここで，天体表面（$r=R$）で速さv_0を持った粒子が無限遠（$r=\infty$）に飛び去ったとすれば，無限遠での速さをv_∞として，

$$\frac{1}{2}m{v_0}^2-G\frac{Mm}{R}=\frac{1}{2}m{v_\infty}^2>0$$

となるであろう．逆に言うならば，左辺<0ならば，つまり，天体表面での速度の大きさが，

$${v_0}^2<\frac{2GM}{R}$$

のときには，その粒子は無限遠に飛び去りえず天体の重力に束縛されていることになる．

この結果は粒子の質量と無関係だから，ラプラスのように「光の粒子」にたいしてもまったく同じように重力が作用するという前提に立てば，v_0 を光速 c で書きかえると，

$$R<\frac{2GM}{c^2},$$

あるいは，天体の密度 σ を用いて質量を $M=\frac{4}{3}\pi R^3\sigma$ と書き直せば，

$$R>\sqrt{\frac{3c^2}{8\pi G\sigma}}=1.71\times10^8\ \mathrm{km}=246\times(\text{太陽半径})$$

のとき，光は天体の重力圏から脱出できず，したがってそのような巨大密度の天体は見ることができないということになる（$G=6.67\times10^{-11}\ \mathrm{m^3/sec^2kg}$，$\sigma=5.5\ \mathrm{gr/cm^3}$ とした）．

今世紀になって登場した一般相対性理論では，たしかに重力場が光にも作用し，上記半径（$2GM/c^2$）が球対称な重力場の時空計量の特異点を表わすシュヴァルツシルト半

径であって，この半径以下の半径を持つ星がブラック・ホールを形成し，そのとき光は外に出られないとされている．そう見ればラプラスの推論は予言的なようにも思われるが，立脚点がまったく異なるので，結果におけるそのような一致を意味ありげに云々してもはじまらないであろう．ここではただ，一世紀の間に「ありとあらゆる物体に存在する重力」というニュートンのアイデアが公認されるにまで至ったことを述べたかっただけである[*]．

19世紀の物理学者マックスウェルは，ラプラスよりももっと実直でひかえ目にではあるが，次のように語っている．

たがいにきわめて異なった領域に生ずるきわめて多くの事例において，重力は物体の質量のみに依り，その化学的性質や物理的状態には左右されないことがわかるから，われわれは，この事実はすべての物質についても真であると結論づけるよう導かれる．

たとえば，大気の二つの部分が互いに引き合うというようなことは，そのことを測定するデリケートな実験的方法が考案されるだろうとか，それどころかこの引力を示すことさえ希望は持てないけれども，しかしその事実を疑う科学者はいない．われわれは，大気の任意の部分と地球との間に引力が存在するこ

---

[*] 物体が光に対し重力と同様に引力を及ぼすという発想は，ヴォルテールの『ニュートン哲学綱要』の次の一節，「光の理論には，これからのべる宇宙の理論と共通したものがあることを忘れないようにしよう．それは，物体と光の間には一種のはっきりした引力があるということであり，同時に我が宇宙のあらゆる球体の間にもそれがあることが，これから観察されるはずである」にも見られる[28]．

とを知っており，また，キャヴェンディッシュの実験によって，重量物体は充分な質量を持っているかぎりたがいに敏感に重力を及ぼしていることがわかるので，大気の任意の部分もたがいに重力を及ぼしていると結論づけるのである[27]．

ニュートン以降19世紀末まで話を先走ったようだが，ともあれ，まったく同一の力が「ありとあらゆる物体に存在する，つまり付与されている」という発見はおどろくべき発見であり，人類史上最大の発見であるといってよい．そしてそれは，単一の物質観と単一の世界観を準備するものであった．

第4章 〈万有引力〉はなぜ〈万有〉と呼ばれるのか

I アリストテレスの二元的世界

ニュートンの求めた万有引力，つまり重力は，現在のわたくしたちにとっては，電磁的相互作用（電荷や磁極間に働く力）や強い相互作用（核力）や弱い相互作用（β-崩壊）とならぶ一つの力にすぎない．ところでこの重力がなぜ〈万有引力〉なのか．前章で見たように，そして18世紀のラプラスや19世紀のマックスウェルが考えていたように，質量を有するすべての物体間に働くから〈万有〉である，と言ってしまえばそれまでだけれども，しかしニュートンの時代に人が〈万有〉という言葉にこめた意味は，現代人の想う以上に大きい．つまりそこには世界観の転換があったのだ．

ケプラーとガリレイの時代まで，二千年近くにわたって権威を維持してきたアリストテレス世界像では，月より上の天上の世界と月より下の地上の世界は，まったく異質な世界であった．

ガリレイが地動説を展開した『天文対話』の正確な書名は『二大世界体系についての対話』であり，ガリレイ自身，アリストテレス理論との対立が世界像のちがいであることを自覚しているが，そこでは，ガリレイ本人ことサルヴィアチは次のように語っている．

> アリストテレスはこの部分をはじめに二つ――互いにまったく異なっているしまたある意味では反対な――に分けています．すなわち天界の部分と地上の部分です．前者〔天界の部分〕は生成・消滅せず，不変・不滅などですし，後者〔地上の部分〕は変化・変異などにたえずさらされています[1]．

当然二つの世界は，物質の成り立ちもそれらが従う法則も，まったく異なっているはずである．そんなわけで，アリストテレス自然学によれば可変的な地上は空気・火・水・土よりなり，天界は不変で不生不滅の第五元素エーテルより成る，とされている．そしてその自然学は，西欧では2千年近くにわたって信奉されてきた．

ところでこのような二元論の根拠は何かといえば，それはすこぶる単純である．アリストテレス自然学の方法は，感覚的経験にもとづき経験的に得られる自然現象を整序し類似のものに分類すれば，そこからおのずと自然の本質的実体が剔抉され分別されてゆくということにあった．しかるに現実の経験によれば，地上の物体と天体はまったく異なった振舞いをする．したがって両者は本質的に異質のものであるということになる．

ガリレイは『天文対話』のなかでスコラ派のシムプリチオの口から次のように語らせている．

〔第1に〕われわれは感覚的経験によって地上ではどのようにたえず生成・消滅・変化などが生じているかを知っています．ところがこれらのことは，われわれの感覚によっても，われわれの祖先のいい伝えや記憶によっても，天でなに一つ見られたことはないのです．ですから天は変化などをしませんし，大地は変化などをするのです．……
〔第2に〕その本性上暗くまた光を欠いている物体は光り輝く物体とは違うということです．ところが大地は暗黒で光がなく，天体は輝き光に満ち満ちています(2)．

そしてガリレイの『天文対話』は，なによりもこのアリストテレス二元論の解体のプロパガンダの書であり，その著しさは，

円運動が天体のみに属するものであるということが否定され，円運動は自然に運動しうるあらゆる物体に適合しうると主張されるならば，その結果必然的に生成性・不生成性・可変性・不変性・可分割性・不分割性などの属性は世界のすべての物体，すなわち地上の物体同様に天体にも等しくまた共通して適合するといわなければなりません(3)．

と，地上物体にまで円運動の至上性を適用することによって，世界の一元化をはかるという，いささか倒立した論法のなかにさえ看て取ることができる．

ともあれ，こういう経験的根拠に依拠しているかぎり，人間が別個の経験をするようになれば，アリストテレスの説は崩れてしまうであろう．

II　二元的世界の動揺

すでに16世紀，ティコ・ブラーエの時代に，このアリストテレス的二元世界をゆるがす大事件が発生していた．1572年に，変わることなきはずの天上の世界に新しい星が生まれたのだ．その年，聖バーソロミューでのユグノーの大虐殺やオランダでの新教徒虐殺などが相次いで起ったこともあって，人心が動揺しヨーロッパ中が騒然とした．

肉眼で見えるすべての星の位置と明るさとを記憶していた怪物ティコ・ブラーエは，その事件をつぎのように記している．

昨年（すなわち1572年）11月11日の夕方日没のころ，例によって明るい天空の星をみつめていると，他の星々よりもなお目立ち，私の頭上近くで輝いている新しくて見馴れぬ星が見えた．そうして私は，ほとんど子供のころからすべての星の姿を知りつくし――これはそんなにむずかしいことではない――，また，それ以前にこの場所に星，こんな明るい星はもとよりごくかすかな星さえあったためしがないことは確信があったから，このことを非常にけげんに思い，あえて自分の観測を疑ってみようとしたほどだった．しかし他の人たちも同じ場所に星が見えたことを確認したとき，私はもう疑えなかった．疑いもなく奇蹟，世界創世以来自然界に生じた最大の奇蹟であるか，また『聖書』に書かれてあるような，ヨシュアの願いに応じて太陽が逆行したときの奇蹟，あるいは十字架刑のときの日食にも比べられる奇蹟であった．なぜなら，天の精気の領域では，生成であれ消滅であれ，変化が行なわれえないことは，また天や天体は大きくも小さくもならず，数や大きさも明るさその他も変化をうけず，あらゆる年月にもかかわらず常に同一のもの，またあらゆる点で似たものとして止まることは，すべて哲学者の一致を見ている点であるし，事実がこれを証明するからである[4].

この新星は，一カ月後にもっとも明るくなり，1574年には消滅した．ともあれ，このティコの報告から，当時いかにアリストテレスの二元的世界像が牢固たるものであったかが看て取れるであろう．しかしティコは，アリストテレスの権威よりも自分の眼の方を信用した．ティコは，新星に視差が認められないこと，カシオペア座の諸星にたいしてその位置が変わらないことより，新星の出現を恒星天の現象であると正しく結論づけたのである．

ちなみにいうと，このティコの見た1572年の新星（カシオペア座の新星）は，現在でいう超新星であり，いまでは銀河系内のものだと考えられている．

この新星が疑いなく新しい星であることを認めざるを得なくなったとき，当然アリストテレス主義者の抵抗はそれを月より下の世界の現象と看做すことに依拠することになった．たとえばイギリス人トーマス・リィディアトは，1605年になっても，この新星を月下の現象と主張していたのだ[5]．じっさい，この点をめぐる論争は相当長期にわたって続けられたようで，1632年に出たガリレイの『天文対話』でも採り上げられている．『天文対話』の第3日目にガリレイは，この新星が月より上の現象であるということの，いくつかの観測値にもとづいた詳細な――うんざりするほど詳細な――証明を述べている．方法は，緯度の異なる地上の２点での観測値（天の北極方向と新星との角度の観測値）から得られる視差を用いるものであり，そこでガリレイは誤差論まで展開している．

もっともそこでガリレイが得た結論は，新星を月より上だが有限の距離にあるとするもので，無限遠になるデータ――つまり視差０になるデータ――をわずかな誤差によるものとして退けている．つまりガリレイは，いまだ世界を有限と考えていたのだ．

なお，この1572年の新星についてケストラーは「紀元前125年，ヒッパルコスは空に新星が現われたのを見つけているが，その時以来，こういう事件は，世界中誰一人見たり聞いたりしたことがなかった」(6)と書いているが，そんなことはない．1054年に牡牛座にあらわれた新星（超新星）は，日本と中国で記録されている．日本では藤原定家の『明月記』に，中国では『宋史』に記述が見られ，昼間でも見える程度の明るさだったとあるから相当人々の注目を引いたことと思われる．さらにはアリゾナにあるパパゴ・インデアンの遺跡の壁面にも，この牡牛座の超新星と推定される絵が残されている(7)．そしてこの1054年の超新星こそ，今なお天文学者の関心を引きつづけているカニ星雲の前身に他ならない．

想うに，日本人や中国人やアメリカ・インデアンには天界不変というアリストテレス・スコラのドグマが存在しなかったから，人はとらわれることなく星空の変化に注目できたのであり，他方，天界不変と思い込んでいた中世ヨーロッパ人の目にはそれが見えなかったのであろう．わたくしたちは感覚だけでありのままの自然を見ているのではなく，歴史的に形成された概念装置のフィルターを通してしか自然を見ていないことの一例といえよう．自然のなかにわたくしたちの概念を読み込んでいるのだといってもよい．だから逆に持ち合せの概念図式に適合しないものを見るのはむつかしいことなのだ．

アリストテレスの権威をさらにゆすぶったのは1577年の大彗星であった．

アリストテレスの哲学と自然学からすれば，天界の変化のように見える彗星もまた，月より下の地球上層大気圏の現象でなければならない．それゆえにまた，当時は，彗星は天文学ではなく気象学の対象であった．しかしここでもティコは，この1577年の大彗星について，自らの観測と計算にもとづいて，

> この彗星は，それら〔月と火星〕が太陽の周囲に描いている月の軌道と火星の軌道との中間で生成したのである．…… それゆえ，天においては何も新しいものが生成しえず，すべての彗星は空気の上層部にあるというアリストテレスの哲学は，この場合正しくありえない(8)．

と結論づけた．さらに彼は，この彗星の軌道が「正確な円ではなく，何か細長い，通常は卵形とよばれるもの」であろうと示唆している．ドレイヤーによれば，これは天体の

軌道が円ではないかもしれないということが——円の組合せに言及することなく——語られた最初の例である[9]. 時代は転換点を迎えていたのだ.

Ⅲ　ガリレイの『星界の報告』

先にのべた『天文対話』のなかでガリレイは，感覚的経験にもとづくというアリストテレス主義の土俵にあえて登り，その論法を逆手にとって，頑固アリストテレス主義者シムプリチオに向かって説いている.

> しかしシムプリチオ君を十分に満足させ，またできればかれの誤りを取り除くために，われわれがこの世紀になって新しく得たところの，そしてもしもアリストテレスがこの時代におればきっと意見を変えたに違いないような，出来事と観察とを有していることをいいましょう. これは明らかにアリストテレス自身の哲学の仕方から得られる考え方です. というのは，かれはなんら新しいものが生成したり古いものが消滅したりするのが見られないから，天は不変などであるとみなされると書いているのですから. したがってかれは暗黙のうちに，もしも自分がそのような出来事を一つでも見れば，その反対をとり，そして当然のことですが感覚的経験を自然学的議論より優先させたであろうと考えさせているのです[10].

本書の出版は1632年だが，ここに語られている「われわれがこの世紀になって新しく得たところの，そしてもしもアリストテレスがこの時代におればきっと意見を変えたに違いないような，出来事と観察」とは，そのひとつが

1604年の新星（射手座の超新星）の出現であり，いまひとつは，ガリレイ自身が行なった，望遠鏡による科学的天体観察のことである．じっさい，すでに1612年にガリレイは『太陽黒点にかんする書簡』でまったく同じ主張をしている[(11)]．それにしても，わずか30年の間隔で二つも新星が出現したというのは，反アリストテレス主義者には幸運なことであった．

望遠鏡自体はガリレイ以前に作られていたし，それで空を見た者もいたようだが，それを近代的科学者の眼で天体観測に用いることを思い至ったのが，1609年のガリレイであった．前に少しのべたが，ガリレイはその報告を『星界の報告』と題して――ケプラーの『新天文学』の出版とほとんど同時期に――世に出した．奥付の日付は1610年3月12日である．そこでは，はじめて星空を望遠鏡で見た人間の新鮮な驚きと感激とが述べられている．それだけではない，学術報告といえば荘重難解と相場がきまっている当時，ガリレイはそれを平易な事実描写の語り口で書き表わしたのだ．ケプラーとちがってガリレイはすでに近代人になっていたといえよう．

望遠鏡によって，観測される恒星の数が飛躍的に増加しただけではない．太陽の黒点の生成・消滅，金星の満ち欠け，木星も地球と同様に衛星を持つこと，月も地球のように表面が凸凹していること，月光は太陽の反射光であること，等々が発見された（なお，太陽黒点については『太陽黒点にかんする書簡』として別に出版された）．それをガリレイは次のように語っている.

月の表面は, 多くの哲学者たちが月や他の天体について主張しているような, 滑らかで一様な, 完全な球体なのではない. 逆に起伏にとんでいて粗く, いたるところにくぼみや隆起がある. 山脈や深い谷によって刻まれた地面となんの変りもない[12].

黒点は望遠鏡を使えば太陽面に認められますが, その表面からずっと隔たっているのではなく, それに付着しています. ……またそれは星, もしくは恒常的に持続するなにかほかの物体でもありません. あるものはたえず生成し, あるものは消滅しています[13].

これは, それまで信じられていた天上界の不変性・完全性を否定し, 地球の特別の地位を剝奪するものである. また, 惑星と違って恒星は, 望遠鏡で見てもやはり大きさがなく光る点でしかないということは, 恒星天がそれまで考えられていた以上に遠くにあることを意味した. なによりも物議を醸したのは, 木星に衛星があることの発見であった. つまり, 木星もまた回転中心たりうるのであれば, 地球のまわりにのみ世界は回転するという天動説の神話は根拠を喪失することになる.

アリストテレス的二元世界は強烈なパンチを食らった. 地上も天界も同一の物質より成り同一の法則に支配される単一の物理的世界ではないのか. 地球も月も惑星も変わらないではないか. 物理学的には地球だけが特別扱いされる

理由はないではないか．ガリレイの発見が惹き起こしたセンセーションは，中世的秩序の崩壊期にあったヨーロッパ中をかけめぐった．もちろんアリストテレス教条主義者の抵抗は執拗をきわめ，彼らの誹謗と中傷の大コーラスがセンセーションを増幅した．

そのあたりの雰囲気を窺うためにいくつかのエピソードを拾ってみよう．

550部刷った『星界の報告』は，出版された月のうちに品切れになったというから，当時では相当のベストセラーだ．その年中にフランクフルトで第2版が出版され，おどろくべきことには，わずか5年後に宣教師ディアスの手になる中国語訳が出されている．ということは，ローマ・カトリックがこの本を許容していたということである．

ガリレイは自ら発見した木星の衛星に，パトロンを喜ばすべくメジチ星と名付けたが，その年はやくも4月には，フランスのアンリ四世が，別の美しい星を見つけてアンリ星と名を付けてくれぬかという，好意的というよりは虫のよい申し出をしている．アンリ四世暗殺の直前のことである．イギリスでは，翌1611年に出版されたジョン・ダンの『イグナチウス・コンクラーベ』にガリレイの発見が採り上げられている(14)．

1612年には，その年完成したサンタ・マリア・マッジオーレ寺院の教皇礼拝堂のドームの壁画──聖母被昇天──に，表面が凸凹の月の上に立つ聖母が登場している．これはガリレイの友人ロドヴィーコ・チゴリの作である[15]．また後に原子論者・唯物論者となった青年ガッサンディは，出版後数年で『星界の報告』を読み，占星術と訣別するに至ったといわれる[16]．

しかし最も重要なことはケプラーの支持表明であった．彼はすぐさま「熱烈支持」の挨拶をガリレイに送り，その年の5月には『星界の使者との対話』を書いてガリレイの側に立つことを表明した．ヨーロッパ最高の天文学者がガリレイを支持したことは，ガリレイにとってはフランス国王の申し出よりも大きかったであろう．ガリレイがその前年に公表されたケプラーの発見を黙殺したことと対照的である．そしてガリレイの発見に接してケプラーがまず考えたことは，「この世界自体が無限であるのか，……　それともわれわれの世界に似た世界が無限に数多く在るのか，そのいずれかである」ということであった[17]．

Ⅳ　ニュートンによる世界の一元化

16世紀末の新星の登場からガリレイの一連の発見まで，現実的経験とともに進められたのは，地球を特別のものとするアリストテレス的二元世界の解体であった．

他方，ケプラーが神秘的な想像力と火星軌道相手の実証的研究からひき出し，ニュートンが見事な理論として示した〈万有引力〉は，この地球の相対化を完遂し，アリストテレス以来の二元的世界にとどめをさした．太陽と地球，太陽と惑星，太陽と彗星，地球と月，木星とその衛星，そして地上の諸物体と地球，これらはすべて同一の物質であり同一の「力」に支配されている――このことにこそ，〈万有引力〉の〈万有〉たる所以がある．

ニュートンの遺稿――ポーツマス・コレクション――のなかには，彼が『プリンキピア』で見出したいくつかの力学的命題と重力論にもとづく世界体系について簡潔にまとめた一編の書きつけが残されている．これは前に述べたホール＆ホールの編訳書に含まれているが，編者は「(この書きつけの世界体系についての）八つのパラグラフでは，ニュートンが見出した〈世界の力学的な枠組み〉についての，彼の書き残したどのものよりも明快で簡潔な記述がなされている」と注釈している[18]．たしかにこの部分は，ニュートンが発見した世界をあますところなく表わしているし，また『プリンキピア』の本文には見られない重大な言及もあるので，全文ここに訳出してみよう．

以下は，ホール＆ホール編訳書の Part II, No. 3 の *The Elements of Mechanics* と題された書きつけ（原典英語）の後半部分の訳である．

「世界の力学的な枠組み」

1．すべての物体は不可透入的であり，それらの物質（の質量）に比例した重力を持ち，この力はその物体からの距離の2乗に比例して減少し，この力によって地球や太陽や惑星や彗星は丸くなっている．

2．太陽は一つの恒星であり，恒星はたがいにきわめて離れて全天に分布し，そのそれぞれの領域に静止し，すこぶる高温で輝いた大きな球体であり，その物質の量の多さゆえにきわめて強力な重力を帯びている．

3．地球は一つの惑星であり，月は一つの衛星，つまり小さな二次惑星であり，惑星は太陽と恒星によって照らされている丸くて密で不透明で低温の土質物体であり，太陽や恒星に向かっても，また相互にも重力を受け，その重力によってそのそれぞれの軌道を周回する．つまり，月はその一次惑星のまわりを，また惑星はその月をともなって太陽のまわりを周回する．

4．彗星は，丸くて不透明で膨大な大気を持つ一種の惑星である．その太陽に向かう重力によって，太陽のまわりをあらゆる種類の極端に離心的な楕円軌道上を周回し，それらが軌道上の低い（太陽に近い）部分に降りてくるごとにわたくしたちに見えるようになり，太陽の大気の大きな重量によってとらえられたその彗星の大気の外側の部分から稀薄な煙のような尾を出す．

5．彗星と一次惑星は同一の法則によって太陽のまわりを周回する．それらは低い方の焦点が太陽にある楕円上を周回し，その近日点はほとんど動かない．太陽に引いたその動径は時間に比例した面積を掃き，その周回時間はその太陽までの平均距離の3/2乗に比例している．そしてそれと同一の法則が，一次惑星のまわりを周回する二次惑星についても観測される．そして一般に，これまで天文学者によって観測されたすべての巨大物体の運動は，自由空間におけるその相互の重力に由来するべきものに正確に等しい．というのも，天は，どのような種類のすべての運動にたいしても何ら感知しうる抵抗のない自由な空間だからである．

6．一次惑星は太陽のまわりのそのそれぞれの軌道上を回っているが，同時にそのそれぞれの軸のまわりに回転〔自転〕している．地球は24時間で，木星は9時間56分で，火星はほぼ24時間で，太陽は27日間で，1回転する．こうして各不透明惑星には昼と夜が生じ，それらが西から東に回転するにつれて太陽や星が東から西に周回するように見える．この恒星の回転は一様であり等間隔に時間を刻む．

7．地軸は傾きを一定に保ち，地球が太陽のまわりを回る軌道に対して23.5度傾き，そのため地球の極は交互に太陽に接近し，かくして夏と冬が生じる．同様の（軸の）傾きによって他のいずれの惑星においても夏と冬が生じるであろう．しかし，地軸の傾きは必ずしも厳密に一定ではなく，きわめてゆっくりとその位置を変え，年間約20秒角度の差を生じ，そのため年間約50秒（$50'' \times \sin 23.5° = 20''$）の春分点の歳差をもたらす．

8．地球と海の月に最も近い部分は，月からより多くの重力を受け，そのため海の月下の部分は月に向かって盛り上がり，また月の反対側の部分は，（月からの）重力が足りないがために盛り上がり，この両部分での（海水の）盛り上がりによって12時間ごとの満潮が生じる．同様のことは太陽についても生じ，朔望の際には太陽による潮と月による潮が相ともなって高潮となる[19]．（以上括弧内は引用者の補い）

このようにして，ティコ・ブラーエ，ケプラー，ガリレイが見出しあるいは取り上げて，アリストテレス的世界に対置してきたさまざまの現象がニュートンの重力論で完全に一つに結び合され，世界は単一の法則の支配する単一の世界になった．もちろん，彗星と惑星を同一の法則に包摂したのはニュートンがはじめてである．

とりわけ注目すべきことは，この第2番目のパラグラフである．そこでニュートンは，重力を単に太陽系の諸天体に限らずすべての恒星にまで，つまり宇宙全体にまで一挙的に敷衍してしまったのだ．二重星の観測からニュートンの重力法則が太陽系外でも成立することが現実に確かめられたのは，はるかのちのことであって，ニュートンが恒星にたいして重力を主張する実証的根拠は当時はまったくなかったといえる[20]．ニュートン自身もそのことを自覚していたようで，印刷され公表された文書ではこうまではっきりとは断定はしていない．ニュートンが著書でこの点に触れているのは，『プリンキピア』末尾の「一般的注解」における「もし恒星が他の〔太陽系と〕同様な体系の中心であるとしたら，それらも同じ至知の意図のもとに形づくられ，すべて〈唯一者〉の支配に服するものでなければなりません．……しかもこの恒星を中心とする諸体系が，それら自身の重力によって相互に落下することのないよう，〔神が〕これらをたがいにかぎりないへだたりに置きたもうたのでした」という仮定的でひかえめな指摘，および『光学』の《疑問28》での同様の指摘（後述，第6章Ⅴの引用参照）だけである[21]．

しかし，ひとたび月より上の世界と下の世界という区別を取り除いたならば，その世界の二分割の境界面を別のところに移して維持する根拠は最早存在しない．一挙的に恒星天全体が単一の世界に包摂されるようになるのは当然の成りゆきであろう．

はやくもニュートンの死の翌年（1728）に出版されたペンバートンの『アイザック・ニュートン卿の哲学の概説』では，次のように述べられている．

この太陽系のはるか彼方に恒星が置かれている．……これらの恒星が，わが太陽に似た光る球であり，広大な空間に分布し，わが太陽と同様にそれらのまわりを回るいくつかの惑星に光と熱を与える役割を果たしていることは，疑いえない．

そして彼は，「たしかに恒星たちにおいては，それらが作用するないし作用されるということを示す現象を見出していないから，恒星がこの重力を有するということの証明はとくにない．……しかし，かかる力がすべての物体に属することは疑いえないことである．」と断じている[22]．

太陽系を越えて恒星天全体が単一の世界を形成することが，当然視されるに至ったのである．

V　地球の相対化と中世の崩壊

天動説か地動説かという論争に教会権力が介入し，イデオロギッシュな相貌を帯びたことの真因は，絶体的中心としての地球をとりかこむ閉じた階層的に秩序立った世界か，それとも地球が特権的地位をすべり落ちた後の無限宇宙とそのなかに相対的にしか存在しない太陽系であるのかという問題が介在したことにあるとは，科学史家コイレの指摘するところである[23]．

地球が公転をするならば，恒星の年周視差が認められるはずだという批難にたいして，コペルニクスは，いささか苦しまぎれに，恒星天は当時考えられていたよりもずっと遠くにあるのだと逃げた．もっとも，彼自身はそれでも有限距離にある恒星天球を想定していたのだが[24]，しかし，ひとたび始まった宇宙の拡大をどこかで止める根拠はどこにもない．その象徴的な事件としてコイレは，1576年にトーマス・ディゲスが世に問うたコペルニクス説の解説書のイラストを挙げている．それには，世界の最遠隔天球を表わす円の外部にも星印が記入されている．「恒星天球は上方に向かって球状に無限に広がっており，不動である」とはそのディゲスの言葉である[25]．

そして，希代の異端児，「全ヨーロッパ指名手配」の身で地動説を説いて歩いたジョルダノ・ブルーノは，最後の一線を軽々と越えた．ブルーノは叫ぶ．「単一の普遍的な空間が，空虚と呼んでもすこしもかまわない単一の無辺大な拡がりが存在する．その中には，われわれが生活し成長するこの地球に似た無数の天体が存在する．」「宇宙は無限ですから，結局他の諸太陽が存在しなければなりません．」[26]こうして，教会権力の逆鱗に触れたブルーノは火刑に処せられる．時は1600年，『新天文学』と『星界の報告』の出る寸前であった．ブルーノの死とともに，「人類史上もっとも陰惨な時代の一つ」とF.ボルケナウが評した17世紀が始まった[27]．

16世紀には，プロテスタントに較べて地動説には寛容であったカトリックは，17世紀に入り強硬姿勢に転じ，1616年，ガリレイに対する第一次裁判が行なわれ，法王庁はコペルニクスの書を禁書目録に加え，1618年に出版されたケプラーの『コペルニクス天文学概要』も直後に禁書目録にリストアップされた．24年には，パリ高等法院が「世に受け容れられた古代の著作家に反する説をなすことは死罪にあたる」と布告し，アリストテレスに反対する説をなす二名の人物を追放刑にし，33年にはガリレイの第二次裁判が強行され，『天文対話』は禁書とされた．

その同じ年に『宇宙論』を書き上げた臆病なデカルトは，ガリレイの受けた弾圧を聞いて，「白状しますが，地動説がまちがいなら，私の哲学の土台も全部まちがいになってしまうのです．……しかし，教会に承認されないことが一言半句でも含まれるような話が私の口から出ることはどんなことがあっても避けたいので，私はこの論稿をかたわのままで世に出すよりは，むしろそれを廃棄することを選んだわけです」と，知人メルセンヌに書き送り，出版をあきらめている．自主規制したわけだ(28)．

ボルケナウは，この17世紀を「まだ宗教が大多数の人心を確実に支配している．しかもこの宗教は，その柔和な宥和的な相貌をかなぐり捨てて，ただおそろしい相貌のみをとどめていた」と特徴づけている．教会権力が問題にしたのは，たしかにコイレの言うようにコペルニクス地動説とプトレマイオス天動説のいずれが正しいかということではなく，閉じた世界か，それとも無限宇宙か，特権的な地球か平等な天体かという問題なのだが，何故それがそんなに大問題なのかは，いま少し述べなくてはならない．『聖書』の語句に合致しないといったところで，誤魔化しくらいは，それまでにいくらでもやっているのだ(29)．

アリストテレス主義をキリスト教の権威に結びつけた中世最大のスコラ・イデオローグ，トマス・アクィナスにたいして，ボルケナウは「トマスにおける自然法則の実際的意味は，封建的社会秩序の神性の弁護にある」と言いきった．

かれ（トマス）にとって一方では非常に重要であり，他方では非常に自明的であって，そのためにかれが他からみちびきだすことをしなかったかの尺度は，社会生活における個々の身分の職分と機能を規定している，犯しがたい，それゆえ「自然的」である秩序以外のなにものでもない．この理論構成の前提は，人間は生来異なっているという旧いアリストテレス学説であって，かかる見解は，個人が一つの身分から他の身分へ移行することが通常おこらないところでは避け難いものである．まさにそれだから，各人は，自分のあらゆる身分的義務をはたすことによって，自分のあらゆる自然的衝動を満足させる．しかもこれは，トマスにとっては，アウグスティヌスのように悪魔的秩序ではなく，神的秩序なのであり，そこで，かれは，社会の位階制的段階化を，至福な原始状態においてさえ，なかったと考えられぬほどなのである(30)．

つまり，自然法則といっても，人間が自然をあるがままに眺めて見出したものではなく，ある概念体系，ある概念の枠組みでもって自然に法則性を読み込んだものだとすれば，そして，「社会的諸関係の総体（マルクス）」としての人間にとって，諸概念が社会的・歴史的に形成され共有されているものであるからには，自然法則といえ，人間の社会観の反映なのである．たとえばダンテが『神曲』で詳細にえがいた宇宙像，生成と消滅の果てしない賤しい地球を絶対中心としてその上に順次固定された惑星が並び有限の恒星天球で終る，いわばより高くなるにつれてより高貴になる整然たる天空の秩序とは，中世の動きのない身分制的位階秩序を至上と看做す社会観の表出なのだ．

そして，アリストテレスの目的論的自然観は，この社会観によく合致していた．至上の存在たる神から高貴な太陽や月，そして地上の名もない小昆虫にいたるまで，その本性に駆られて「運動」し，それに応じた位置を見出す．天の物体はその属性ゆえに永遠の回転をくり返し，持ち上げられた石は下に落ち，地上で焚かれた火は天に登る――つまり，自己の本来の位置へと向かう．宇宙全体が一つの有機体であり，下等な生物が地面にはいつくばり，罪のある人間が空を飛べないのも，その一個の有機体のなかで分相応に割り当てられていることであった．かくしてあらゆる存在が一個の目的に統合され一個の階層的秩序を形づくり，互いに他を支え合い他を必要とする．この秩序に含まれないものもなければ，かといってこの秩序を破って他者の領分を犯すものもない．これはとりもなおさず，何百年も固定され変わることのなかった中世の身分制社会を支える規範そのものである．

それゆえ，宇宙の閉鎖的・位階制的秩序の崩壊と，地球と太陽系の相対化，諸天体の平等化は，中世的社会秩序の流動化とブルジョア市民社会への始動のイデオロギー的表現なのである．経済的基盤を中世社会にもつ教会権力が青くなるのも無理はない．「自然像というものは，いつでもただ，支配的な社会秩序・支配的な社会的利害に対応する社会の約束がゆるす程度までしか，発展することができないのである．この第二の制限に，コペルニクスの体系はつきあたった.」[31]

ともあれ，新しい社会の発見は，新しい自然の発見であり，新しい人間の発見である．そしてまた，地球を相対化することによってはじめて地球の発見もある．コペルニクスがコロンブスからマゼランにいたる熱病のような大航海時代の直後に登場し，つづいて，海図投象法の創始者メルカトールがケプラーとガリレイに先行したのは，偶然ではない．

この過程の完成として，イギリス名誉革命が新しい社会形態を発見し，同時にニュートンの力学が新しい地球と新しい太陽系を発見した，と言いたいところである．たしかにニュートンの〈世界の力学的な枠組み〉は，アリストテレス・スコラ的世界を解体しているし，それだけを読めばまったく力学的な統一的世界を措こうとしているようである．しかしそれがニュートンのすべてではない．後に見るように，ニュートン自身にとって世界は窮極的には全知全能の存在者——神——の支配と摂理にゆだねられた世界であった．そこには，自然哲学の数学的諸原理——力学——のかなわない広大な領域が残され，太陽系の秩序の起源もその安定性も，あるいは重力の成因も，すべて力学の範囲を越える問題としてあり，むしろ神学に連なることによってはじめて自然哲学——物理学——そのものも成り立ちうるのであった．

したがってニュートン的世界を力学的に閉じた単一で決定論的な世界と見ることは，ニュートンの力学にたいするきわめて現代的な解釈である．たしかにニュートン力学は，1世紀後にフランス啓蒙主義者の手によって，唯一の方程式と唯一の力からすべてを説明するラプラス的・汎合理主義的世界体系という近代合理主義幻想の支柱に用いられるまでになった．しかしそれは，皮肉なことに，ニュートンと対立したデカルト主義にニュートンの力学がドッキングすることによってはじめて可能となったのである．

「ニュートンの力学」が18-19世紀の「ニュートン力学」となるためには，いわば物理学の真理と神の秩序に関して，改めて解釈し直されねばならなかったといえる．そして，他ならぬその問題，神の秩序と自然認識の問題こそ，直接的にはガリレイ裁判のひきがねとなったのであった．それゆえ，ガリレイ裁判を思想史上の問題としていま少しミクロスコピックに見てゆこう．それはニュートン力学のその後の発展にも逆照明を当てることにもなるであろう．

Ⅵ　ガリレイ裁判の一断面

ガリレイ裁判の経過そのものは、本書の主題から外れるからここでは述べない[32]．

ローマ・カトリックと法王ウルバヌス八世を激怒させた直接のきっかけは、法王の見解を誰が読んでも馬鹿に見える単純馬鹿シムプリチオの口から語らせたことにあるといわれる．ウルバヌス八世自身は，バルベリニ枢機卿と呼ばれていた時代にはガリレイに好意的であったし，「仮説としての」コペルニクス説を許容していた．それどころか，ブルーノと並ぶルネッサンス期の異端児，戦闘的反アリストテレス主義者にして宗教的共産主義者でもあった獄中20年のカンパネルラの釈放に力を尽くし，法王に選ばれてからも，ガリレイの『偽金鑑識官』の肩をもっている．もちろん，だからといって彼が合理的で進歩的な思想の持主だったというわけでもない．彼は，たとえば，日本で布教したフランチスコ・ザビエルが油の代りに湯でランプをともしたという怪しげな〈事実〉を認定して，ザビエルを聖列に加えた責任者でもある．ローマ・カトリックの権威を守るためには見えすいたデタラメを〈奇蹟〉として認めるくらいのリアリストであったといえよう．

さてその法王の見解――中世末期からガリレイの時代までの宗教観と自然観の最後の依り処は，次のように語れるであろう．すなわち，無限の能力を持つ神の英知を有限の力しかない人間の考えの枠内に押し込むことはできない．数学的物理学の論理がいかに精巧なものであっても限界を持ち，人間の認識（科学）が神の世界支配の窮極にまで立ち入ることは許されないし，また叶わぬことである．科学は科学の論理としてどのような仮説をたててもかまわないし，それを教会は咎めることはない．しかし科学の「仮説的」真理は神の支配する世界の真理とはあくまで別次元のもので，科学の真理を唯一の真理として神に強要することは許されない．したがって，いかに数多く科学的証拠を挙げて地動説の科学的真理性が立証されたとしても，だからといって神が地球を動くように創ったことにはならない．神の真理は，自然科学のなかにではなく神の啓示のなかにこそある．ガリレイに言わせれば，「世界の構成について討論することを認めながら，しかもわれわれは神の御手によって創られた御業を発見できないのだと付け加えるもの」である[33]．

もちろん敬虔なキリスト教徒であったガリレイにとっても，無限の力を持つ神は有限の人間をはるかに超えるものであり，そしてまた，世界の法則性はその全能の神が作りたもうたものである．そして真理を理解する速さや仕方や量については，人間はとうてい神に及ばない．『天文対話』でガリレイことサルヴィアチは，次のように語っている．

> 神が無限な命題を知る仕方というものは，われわれの知る仕方よりはるかにすぐれたものであるという点では喜んで君に譲りましょう．われわれの知り方は推論と，結論から結論への推移とによって進むのですが，神の知り方は端的な直観です．たとえばわれわれは無限にある円の属性のあるものについての科学をうるため，それらの属性のもっとも単純なものからはじめ，これを円の定義とし，推論によって第二の属性，それから第三，第四などと移ってゆくのですが，神の叡知は時間をかけて推論することなく，円の本質についての端的な理解によって，無限にある属性のすべてを理解するのです．……さてこれらの過程をわれわれの知性は時間をかけて一歩一歩動いて進むのですが，神の叡知は光のように一瞬に通過するのです．神の叡知にはつねにすべてが現前するといっても同じです．したがってわれわれの理解力は，その知る仕方と知られるものの量とにおいて，神の理解力に無限の隔たりがあると結論します[34]．

しかしガリレイの主張するところでは，たとえ一歩一歩ではあれ，あるいは限られた範囲ではあれ，ひとたび理解されたものの必然性と確実性，すなわち真理性という点では，神のそれと人間のそれとの間では何らの差もない．

理解するということは二様，**内包的**か**外延的**かのどちらかの意味にとることができます．**外延的**すなわち無限に多数ある知られるべきことに関しては，人間の理解力は，たとえ千の命題を理解したとしても，無です．というのは千も無限に対しては零同様ですから．しかし理解力ということを**内包的**にとれば，このことばがある命題を内包的すなわち完全に理解することを意味するかぎり，人間の知性はある命題を完全に――自然そのものが理解するほど――理解し，それについて絶対的確実性――自然そのものが有するほどの――を有することになります．そのようなものは純粋な数学的科学です．すなわち幾何学と算術です．これらのものについても神の叡知はたしかにさらに無限の命題を知っています．というのは神は全知ですから．しかし人間の知性の理解した少数のものについては，その認識の客観的確実性は神の認識のそれに等しいでしょう．というのは，人間の知性はそのことについて最も確実と思われる必然性を理解しうるのですから(35)．（強調原文ママ）

つまりガリレイにとっては，認識の過程はどうあれ，またその結果得られるものが適用限界を有しているにしても，「数学的証明が知らせる真理は，神の知恵の知る真理と同じものだ」ということになる．したがって，数学的に地動説の正しさが証明されたならば，神もまた地球を動くように世界を創出したと考えなければならない．

この点こそ，ローマ・カトリックの受け容れることのできないところであった[36]．ガリレイ裁判における〈特別予審委員会〉が提出した覚え書きには，『天文対話』におけるガリレイの罪状の一つとして，「ガリレイが神と人の心の間には幾何学的な天文上の事柄を理解する上で，一部対等なところがあると主張し，それを敷衍しているのは有害であること」[37]と告発している．核心はここにあったのだ．

ところで，教会の言うように神の真理が数学的・自然科学的に究明しえないとしたら，人間は神の真理をどこから知りうるのか．この問にたいするローマ・カトリックの回答は，もちろん神の御言葉たる『聖書』以外にはない．ここではじめて，地動説が『聖書』の文言に一致するかしないかという問題の重大性が生じてくる．そしてガリレイの真理概念は，必然的にこの「啓示真理説」とも衝突せざるをえなくなる．このことを明確に述べたのがガリレイのクリスティーナ大公妃あての手紙である．次は，その一節である．

そういうわけでありますから，自然の諸問題を論ずる場合は，『聖書』の章句の権威から出発すべきではなく，感覚による経験と必然的な証明をもとにすべきである，と私には思われます．なぜなら『聖書』も自然も，ともに神の言葉から出ており，前者は聖霊の述べ給うたものであり，後者は神の命令によって注意深く実施されたものだからであります．したがって『聖書』におきましては，一般的な理解に資するために，章句の裸の意味に関するかぎり，絶対的な真理とは異なる多くのことがらが述べられております．これに反して，自然は無情で不易なものであります．そして自然は，自らに課せられた法則の言葉を超越するようなことはありません．また自然は，彼女の隠された理性や，操作の方法が人々の理解能力の中にあるかどうかについては，いささかもそれを気にしていないように思われます．それゆえ，五感による経験がわれわれの眼前に提示してくれたり，必然的な証明が結論するところの，自然の諸効果なるものは，さまざまな意味を持つように思われる『聖書』のいくつかの章句についての疑念を呼び起こしたり，ましてや，それらを非難するために，用いられてはならないのでありますす．さらにいいますならば，『聖書』のすべての章句は，自然のすべての効果に責任があるように義務づけられてはいないのであります．神は，『聖書』の尊いお言葉の中だけでなく，それ以上に，自然の諸効果の中に，すぐれてそのお姿を現わし給うのであります．

そしてガリレイは，「われわれに感覚と理性と知性を与え給うた神が，それらの使用を差し止め，それらによって得ることのできる知識を他の手段で与えようとなさるとは，私にはとても信じられません」と断ずる(38)．

ガリレイがこの手紙を書いたのが1615年，第一次裁判の直前であったが，この考えは生涯変わることなく，第二次裁判の直前の1633年にも，知人のエリア・ディオダティに「何故われわれは，この宇宙のいろんな部分の知識を追究するに当たって，神の御労作〔自然〕から始めずに，むしろ神の御言葉〔『聖書』〕を繙くことから始めねばならないのでしょうか．神の御労作は神の御言葉ほど高貴でも卓越したものでもないのでしょうか」と書き送っている(39)．

こうしてガリレイにとって，自然認識と神認識は同じことになってしまう．わたくしたちは，ただただ神の作品たる自然のなかにのみ神とその力を知ることになる．しかし，裏返して言うならば，神はもはやはじめに世界を作ってしまった後では，ただその作品としての自然法則の完全性のなかに自らの存在の証しを示す以外には，他の形ではどこにも姿を見せず力を示さないことになる．非合理な，数学的に説明のつかない奇蹟やあるいは人間知性のかなわぬ摂理のなかに神の力が示されるのではない．

ほかでもないこの点に，合理主義的世界認識——力学的自然観の第一歩——があったのだ．そしてこの思想はニュートンと対立したデカルト的汎合理主義へと連なってゆくのである．

次章では，話を急がずに，ニュートン力学にたいするデカルト主義者の批判を見てゆこう．その後であらためてニュートンの思想に立ち戻る．

第5章　重力を認めないデカルト主義者

I　『プリンキピア』の時代

ニュートンの生涯は，ガリレイやケプラーの生涯にくらべればあまりにも幸福な生涯であったと言えよう．学問上の生涯においても世俗的な生活においてもそうだ．彼自身は，異端視されていた反三位一体という宗教的信条を隠すために死ぬまで神経を使っていたようだし，また研究成果を発表したがらないという隠者的性格の持主であったが，少なくとも表面的には，過度の頭脳労働からくる一時的な精神錯乱[(1)]，そして国会議員になりさらには造幣局の要職を占めたことを除いて，生涯に起伏らしいものはほとんどない．要するに伝記を読むと退屈なのだ．これは学術上の作品においても反映している．

ケプラーやガリレイの著書は，読みはじめたら止められないくらいの面白さがある．そこには怒りや喜びや失望が満ちあふれ，話は脱線したり逆戻りしたり飛躍したりという物語的興味に満ちているが，ニュートンの著書はただひたすら読者に忍耐を強いるのみだ．ケプラーの神秘的な想像力にあふれる壮大な叙事詩は，怪奇と幻想の中世北ヨーロッパ文学の雰囲気を持ち，ガリレイの個性的な人物と機知に富んだ会話のあやなす四幕芝居は，ボッカチオを生んだイタリア喜劇の伝統を想い起こさせる．しかしそれにしても物理学史上最大最高の傑作とされるニュートンの『プリンキピア』のなんと消耗で無愛想なことか．パーソナリティのちがいもさることながら，時代も社会も異なっているのだ．

次の年表を見ていただきたい．

1687年　ニュートン『プリンキピア』初版出版
1688年　イギリス名誉革命
1689年　権利宣言
1690年　ロック『人間悟性論』『政治論』出版
1694年　イングランド銀行設立

近代自然科学・経験論哲学・ブルジョア議会・近代金融機関が時を同じくして登場したのは偶然ではない．

アリストテレス・スコラの世界像が身分制的社会秩序を至上のものとする社会観の反映であるとするならば，新しく成立したブルジョア社会とその支配階級が新しい社会観としたがって新しい世界像を要求することは，当然のことであろう．平等なアトムがそれらの相互作用のみにのっとって自然に秩序を形成するというのは，等価交換を「自然法則」と看做す市民的意識の反映ともいえよう．

『プリンキピア』出版から名誉革命までわずか1年ということ自体の直接的関係を云々することは，もとより無意味であるが，ともあれニュートンの力学は，権力の座についたイギリス新興ブルジョアジーとその知識人たちの圧倒的な支持を獲得していった．ニュートン本人も，このヨーロッパ最先進国の造幣局長官・国会議員となり，ナイトの称号をさずけられ，サー・アイザック・ニュートンとして死んだ．ケンブリッジの教授だけではなく，資本主義経済の要職としての造幣局長官，そして議会制民主主義の体現者としての国会議員を勤めたのだから，立派な近代人の超エリートである．

ニュートン没後2世紀半たった現在ではニュートンの伝記は少なくないが，世界中で最もはやく書かれたものは，そしてその後の幾多のニュートン伝の雛型となったのは，皮肉なことにデカルト主義者フォントネルによるものである．というのも，パリの科学アカデミーの外国人会員でもあったニュートンの死に際して，その追悼文を書く仕事が当時アカデミーの幹事であったフォントネルに委ねられたからである．そして，フォントネルこそは，『世界の多数性についての対話』を著わすことによって，デカルト自然学をフランスにおける一般教養にまで押し上げた人物であった．イギリス人の書いたニュートン伝でははじめからニュートンを神格化しているところがあるが，フォントネルは大陸でデカルトが生前にうけた処遇と比較してイギリスにおけるニュートンの支持のされ方を冷静に——というよりは冷やかに——次のように述べている．

生前にその功績が報いられたということはアイザック・ニュートン卿の別格の幸せであった．これは，死ぬ前には何ひとつ栄誉をさずからなかったデカルトとはまったく正反対である．イギリス人は大天才を，同郷に生まれたがために尊敬しないということはなく，悪意ある批難で見くびったり棘のあるねたみを容認するどころか，よってたかって天才を持ち上げようとする．そして，きわめて重要な諸点で不一致をもたらす過度の自由も，この点での一致団結を妨げることはなかった．彼らは〈理性〉の栄光が国家においてどれほど評価されるべきものであるかについてはまったく分別があるし，その国に対してその栄光を獲得しうる者は誰であれきわめて貴ばれるのである．かくも多くのことを成しとげた国民のすべての知識人士が，アイザック卿を，いわば満場一致でその首領に推挙し，長にして師たることを認めたのだ．たった一人の反対者も現われず，それどころか，ひかえめなファンすら許されなかったであろう．彼の哲学は英国中にあまねく受け容れられ，王立協会とそこから生まれたすべてのすぐれた業績を席巻した．それは，あたかも長年の尊敬によってすでに神聖化されてしまったかのようである．要するに，彼はあまりにも崇め奉られたために，生前に最上級の栄誉を獲得してしまい，自分の眼で自分の〈神格化〉を見てしまったのである[(2)].

フォントネルのこの追悼文が出されたのは，1727年，ニュートンの死んだ年であった（英訳翌年）．そのニュートンの国葬を目撃したヴォルテールは「その埋葬はさながら臣下に慈悲をほどこした国王の観があった」と『哲学書簡』で語っている．そしてフォントネルの追悼文にたいして，ロンドンの王立協会ではこともあろうにデカルトのごときを大ニュートンと同列に扱っているといって，全員がいきり立ったそうである[(3)].

しかし，ドーバー海峡を隔てた大陸では事態は大きく異なっていた．『プリンキピア』初版出版の1687年といえば，フランスでは典型的な絶対専制君主ルイ14世の支配の最盛期，ロシアにいたってはピョートル大帝の即位する直前である．そしてイギリスとフランスの関係は，今日考えられるものとはまったく異なっていたようである．ランゲの『唯物論史』によれば「17世紀の末にかけてフランスにおいては，文学や科学にたずさわる者の中で英語を解する人間が5人といたかどうかは疑わしい，とバックルは語っている．国民的なうぬぼれはイギリス文化を野蛮だとみくびるひとりよがりをもたらしていた」とある(4)．話半分としても断絶は大きい．

当時フランスの知識人を支配していたのはデカルト主義である．たしかにフランスでアリストテレス・スコラにたいする武器を提供したのはデカルトであった．「天空の物質と地上の物質が一つのものである」としてアリストテレス的二元世界をあっさり退け，ガリレイが避けて通った無限世界を承認し，慣性の法則をはじめて確立して，ガリレイをも呪縛した2000年来の円運動の特権を断乎として粉砕したのはデカルトであるし，物理学を数学的・幾何学的合理性に完全に服させるという思想を定式化したのも彼である．すべての方向に等速直線運動が持続するという——ガリレイにもできなかった——デカルトの発見は，偉大な発見である．有史以来人類は，月や火星の永続的周回を見てきたけれども，一人として直線運動が持続するのを見たものはいない．地表に束縛されている人間が上下の区別のない無限で均質の空間を考えるには，天才の飛躍を要したのである.

とくに近年ニュートン初期手稿の研究が進むにつれ,「かれがニュートンに与えた影響をも合わせて,デカルトが力学史において占める位置は,ふつう考えられているよりもはるかに重要なのである」ことも明らかになっている[5].じっさい,『プリンキピア』の研究家I.B.コーヘンは,そのあたりの事情を次のように語っている.

ニュートンの『プリンキピア』の読者は,ニュートンの力学概念の形成と〈運動法則〉の定式化にさえもデカルトがきわめて重要な影響を与えているのだということを,およそ想像もしないであろう.そしてデカルトの役割はニュートンの攻撃の標的であったことに限られていると考えているだろう.じっさいJ.L.ラグランジュは,ニュートンが(『プリンキピア』の)第2篇を書いたおもな目的は,デカルトの渦動理論の基盤を解体するためであったと結論づけている.にもかかわらず,過去20年間の学問的研究の結果,デカルトの著作がニュートン力学の形成にとってどれほど重要であったかが明らかになっている.そしてこの事実は,ニュートンが意図的に隠そうとしたことである[6].

したがってフランスの学界がデカルト主義の支配下にあったというのは,単なる民族的偏見のせいだけではない.彼は新しい世界観の一方の旗頭であり,その点ではニュートンに先んじていたのである.さて,こういった事情のもとでニュートン力学が大陸で受け容れられるまでに約半世紀を要した.

II ヴォルテール

ニュートン力学「ノルマンジー上陸」のプロパガンダをひきうけたのは，フランス啓蒙主義の旗手，ヴォルテールである，フランス・ブルジョアジーの家庭に生まれた才気もあれば血気も盛んなヴォルテールは，1726年，なかば「保安処分」に近い形で投獄され，国外退去の条件で出獄したのち，ほとんど亡命のようにしてイギリスに渡った．イギリスにはわずか3年足らずしか滞在しなかったが，その彼の眼に，ブルジョアジーの国家イギリスが，迷妄と偏見から解放され「自由と理性」のあふれる先進国と映ったのも無理はない．カルチャー・ショックなんて程度ではなかったらしい．

感激したヴォルテールは1733年に『哲学書簡』――別名『イギリス便り』――を著わし，イギリスの政治や宗教，そしてロックやニュートンをフランス人に知らせるという形でフランスの現状批判を展開した．

ニュートン，ロック，クラーク，ライプニッツがフランスにいたとすれば，おそらく迫害され，ローマでなら獄につながれ，リスボンでなら火あぶりにされたことだろうと思うとき，いったい人間の理性をどのように考えたらよいのだろう．人間の理性は今世紀にイギリスで誕生したのである．

彼（ニュートン）がとても幸福であったのは，生まれたのが自由な国土であったというだけでなく，スコラ流のぶしつけな言動が一掃され，理性だけがはぐくまれていた時代であったということである[7].

ニュートンの幸福は，実際には理性の恩恵によるのではなく，イギリスではいちはやくブルジョアジーが権力を握ったということに負っている．ともあれ，「アンシャン・レジームに投下された最初の爆弾」といわれた『哲学書簡』の出版は，18世紀前半のフランス思想界にとっての衝撃的事件であった．彼は，帰国してからもニュートン力学の普及に努め，1737年には『ニュートン哲学綱要』を出し，また『プリンキピア』をはじめて仏訳したのは彼の恋人シャトレ公爵夫人である．これらのエピソードは文学者が近代物理学史に登場する数少ない例であるが，そのことは，フランス革命に登りつめる18世紀中期フランスで，ニュートン力学がヴォルテールやその後の啓蒙主義者にとっての「進歩の理性」を象徴していたということでもある．そういえばたしか，ニュートンの『光学』を仏訳したのも，大革命のジャコバン党左派のマラーであった．

とはいえ『哲学書簡』には，イギリスの演劇をけなしたところもあり，フランス人のアングロサクソンにたいする感情もまたにじみ出ている．

ロンドンでは，デカルトを読むものはめったにいないし，事実その著書は無用の長物になっている．同じようにニュートンを読む者もめったにいないが，それは彼を理解するには相当の学問がなければならないからである．しかしながら，誰も彼もがこのふたりを話の種にする始末である．フランス人（デカルト）のほうはことごとくけなされ，そしてイギリス人（ニュートン）のほうはことごとく持ち上げられる．

彼（ニュートン）とデカルトとのあいだで目立って対照的な点は，あれほど長い生涯のあいだにニュートンは，女性に熱をあげたり身を過ったりしなかったし，またどんな女性にもまったく近づいたりしなかったことである．これはニュートンの最後をみとった内科医と外科医とが，私に間違いないと教えてくれた事実である．この点でニュートンに感心するのはよいが，だからといってデカルトを非難するのは当たっていない[8]．

こういった感情を交えながら，『哲学書簡』は，ニュートンの力学とデカルト自然学のちがいを公正に指摘している．

フランス人がロンドンにやってくると，ほかのいろいろなことでもそうだが，哲学においても，だいぶ様子がちがっているなと思う．充実した世界を後にした彼は，世界が真空なのを発見する．パリでは微細物質の渦動から出来ている宇宙を人は見るのであるが，ロンドンではそんなものには少しもお目にかかれない．われわれのところでは，海の満潮をひきおこすのは月の圧力なのだが，イギリス人のところでは，海の方が重力によって月へと引き寄せられるのである．……

しかもあなたは，フランス人ではこの問題ではなんのかかわり合いもない太陽が，当地ではだいたい四分の一ほどが，この問題に力をかしているのを見いだすであろう．あなたがたデカルト哲学の信奉者にあっては，ほとんど理解しがたいある衝撃によっていっさいが行なわれる．ニュートン氏においては，その原因が同じく不明の引力によって行なわれるのである．パリでは，地球はメロンみたいな形をしているとあなたがたは想像しているが，ロンドンでは地球は両極が扁平である[9]．

ここでは，潮汐・地球の形状・力・空間について対比されているが，やれ方法論だやれ哲学だと言わずに，このようなアクチュアルな問題から切り込んだことは，物理学者としては素人のヴォルテールの勘の良さである．それとともに，この一文は，当時力学がなによりも現実の地球を理解するためのものとしてあったことをも示している．

じっさい，新大陸やアジア・アフリカへのヨーロッパ人の進出と植民地経営が最早冒険ではなく国家のビジネスとなり，植民地をめぐって列強間の緊張が増大し，遠洋航海の安定化が重要な要請となった時代である．イギリス・オランダ戦争でイギリスが海上支配権を確保したのは1652年から74年にかけてであった．全地球的規模で経済活動を展開するようになったヨーロッパ人にとって潮汐の解明や地球の形状の問題は，地中海沿岸にへばりついていた古代のギリシャ人たちとはちがって，単なるアカデミックな問題ではなくなっていたのだ．1675年にチャールズ二世がグリニッジ天文台を設立したのは「航海術の完成のために天体の運行表と星表を改良して諸所の経度を決定する」ためであった[10]．また自然科学に特別の興味を持っていた様子もないイギリス国王ジェームズ二世のために，ハレーが『プリンキピア』の解説を書いたときに，特に潮汐論のためだけに独立に一文を書いたのも，その実際的重要性を示しているといえよう．

だいいち，地球の形状を決めるという問題自体が近代になってはじめて設定された問題であり，コペルニクスにおいても，地球は月や太陽と同様に「完全な形」たる球形をしているというアプリオリズムが支配していたのだ．

III　ニュートンの潮汐論

ヴォルテールもはじめに指摘している潮汐の問題から調べてみよう．というのも，潮汐の問題はとりもなおさず重力の問題であり，そこに重力観が透けて見えるからである．そしてまた，重力をめぐるニュートンとデカルトの態度にこそ，彼ら二人の物理学とその方法についての考え方のちがいが浮き彫りにされているからでもある．

すでにわたくしたちは，潮汐論をめぐるケプラーとガリレイの対立を見てきた．物活論の影響を残しているケプラーは月の重力によって潮汐を論ずるのにたいし，ガリレイは地球の自転と公転から純粋に機械論的に潮汐を説明し，天体間の重力というような玄妙不可思議な作用——ガリレイにいわせれば〈隠れた性質〉——を説明原理に用いることを拒否する．ガリレイの世界は色も臭もなにもない幾何学的物体がただ位置変化という運動をするだけの世界であった．

そしてこの対立が，デカルトとニュートンの間で，よりのっぴきならない形で再演されるのである．この点で，機械論者デカルトはガリレイの，理神論者ニュートンはケプラーの，後継者であるといえよう．

ニュートンの潮汐論は，『プリンキピア』の第1，3篇に見られる．すなわち，第3篇・命題24・定理19では「海の潮の満ち干は，太陽と月の作用によって生ぜられること」とあり，その力学的解明は第1篇・命題66，とくにその系19および20で展開されている．それは万有引力論の直接的適用だが本質的に三体問題として扱われ，その意味で，理論をニュートン以前とは異なる新しい土俵にのせた．つまり，潮汐を地球―地表の海水―月の三体間の動力学的関係で捉え，重力がどの二体間にも働くと考えて，第Ⅱ法則と第Ⅲ法則を用いて解こうとするものである．この方法は，基本的にはニュートンが月運動論（地球―月―太陽の三体問題）を扱ったやり方と同じ構造を持つ．そして考えてみるに，重力のこのような捉え方は，ニュートン以前にはケプラーが例の『夢』のなかで地球と月の中間にある物体が受ける力を考えたさいの先駆的な例を除いては，皆無であるといってよい．

さて，話をいたずらに複雑にしても仕方がないから，単純に次のように考えよう．

いま，月と地球と海水の三体だけを考えているかぎり，海水の質量は他の二物体にくらべて圧倒的に小さいから，月と地球の重心（G）は全体の重心とほとんど一致すると考えてもよい．とすれば，太陽の重力を考えなければGを事実上慣性系の原点であるとしても問題はないだろう．というのも，ニュートン自身が導き出したように，「多くの物体が存在し，……すべての物体がたがいに引き合うときには，それらの物体はそれらの間で，共通の重心が静止

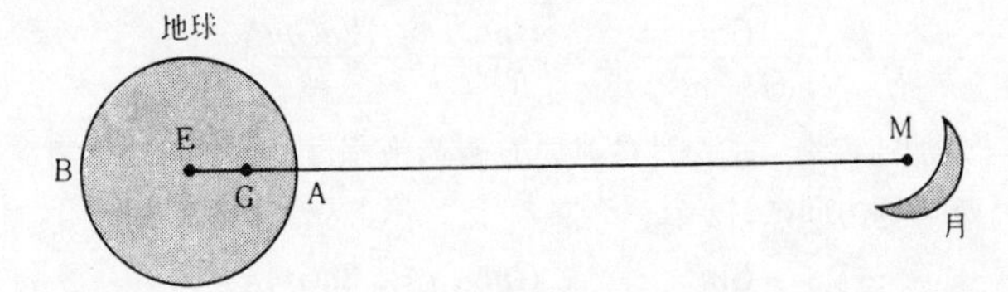

図 4-1

しているかまたは直線上を一様に運動するように動かねばならない」（第1篇・第11章冒頭）からである．そして，古典力学ではガリレイの相対性原理が成り立つから，この共通の重心が静止していると看做してもよい．したがって，地球と月はそれぞれこの重心Gのまわりを回転していることになる．

いま，地球の引力による地表の物体の落下加速度の大きさをgとしよう．図4-1のように，月（M点，質量m）と地球の中心Eとの距離をRとすると，地球が月を引く力は月が地球を引く力と等しい（第III法則）から，運動方程式（第II法則）より，地球の中心は月の方向に（これを正方向とする）加速度，

$$\frac{Gm}{R^2},$$

を得る（Gは万有引力定数）．この加速度はG点のまわりの回転（周期27.5日の円運動）の加速度と考えてよい・

他方，月に近いA点の海水は，月と地球の双方から逆方向に引かれ，地球半径をaとすれば，

$$\frac{Gm}{(R-a)^2}-g \cong \frac{Gm}{R^2}-\left(g-\frac{2aGm}{R^3}\right),$$

の加速度を，また月に遠いＢ点の海水は月と地球の双方から同方向に引かれ，

$$\frac{Gm}{(R+a)^2}+g \cong \frac{Gm}{R^2}+\left(g-\frac{2aGm}{R^3}\right),$$

の加速度を得る．したがってそれぞれの点で海水が地球の中心にたいし持つ加速度（相対加速度）は，

$$\pm\left(g-\frac{2aGm}{R^3}\right) = \pm g',$$

となり，Ａ点とＢ点では地表の重力加速度の大きさが見かけ上小さくなり，他の部分から海水が流れ込んで図 4-2 のように海水が盛り上がる．この $\frac{2aGm}{R^3}$ という加速度を与える力が潮汐力と呼ばれるものである．

こうして潮汐の半日周期や月の位置との相関が満足に説明される．半日周期の問題の解明には，ケプラーも含めて，ニュートン以前には誰一人成功しなかったことを想い出してもらいたい．また同様に太陽の影響をも考えれば，

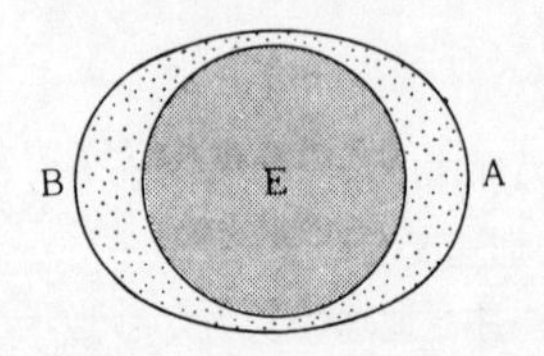

図 4-2

月―地球―太陽が一直線に並ぶ満月や新月のときには満潮が大きくなる（大潮）ことも理解される．そのさい太陽の影響と月の影響の割合は，

$$\frac{\text{太陽の潮汐力}}{\text{月の潮汐力}} = \frac{\text{太陽の質量}}{\text{月の質量}} \times \left(\frac{\text{地球―月の距離}}{\text{地球―太陽の距離}}\right)^3 \cong 0.42,$$

となる．また半月のときには月と太陽の効果が相殺するため，そのときの潮と大潮との比較からこの潮汐力の比が算出できる．当時の観測値からニュートンが求めたこの比の値は1/4.4815（第3篇・命題37・問題18・系3）で，ヴォルテールはこの値に依っている．ちなみにいうと，こうしてはじめてニュートンは月の質量を求めた．もっとも彼の得た値は地球質量の1/39.788倍で実際の値（約1/81）の約2倍であった（同上系4）．

たしかにニュートンが得た値は，相当不正確ではある．しかし，ニュートン以前までは月の質量を算出することは不可能であったし，誰しも試みようとはしなかった．それどころか，1748年に出たマクローリンの書物でもこの値をそのまま使っている．とすれば，ニュートンの計算の価値は，たとえその結果が少々間違っていても，決して減ずるものではない．

そしてこの潮汐論は，なによりも，重力が距離の2乗に反比例して減少する関数形で表わされる相互的な力であることを直接に示したのであった．

重力にもとづく潮汐論のより精巧な理論は後にラプラスにより完成されたが，ともあれニュートンによって，潮汐

と月を結びつける昔からの，あるときは物活論的なまたあるときは占星術的・神秘主義的な理論は，まったく別の土俵に登ることとなった．つまり，潮汐が重力の関数理論にもとづく動力学の対象となり，定量的扱いが可能となったのである．そして「この（ニュートンの）学説は，（潮汐についての）その後のあらゆる学説の基礎をなすものである」（G.H.ダーウィン）と言えよう．

だが，重力が数学的な関数形で表現されたからといって，重力について「なにか」が明らかになったわけではない——と考えたのが当時のデカルト主義者たちであり，ライプニッツであった．たとえその重力の関数形がこれだけ見事に現象を説明したからといって，そのことだけでは人を納得させることができないのである．

Ⅳ　デカルトにとっての学

本書は物理学の書物であって，思想史や哲学に深入りするつもりはないし，そのようなことは筆者の手に余ることでもある．しかしことデカルトに関するかぎり，その物理学だけを取り出すというわけにはゆかない．というのも，デカルトの潮汐論，したがってまた重力にたいする態度を紹介するためには，彼の自然学〔物理学〕の前提からはじめなければならないが，しかし彼の自然学の成り立ちを理解するためには彼のトータルな学問観——彼の哲学——を踏まえなければならなくなるからである．

なにしろ，カッシーラーのいうようにデカルトにとっては「ただひとつのそれ自体完結した演繹の連鎖が存在し，それは自然事象の最高にして最も普遍的な第一原因から始まって個々の自然法則やあらゆる個々のきわめて複雑な結果にまで至っているからである」[11]．誰もが疑うことのできない「明晰判明」な観念から出発し，確実かつ厳密に演繹を進めることによってあらゆる派生的命題までが最初の出発点に結びつけられるにいたり，このようにして全世界を認識する，といってもよい．

そういう次第だから，物心分離の説や神の存在証明などには立ち入らないにせよ，必要最小限デカルト哲学にも触れておこう．

まず第一に，デカルトにとってすべての学問は同一のものであった．彼にとって学問は，個別の学問の対象や主題とは無関係に同一の推論の方法により構成され同一の構造を持っていた．デカルトが学の方法を詳細に展開した『精神指導の規則』の冒頭では次のような学問観が披瀝されている[12]．

> すべての学問は人間的英知以外のなにものでもなく，この英知はさまざまな主題に適用されてもそれは常に一つのしかも同一のものでありつづけるのであり，ちょうど太陽の光が，照らす事物の多様性から差別をこうむらないのと同様に，英知もそれら主題からなんの差別も受けない…….（『規則』1）

しかも，単に方法や構造が同じであるだけではなく，すべての個別の学問は単一の学問の一部分をなしているのだ．

このようにすべての学問は互いに結びついているので，ほかの学問からただ一つの学問を切り離すよりも，その全体を同時にともに学ぶ方がはるかに容易であると考えなくてはならない．（『規則』1）

幾何学から物理学や生物学や医学にいたるまで「すべての学問」が対象と無関係だとすれば，「すべての学問」に共通する〈方法〉をはじめに明確にすることこそ決定的に重要になる．いや，その〈方法〉が手に入らないかぎり，デカルトは一歩も踏み出すことができない．

しかし，デカルトの見出した〈方法〉はじつのところきわめて単純である．

第一の準則は，どんなことでも，ほんとうだと明白に認識しないかぎり，けっしてほんとうとは受けとらないということでした．それはつまり〈速断〉と〈先入観〉を注意ぶかく避けることであり，またどんなことでも，まったく疑いをさしはさむきっかけがないほど私の精神にはっきりとまぎれなく姿をあらわすもの以外は，何ひとつ自分の判断に取り入れないということです．

第二は，私が検討するむずかしい問題のひとつひとつを，できるだけ多くの，しかもいっそううまく解決するために要求されるだけの小部分に分けることです．

第三は，いちばん単純でいちばん認識しやすい対象からはじめて，少しずつ，階段を登るようにしてついには複合度のいちばん高いものまで認識するために，順序をおって私の考えを導くこと．しかも，もともとおたがい前後に並ばない対象にも，順序を想定しながらそうすること．

そして最後は，どこででもひとつ残らず数えあげ，満遍なく見なおしたうえで，何も落としたものがないと確信が持てるようにすることでした．(『方法』第2部)

さらりと読めばなんのことはないようだが，色々と問題はある．ここに書かれている「いちばん単純でいちばん認識しやすい対象」を捉える働きをデカルトは〈直観(intuitus)〉――すなわち「純粋で注意深い精神の，われわれが理解するものについては懐疑の余地をまったく残さぬほど容易で判明な把握作用」――によるとする．こうして，学の出発点としての「明晰判明」な「第一原理」が得られたならば，そこから確実に順序立てて一歩一歩進みゆくのは，この直観および〈演繹（deductio)〉による――「ここにいう演繹とは，確実に認識されたある別の事柄から必然的に結論されるすべてのものを意味している」．

以上のことから，第一原理から直接に帰結される命題は，異なった観点からして，あるときは直観によって，またあるときは演繹によって認識されると言われうる，ということが結論される．しかし第一原理そのものは直観によってのみ知られる．それに反して，遠く離れた諸結合は演繹によってのみ認識されるのである．(『規則』3)

この〈方法〉は，ケプラーが精密なデータから惑星軌道を突き止めたやり方とも，ニュートンがケプラーの法則から重力の関数形を導き出したやり方とも，ガリレイが水時計と斜面を用いて落体理論を実験的に検証したやり方とも違っている．わたくしたちから見ればデカルトの〈方法〉は，公理論的構造を持つ数学や幾何学にたいしてのみ適用可能な方法である．

しかしデカルトの場合，通常は経験科学といわれるもの，つまり物理学はいうにおよばず医学や生物学さえこれと同一の〈方法〉に律されているのである．したがってその結果得られる自然学が相当現実ばなれした代物であったとしても不思議はない．しかるにデカルトにとっては，結果が経験に合わないとか実験的検証に堪ええないというようなことは，第二義的なことであった．デカルトにおける学の真理性は，つまるところ出発点にある観念の真理性と論証の連鎖＝演繹の真理性に尽きているのである．

ガリレイとニュートンによる近代力学の確立以来，数学的な概念と処方がいかなる権利根拠によって物理的対象を捉えうるのかという問題は，現代にいたるまでのすべての認識論のテーマであるが，デカルトの場合にはかかる問題は存在しなかったのである．

しかしそこに立ち入る前に，デカルトの自然学——物理学——そのものを見てゆくことにしよう．

V　デカルトの物質観

デカルトの自然学は，前にもいったようにガリレイの受けた弾圧を聞いて出版を自主規制した『宇宙論』(1633)と，後に同主題をあらためて展開した『哲学原理』(1644)とに述べられている．いずれも前節で見た〈方法〉に忠実にのっとって，第一原理からはじまり全自然現象にいたる議論を演繹的に展開しようとする壮大な試みである．

さてこの『哲学原理』は，1647年になってフランス語版が出されているが，その仏訳版はデカルト自身の校閲をへた「改訂版」と看做されている．そしてその第四部203では，やや回顧的に次のような補足が加えられている．

> まず私は，物質的事物に関してわれわれの悟性の中にありうるあらゆる明晰判明な概念を一般的に考察し，かような概念としては，**ほかならぬ形，大きさ，運動と，そしてこれら三者がたがいに変化し合う時にしたがう規則とだけを見いだし**，またこの規則が幾何学および機械学の原理であることを見いだしたので，私は，人間が自然に関して持ちうるすべての認識は必然的にこれらのものだけから引き出さなければならないと判断した．**というのは感覚的事物についての他のすべての概念は混雑し曖昧であって，外部の事物の認識を与えることに役立たず，むしろ認識を妨げかねないからである**．(『原理』Ⅳ-203，強調引用者)

この一文がデカルト自然学の出発点と成り立ちとをよく表現している．デカルトは，感覚的なものを「曖昧で混雑し認識を妨げかねない」ものとして退け，自然学の出発点を端的に鋭敏な「悟性」のなかに見出そうとする．こうして，まず物質についての明晰判明な観念として，形と大きさと運動（空間的位置変化）のみを取り上げる．つまり，ガリレイと同様に人間の感覚に由来するいっさいの性質――いわゆる第二性質――を物質から排除してゆく．

たとえばある物体がある色を持っているとかある味を持っているとかは，その物体に固有のことではない．実際，光線の具合によって色彩は変化するし，色盲か否かによる個人差もあろう．また風邪をひいていれば味も変化するであろう．しかし見る状況や見る人の感覚によって色や味が変化したからといって，物体の本性が変わったとは考えられない．したがって色や味は物体の本性に属さない主観的なものである．同様に固さという性質も物体の本性には属さない．というのも，固さという感覚は手が物体を押すときに物体が手に及ぼす抵抗でしかなく，物体が手の動く方向に手と同じ速さで退くならば，手は固さをまったく感じなくなるが，だからといって物体がその本性を失ったとは考えられないからである．重さについても同様である．物体を支えている手を下向きに動かせば重さを少なくしか感じないであろう．こうしてデカルトは，「かように悟性のみを用いることによって，物質すなわち普遍的に見られた物体の本性が，……何らかの仕方で感覚を刺激する物であることに存するのではなく，ただ長さ，幅，深さにおいて延長のある物であることに存することが覚知されるであろう」（『原理』Ⅱ-4）と結論づける．

そしてここから，物体と空間の同一視が結果する．デカルトにおいては「延長」と「延長を持つ物体」とが事実の上では異ならず，人間の捉え方の違いであるとされる（『原理』Ⅱ-8）．とするならば，空間と物質もまた同じものであり，その区別も単に人間の捉え方における区別にすぎなくなる．

> 空間あるいは内的場所とその中に含まれる物体的実体とは，事実の上のこととしてではなく，単にわれわれがそれらをふつう覚知する仕方の上のこととして区別される．実際，空間を構成している長さ，幅，深さにおける延長と，物体を構成している延長とはまったく同一のものである．（『原理』Ⅱ-10）

このように物体がその本性を延長のみに有し，他方その延長が空間の延長と同一のものとされることによって，デカルトにとっては，幾何学と自然学（物理学）の差がまったく消滅してしまう．「まったく」という意味は，〈方法〉においてだけではなく〈対象〉においても差がなくなったということを指している．物理学――自然学――が幾何学に還元されたといってもよい．

同時代の幾何学者デザルグが，デカルトは純粋幾何学の研究を放棄して他の問題に興味を移してしまったと嘆いたとき，デカルトは「デザルグ氏におかれましても，もし私が塩や雪や虹について著わしましたるものを御考慮して下さるならば，私の自然学なるものが幾何学に他ならぬ，ということを御理解いただけるものと存じます」[13]と答えている．

また，すべての物体の本性が延長的実体であるがゆえに，天空の物体と地上の物体の同一性が苦もなくひき出される（『原理』Ⅱ-22）.

さらに，空間が物質的物体と存在論的にも同一のものであるから，必然的に空虚な空間が否定される.

> ところで哲学的な意味での空虚，すなわちその中にいかなる実体も存在しない空虚，があり得ないことは，空間の延長あるいは内的場所の延長がとりもなおさず物体の延長である，ということから明らかである．なぜなら……無が延長を持つことは矛盾しているので……その空間に延長がある以上，そこに実体が必然的にあるからである．（『原理』Ⅱ-16）

こうして空虚を否定した結果，デカルト流の機械論的自然観は，原子論の立場に立つ古くはデモクリトスの，そして近くはガリレイのそれとは異なることになる．デカルト自身，この点を次のように主張している.

> デモクリトスの哲学は，私の哲学からも一般の哲学からも同程度に隔たっている．……
>
> 彼の哲学が否定される理由は第一に，微小物体を不可分的だと仮定したことであって，この点では私もこの哲学を否定する．第二に，微小物体のまわりに空虚があると考えていることであって，かような空虚がまったくありえないことは私が論証したことである．第三に，彼の哲学は物体に重さを与えているが，私はかような重さは物体それ自体の中にはまったくなく，ただ，他の物体の位置と運動とに依存している物体がその他の物体に関係させられるかぎりでのみあると言われるにすぎないと考える．（『原理』Ⅳ-202）

もとより，デカルトが原子を否定したからといって，彼は「人間には感覚されえない微小部分」の存在まで否定したわけではない．むしろ延長を本性とする物質的物体のかぎりない分割の可能性を認めるかぎり，感覚不可能な微小部分の存在は論理必然的に要請されるだろう．地上のマクロな物体と天上の超マクロな物体とを本質において同一と看做すのと同じ論理的手続きである．そして彼は，この「感覚されえない微小部分」というミクロの存在にたいしても，マクロな存在と同様に，延長のみを本性として純然たる機械論的な説明方法を適用しようとする．デカルトに言わせれば，「機械学の理論はすべて自然学にもあてはまる．……自動機械の考察に習熟した人が，ある機械の使い方を知っている時，その機械の一部分を見ると，見えない他の部分がどう作られているかを容易に推測するが，これと同じように，私は自然の物体の感覚可能な作用や部分を通して，その物体の原因や感覚できない部分がどうなっているかを追求しようと試みたのである」（『原理』Ⅳ-203）ということになる．このかぎりでは，空虚と原子の否定にもかかわらず，当時の多くの原子論者，ガッサンディやガリレイたちと結局は同じ地盤に立っているのだ．デカルト的発想がその後原子論者たちにも受け容れられた所以はここにあった．

ところで，上記のデモクリトス批判のなかで重要なのは，最後の論点，すなわち，「重さ」を物体の性質に含めないという点である．

では，デカルトによる「重さ」もしくは「重力」の説明はどのようなものか．だがそれを明らかにするには，彼の運動学を検討しなければならない．

Ⅵ デカルトにとっての力

運動学においてもデカルトは，「第一原因」ないし「第一原理」から話を始めなければならない．デカルトにとっての「第一原因」ないしは「原理」とは，まず，疑うことのできぬほど明晰で明証的であり，さらに，他の事柄は原理なしには理解できないが「第一原因」だけはそれだけで理解でき，しかも，他のすべての事柄をそこから演繹できなければならない，そういうものである（『原理』仏訳序）．いわば数学における「公理」に相当する．しかし，実際にデカルトが出発点にとった「第一原因」は，現代のわたくしたちが想像するようなものとはまったく違っている．

デカルトは，『方法序説』のなかで自分の宇宙論の形成過程を次のように語っている．

第一に，私は有るもしくは有りうるいっさいのものの〈原理〉なり〈第一原因〉なりを全般にわたって見つけだそうとつとめました．ただし，このもくろみを実際にやり遂げるためには，世界を創造した神以外は何も考慮に入れず，また私たちの魂のなかに自然にそなわっている〈真理〉のいくつかの種子以外からそれらの原理を引き出そうともしませんでした．そのつぎに，こうした原因から演繹できる第一の，もっと通常の結果はどういうものであるかを検討しました．そして，そこを通って，私は〈天空〉と〈天体〉とひとつの〈地球〉を見つけ，しかも地球の上に，〈水〉と〈空気〉と〈火〉と〈鉱物〉と，ほかにいくつかそういうものを見つけたように思いますが，それらのものは，あらゆるもののなかでいちばんふつうで，いちばん単純で，したがっていちばん認識しやすいものなのです．……思いきって言いますと，私が見つけだしていた〈原理〉によってじゅうぶんにぐあいよく説明できないようなものは何ひとつそこに見あたりませんでした．（『方法』第6部）

たいした自信である．そして神の存在から説き起こすこの思考のプロセスは，学としての自然学の構造とも一致しているのだ．すなわち『哲学原理』によれば，「神は運動の第一原因であって，宇宙の中に常に同じ量の運動を保存している」（II-36）のであり，この「第一原因」から，力学——ひいては全自然学——の基本法則として次の3法則が導き出される．

自然の第1法則．あらゆるものは常にできるだけ同じ状態を保とうとする．したがって一度動かされるといつまでも動きつづける．（II-37）

自然の第2法則．すべての運動はそれ自身としては直線的である．したがって円運動をするものは，その画く円の中心から常に遠ざかろうとする．（II-39）

自然の第3法則．物体はより強力な他の物体と衝突する時には，自分の運動を何ら失わないが，より弱い物体と衝突する時には，その弱い物体に移しただけの運動を失う．（II-40）

ここで語られている「運動」は現代物理学の用語では

「運動量」のことだと思えばよい．じつはこれらの法則は，1633年に書き上げた『宇宙論』ですでに展開されていたものである．あきらかにデカルトは，「慣性の法則」を定式化し，「作用・反作用の法則」つまりは「運動量保存則」の萌芽的形式を得ていたのだ．「運動量保存則」については，『宇宙論』で与えた表現；

> ある物体が他の物体を押すとき，その物体が同時に自己の運動を同じだけ失うのでないかぎり，どのような運動をも他の物体に与えることはできないし，また自己の運動が同じだけ増加しないかぎり，他の物体の運動を奪うことができない．（『宇宙論』7）

の方が正確であるし，わかりやすいであろう．もっともデカルトは，運動量がベクトル量であることには思い至らなかったけれども．ともかくも，ここでガリレイの「円運動の慣性」は突破されたといえる．

『宇宙論』ではデカルトは，この運動の3法則を述べたあとで「すでに説明した三つの法則〔規則〕のほかには，数学者たちが最も確実で最も明証的な証明をいつもそれに依拠させてきたあの永遠の真理からまちがいなく帰結する法則以外のものを私は仮定しようと思わない．……これらの真理と私の言う規則から引き出される帰結を十分に吟味されるかたは，結果をその原因によって認識すること，スコラ用語を使えば，この新しい宇宙に生じうるすべてのことのアプリオリな証明を得ることができるだろう」，と語っている．要するに，上記の3法則から，あとは単純に数学的に推論すればよいというのだ．

しかしこれだけの前提からでは，距離を隔てた物体間に働く「重力」が直接に登場する余地はない．物質的物体の本性を延長と捉え，その論理的帰結として物体に不可透入性のみを負わせ，他方で空虚を否定する彼の物質観にもとづけば，物体間に働く「力」としては，物体の直接的接触（衝突）のさいに生じる「撃力」ないし「圧力」しか存在しないことになる．ケプラー・ニュートン的な空間を隔てて作用する「重力」とデカルトの物質観は決定的に相容れることができなかったのだ．

じっさいデカルトの3法則は，結局は慣性の法則と衝突の法則だけだから，力はいわゆる「慣性の力」としてしか生じようがない．

> ここで細心に注意すべきことは，それぞれの物体が他の物体に働きかける力，あるいは他の物体の作用に抵抗する力は何に存するかということである．この力は，最初に立てられた法則にしたがって，それぞれの事物がそれに可能なかぎり現に在る状態に止まりつづけようとすることのみに存している．（『原理』II-43）

と『哲学原理』で語られているとおりである．

それではいったい，地上の物体が自然に落下し，他方で惑星が太陽のまわりを回り月が地球のまわりを回るのを，デカルトはどう説明したのか．

デカルトにあっては――ヴォルテールも注解しているように――太陽系の天体間にも，なにかある天の物質がぎっちりとつまっている．空虚を否定したことの当然の帰結であるが，この天の物質の存在はそのような消極的なものではなく，デカルトの動的宇宙論の展開のために積極的に要請されている．デカルトによれば，空虚が存在しえないためには，もしもこの天の物質の一部が運動するならばその占めていたところに別の部分が入り込まなければならない．しかるにデカルトの運動法則では，ひとたび与えられた運動はいつまでも保存されるのであるから，この天の物質の運動（位置変化）も永遠に続かねばならないが，他方ではどこにも空虚が存在しない以上，動きはじめた天の物質は必ずいつかは元のところに戻ってこなければならず，こうしてこの天の物質は必然的に回帰的な円環運動――渦動運動――をすることになる（『原理』II-33）．

かりにこの議論を認めたとしよう．それでは，天の物質は何故運動をするのか．だが，かかる問いはデカルトの発するところではない．

> 宇宙には永久に持続する無限に多くの異なる運動があると思う．……私は，それらの運動の原因を探るために立ち止まろうとは思わない．なぜなら，それらは宇宙が存在しはじめると同時に運動しはじめたのだと考えれば，私には十分だからである．そして，もしそうであればそれらの運動がいつか止むということは不可能であり，その担い手をかえる以外の変化をすることは不可能である，と私は推論するのである．（『宇宙論』

3)

さてようやく「重力」である．デカルトによれば，惑星の公転は，この天の物質の渦動運動の結果である．つまり太陽のまわりに大きな渦動があり，これが惑星を動かし，地球のまわりにも地軸を回転軸とする小さな渦動がありこれが月を動かす．この渦動物質の――現代風に言えば――「遠心力」の差から重力が生じる．

重力とはもっぱら，地球をとりまく小さい天〔の物質〕の諸部分が，地球〔の物質〕の諸部分よりずっと速く地球の中心のまわりを回っているため，そこから遠ざかろうとする力もずっと強く，それゆえ地球〔の物質〕の諸部分をそちら〔地球の方向〕に押しやることにあるのであって，それ以外のものではないのである．（『宇宙論』11）

つまり，天の物質が遠心力により地軸から遠ざかろうとし，そのため地表の物体は上昇する天の物質と場所を入れ替り，結果として渦動の遠心力のいわば反作用として地球に向かって押されるわけである．ここには真空の不在と物体は接触により圧し合うということ以外の物体の性質はまったく現われない．物体は延長と不可透入性だけを持っていればいいのだ．しかしこれでは「重力」は地軸に垂直ゆえ，極付近では地面に平行になってしまう．

潮汐については，今さらあまり立ち入ってもしかたがないが，議論のゆきがかり上簡単にふれておくと，月が地球のまわりの渦動物質を介して地球を圧し，その結果，月に面した海面が——ニュートンの議論とは逆に——干潮になるというのである．もちろんこれは経験に合わない．

デカルト理論が経験に合わないということは，もちろん極付近での重力の向きや潮汐についてだけではない．ニュートンは流体の粘性を仮定することによって渦動の回転周期と中心からの距離の関係，および動径ベクトルの掃く面積を求め，渦動理論がケプラーの第2・第3法則を説明しえないことを示している．そのさいニュートンはデカルトの名前を明示的に挙げてはいないが，もちろんこれは，ニュートンにとってもデカルト理論を粉砕するための決定的な議論であった（『プリンキピア』第2篇・第9章・命題51，52，53とその「注解」）．

しかし，わたくしたちの目から見れば何とも奇妙に感じられることだが，徹底した観念論者であったデカルトは，このような経験との食い違いを意に介さない．というのも，先に述べたようにデカルトにとって自然学は数学と幾何学に還元されているのであって，その真理性は，公理的性格を持つ「第一原理」の真理性および演繹的論理の真理性のみにあり，経験や感覚はせいぜいが問題の設定や論理の展開を補うことぐらいにしか位置づけられていないからである．いや，デカルトによればそもそも認識の確実性は〈直観〉のみにもとづくものであって，事実的なもの，感覚的経験で得られるものは，つねに誤謬の可能性を秘め，わたくしたちを誤りに導きかねないのだ．あるところでデカルトははっきりと「たとえ経験がわれわれにこの反対のことを示すように思われても，われわれはやはり，感覚よりも理性により多くの信頼を置くべきであろう」(『原理』Ⅱ-52) とまで語っている．

経験や感覚を〈直観〉による原理認識の下位に置くデカルトやその後継者たちにとって，たとえニュートンの重力がよりよく現象を説明しえたからといって，そのことがニュートンの理論の優越性を証明したことにはならなかったのである．

Ⅶ 重力は〈隠れた性質〉である

そういうわけであるから，たしかに潮汐のような具体的な問題の説明については，デカルトの理論は到底ニュートンにはかなわない．ヴォルテールはデカルト理論をひとつの「虚構」にすぎないとこきおろしている．18世紀も後半になると，『百科全書』の序論はデカルトの歴史的に果たした功績を正当に評価しつつも，「今日ではほとんど滑稽になったあの〔宇宙流体の〕渦動説」と表現し[14]，アランによれば，スタンダールは「その“方法”においてデカルトは最初理性の巨匠として現われるが，2ページさきへ行くと坊主のような推論をする」とどこかで言っているそうだ[15]．デカルトの敗北は18世紀の後半には決定的になっていた．そのころには，地上物体の落下が天の物質に押されたのではなく，地球の重力に引かれたのだと人は信ずるようになっていた．しかしそれは，デカルトが『哲学原理』を書いてから約1世紀後のことであった．

それではあのデカルト主義者の頑固な抵抗は何に支えられたのか？

じっさいデカルトのこの得体のしれぬ天の物質の渦動理論は，少なくともフランスでは一世を風靡した．1671年以来パリ天文台を世襲支配してきたカッシーニ一族のなかで，はじめてニュートンの理論を認めたのが1748年生まれの四代目カッシーニであったことからも，その様子がうかがえよう[16]．とくに17世紀後期以降デカルトの体系は急速に普及し，学者の世界で承認されただけではなく，パリの社交界でももてはやされ，教養の一要素とさえなったのだ．モリエールの喜劇『女学者』には流行に敏感なサロンの女性たちがデカルト理論をお喋りの種にしている様子が滑稽に描かれている．まさしくデュ・ボア＝レーモンの言うように「フォントネルの『世界〔の多数性についての対話〕』がヴォルテールの『〔ニュートン哲学〕綱要』によって貴婦人の化粧室から追放されてはじめて，フランスにおけるニュートンのデカルトに対する勝利は完全なものになったのである」[17]．

本稿でデカルトに，しかも通常あまり顧みられない潮汐論などに深入りしたのは，歴史的興味からではなく，それによってニュートンの万有引力，ひいてはニュートンの物理学に逆照明をあてるためである．

いまでこそ「万有引力」はよく知られているし，その結果が多くを説明し，多くを生み出しているから，ニュートンが空虚な空間を隔てて作用する万有引力を語ったときに，デカルト主義者がそれはアリストテレスへの復帰だと反論したことは，現代のわたくしたちにはいささか奇妙に思われる．ヴォルテールでさえも同様の感想をもらしている[18]．しかしそれには理のあることなのだ．

というのも，デカルト主義者にとって，そしてまたその時代の機械論的自然観の信奉者にとって，成因の不明な——ということは機械論的に説明づけられない——重力のような性質を物体に担わせることは，それだけで批判するに値したのである．

デカルトとは立場を異にするライプニッツもまた，「物体のすべての自然力は，機械学的法則に服している」と主張し[19]，重力は機械論的に説明づけられねばならないとの立場に立っている．

17世紀末から18世紀にかけてのデカルト派のスポークスマンの役を務めたのはフォントネルだが，彼はニュートンの重力について次のように述べている．ゴリゴリのデカルト主義者の代表的見解として面白いので少し長いが引用しよう．

重力が何から成っているのかは，知られていない．アイザック・ニュートン卿自身も知らなかった．もしも重力が撃力(impulse）のみによって作用するのであれば，落下する大理石の塊は地球の方に押され，そのさい地球は決して大理石の方に押されることはない，つまり一言でいうならば，重力によりひき起こされる運動が向かうすべての中心は不動でありうるだろう．しかしもしも重力が引力（attraction）により作用するのであれば，地球が大理石の塊を引きつけると同時に大理石は地球を引きつけることになり，いったいどうしてその引力〔大理石が地球を引きつける力〕は他の諸物体にではなくある物体〔大理石の塊〕に備わっているのかがわからない．アイザック卿はつねに，すべての物体における重力の作用は相互的であり，それらの大きさ〔質量〕のみに比例すると考え，そのことによって重力が現実に引力（attraction）であると決めているようである．一貫して卿はこの言葉（attraction）を物体の能動的な力能を表わすために用いているけれども，その力能はじつは未知のものであり，しかも卿はそれを説明しようとはしない．しかしもしもそれが撃力（impulse）によって同じように作用しうるのであれば，どうしてそのより明晰な言葉〔撃力のこと〕の方を選んではいけないのだろうか．というのも，それら〔引力と撃力〕はまったく正反対なので，どちらを用いてもよいというものでもないだろう．卿の引力（attraction）という言葉の一貫した使用は，アイザック卿が事物自体に対して持っていたと考えられる傾向および偉大な権威とによって補強され，少なくとも，デカルト主義者によって誤りを指摘されている概念〔引力のこと〕に読者を馴染ませている．そしてこのデカルト主義者の批判は他のすべての哲学者によって認められているのである．だからいまや私たちは，その概念〔引力〕になにがしかの現実性があると想像して私たちがそれを信じて受け容れる危険にさらされないよう，防御を固めなければならない[20]．

いかがわしきニュートンの重力論に世人が汚染されないようにまくしたてるこのフォントネルの語調は，「いかがわしき新思想」から青少年を守ろうとしてヒステリックにわめきたてる頑迷固陋な坊主の説教の趣きがあるが，じっさいには，フォントネルやその他のデカルト・エピゴーネンたちには，デカルト主義こそ真に革命的な理論であって，ニュートン理論は悪名高きスコラ哲学——学校哲学——のやき直しのように映ったのであった．

ここでフォントネルが「引力」を「撃力」と対比して，後者は理解できるが前者は理解しえないとしていることに注目していただきたい．フォントネルや一般に機械論者たちにとっては，それ以上説明の不可能な相互的な引力を「物体の能動的な力能」として物体に担わせる——物体の性質と看做す——のは，スコラの物質観への回帰に他ならなかったのだ．

このようなニュートン批判は，デカルト主義者だけのものではなかった．フォントネル自身が語っているように，「このデカルト主義者の批判は他のすべての哲学者によって認められているのである」．ここでいう「他のすべての哲学者」が誰を指しているのかは，はっきりしないが，そこにライプニッツも含まれていることは確かであろう．事実，ニュートンの重力をスコラ哲学のいう〈隠れた性質〉だとはじめに断じたのはライプニッツであった．

1715年にライプニッツはコンティへの書簡で次のように語っている．

彼〔ニュートン〕の哲学は私には奇妙なものに思われ，それが正当化されるだろうとはとても信じられません．もしもすべての物体が重さを持つのであれば——彼の支持者たちがなんといおうと，またいかに情熱的に否定しようと——重力とはスコラでいう隠れた性質であるか，さもなければ奇蹟の作用ということになりましょう(21).

このように――少なくとも大陸における――新しい哲学の支持者たちにとっては,「重さ」とはあくまでなにかの「撃力」ないし「圧力」によって物体が地球に「押され」たことの結果であって,物体と地球が「引き合う」のでは決してなかった.かつてガリレイがケプラーの重力に浴びせた〈隠れた性質〉という批難がいまやまったく同じようにニュートンの重力にも加えられているのである.それほどまでに「重力」は玄妙不可思議なものであった.

Ⅷ 機械論的自然観と自然力の排除

前にガリレイの章で述べたように(第2章Ⅲ参照),スコラの物質観では,物質的物体の幾何学的形状も,色や味や香りあるいは温・冷・乾・湿という感覚的性質も,同一の客観性と実在性を有していた.他方ではまた,効果においてのみ顕在化する磁石の力のような「自然力」も〈隠れた性質〉として物体に担わされていた.物体がそのような諸々の性質――あるいはかかる性質の担い手としての〈原質〉――を持つということが,自然学の説明原理であった.

これにたいするアンチ・テーゼとして登場したのが機械論的自然観である.

F. ボルケナウは,ガリレイからデカルトにいたる力学を「マニュファクチャー的生産過程の科学的改作」と捉え，その世界像――機械論的世界像――を「マニュファクチャー的技術の生んだ諸経験の普遍化」「マニュファクチャー時代の世界観」と位置づけているが，そのさい彼によれば，マニュファクチャー技術とは，ほかでもない，もろもろの性質を持つ物質（労働基体）を量的に一元化・均質化し，同時に，よく知られていない「自然力」をできるだけ排除しようとするものであった．

したがってボルケナウは，機械論的自然観の根本傾向の一つを，あらゆる特殊な質的作用を否定し，物質を外的な衝撃のみによって動かされる死せる基体と捉え，あらゆる運動――現実に観察される運動および感覚的性質を生みだす運動――を衝撃に還元すること，だとしている．いまひとつの傾向は，もちろん，もろもろの感覚的な質を主観的な第二性質として退け，他方で第一性質を定量的に捉えるということである(22)．

わたくしも本書では，――後に語る「力学的自然観」と区別して――「機械論的自然観」というとき，この意味で用いることにする．もっともそれが「マニュファクチャー時代の世界観」であるのか否かは，その方面に暗くてわたくしにはなんともいえないけれども．

そして，デカルトこそは，物質を死せる幾何学的物体に最も極端なまでに還元し，また一切の「質」と「自然力」とを物体から根こそぎ追放していったのである．彼によれば，物質のすべての作用とすべての性質は，延長および延長を持つ物体の位置変化のみから説明されなければならないのであった.

たとえばデカルトは，物質の元素として火と空気と土の元素を認めているけれども，それらの性質について次のように語っている.

> これらの元素を説明するために，哲学者たちがしているように，温，冷，湿，乾と呼ばれる性質を私が使わないのを見て奇妙だと思われるなら，私は次のように言いたい．これらの性質はそれ自体が説明を要するように見えるし，また私のまちがいでないとしたら，これら四つの性質ばかりでなく他のすべての性質も，生命のない物体のあらゆる形相さえも，その形成のためそれらの物質の内にその諸部分の運動・大きさ・形・配列のほかはなにひとつ仮定する必要なしに説明されうるのである.（『宇宙論』5）

このように，17世紀においてアリストテレス・スコラの自然学の解体に誰よりも急であったのは，デカルトであった．少なくともデカルトは，〈隠れた性質〉というスコラの逃げ場所を封殺してしまったのである．デカルトを機械論的自然観のチャンピオンといってよい．したがって，その当時，新しい自然学を求める世代がデカルトを拠り処にしたのは当然であった.

オランダ人クリスチャン・ホイヘンスは，ニュートンとほぼ同時代の物理学者で，厳密にして実証的な研究者であった．業績においても物理学のセンスにおいてもニュートンと並ぶ第一級の人物である.

そのホイヘンスも，御多分に洩れず若い時代には熱烈なデカルト主義者として育っている．そして彼は，ニュートンの重力理論を信ぜず，ある種の渦動による重力の機械論的説明に最後まで固執しつづけた．A．コイレにいわせれば，遠心力の概念を創り出したホイヘンスは，重力理論を作るだけの能力を有していたにもかかわらず，「極端なデカルト合理論への忠誠ゆえに途方もない代償を支払わされた」ということになる(23)．

後年になってホイヘンスは「デカルトはガリレイの名声をねたみ，アリストテレス哲学に取ってかわる新哲学の創始者とみなされたいという野心を持った」とまでデカルトをこっぴどく批判するようになったが(24)，デカルト主義の登場にたいする初期の大陸での反応を次のようにクールに表現している．

この〔デカルトの〕哲学が現われ始めたころ最初に非常によろこばれたのは，デカルト氏の語ったことが理解できたからである．ところが他の哲学者たちは，質とか実体形相とか志向形質などのような少しも訳のわからぬ話をわれわれに与えた．この無作法ながらくたを，彼は以前の誰よりも全面的に一掃した．だが何よりも彼の哲学を推賞せしめたものは……自然のなかにあるすべてのものについて，人が理解できるような原因を，〔古い哲学の〕かわりに置こうとしたことである(25)．

青年時代にホイヘンスがデカルト主義――というよりはデカルトの説明方式――にたいして持った気分は，おそらくは新時代の息吹を感じとっていたフランスや大陸の多くの青年の共有した感情であろう．というのもアリストテレス・スコラの教条にしがみつく学校哲学者たちは，すでに破産が明白になった古来の自然学を訳のわからない言葉のインフレーションで取り繕っていたからである．

物質の諸々の性質を実体視するスコラ哲学にたいして機械論的自然観の持っていた意味は，物質の性質そのものを対象とする化学においてより顕著に看て取れるであろう．じっさいに，アリストテレス自然学は化学においては，物理学にたいしてよりはるか後まで支配力を持っていたのだ．18世紀の後半にラヴォアジエが燃焼を酸化によって説明するまでは，燃焼は「フロギストン（燃素）」によって説明されていた．その前提は，複数個の物体において同一の〈性質〉が示されたならば，それらにはある共通の〈原質〉が含まれていなければならないというアリストテレス論理学＝存在論である．したがって，ある部類の物質が共通に「可燃性」という性質を示したならば，それらには，燃えるという能力を与えるある要素的質が共通に内在していなければならないことになる．このようにして「フロギストン」が「可燃性」の担い手として実体的に導入されることになる．そしてまた，この「フロギストン」が単離されなくとも，それは〈隠れた性質〉の基体であるということを意味しているだけであって，「フロギストン」の存在を否定することにはならない(26)．

他方で，フォントネルとほぼ同時代のデカルト派化学者レムリ――そしてレムリは17世紀後半の指導的化学者でもある――は，このような〈性質〉の基体化による説明を退け，たとえば酸について次のように語っている．

　塩の本性がそうであるような隠れた物の本性をいちばんよく説明できるのは，生じてくるあらゆる効果に対応する形状をその構成部分に付与しておくことによってであるから，私は液体の酸性は塩の尖った部分にあるといいたい．それらの部分が激しく動いているのである．酸にとげなどありはしないといって反対する人があるとは，私には思えない．あらゆる経験がこのことを示しているからだ．この見解を抱くには酸の味をみてみるだけで十分だ．酸は舌にチクチクした感じを与えるが，その感じは非常にこまかいとげを持った何らかの物質から受ける感じに類似しているか，きわめて近いからである(27)．

　あるいはまた，酸が金属を溶かすのもこの「とげ」つまり「酸突起」が金属粒子を突き刺して解離させるからであり，他方，アルカリは穴のあいた粒子より成り，酸のとげがアルカリの穴に収まることによって中和が生じると説明される(28)．物の性質にたいするデカルト的説明方式の矮小な適用例といってよい．そして，なるほどこの説明はわかりやすいといえばわかりやすく，学校哲学者たちの長広舌に辟易した者にとっては受けたことであろう．

Ⅸ　ふたたび機械論による重力批判について

　ところで，ニュートンの主張する「万有引力」は，もしもすべての物体がその本性として相互に引き合うという「性質」を持つということを意味するのであれば，それはまさしく「訳のわからない話」であり，「人が理解できる原因」を持たないのではないか，つまりスコラ哲学でいう〈隠れた性質〉ではないのか．あまつさえ，空虚を介して，物体が遠隔的に作用し合うというのは，一方の物体が他方の物体の存在と位置とを認知しているということであり，霊魂論（animism）や物活論（hylozoism）への復帰ではないのか(29)．

アリストテレス・スコラを否定することこそ先進的であった17世紀末から18世紀にかけて人々がそう思ったのは，それなりに自然であろう．フォントネルは語る．

> 卿〔アイザック・ニュートン〕はきわめて率直に，自分はこの引力（attraction）を，何であるのかは知らないがともかくもその効果を考察し比較し計算するところのひとつの原因としてのみ主張しているのだ，と言明している．そして，学校哲学者のいう〈隠れた性質（occult qualities）〉の復活であるという批難を回避するために，その性質の原因はたしかに〈隠れている（occult）〉けれども，しかしその性質は現象によって〈顕示され〉見ることができ，その隠れた原因に立ち入ることは他の哲学者たちの研究に委ねた，と語っている．しかしそれこそ学校哲学者のいう〈隠れた性質〉でなくてなんだろうか．というのも，学校哲学者のいう隠れた性質の効果は端的に見ることのできるものであり，あまつさえ，アイザック卿は，彼自身が見出しえなかったその〈隠れた原因（occult cause）〉を他の人たちが発見するだろうと本当に考えていただろうか．他の人たちがそれを研究して成功するという希望はまずあるまい(30)．

このフォントネルの批判は，あきらかに，ニュートンの『光学』の《疑問31》の次の箇所を指している．

あまつさえ私には，これらの微粒子は〈慣性の力（vis inertiae)〉を持っていて，その〔慣性の〕力の自然な結果である受動的な運動法則に従うだけでなく，重力の原理や醱酵や物体の凝集を惹き起こす原理のようなある種の能動的原理によって動かされるものでもある，と思われる．私はこれらの原理を，事物の特種的形相（the specific Forms）の結果であると想定される隠れた性質ではなく，それらの原因はいまだに発見されてはいないにしてもそれらの真理性は現象によって明らかな，事物そのものを形成する一般的自然法則であると考えている．というのも，それらは顕在的な性質（manifest Qualities）であって，その原因だけが隠れている（occult）にすぎないからである．そしてアリストテレス学派が隠れた性質と名付けたのは，顕在的性質に対してではなく，物体内に隠れて存在するものと想定され，顕在的効果の不可知の原因とされる性質に対してである．重力の原因，電気的または磁気的な引力の原因や醱酵の原因などは，もしも私たちがこれらの力や作用がわれわれには未知の発見されることも顕示されることも不可能な性質によって惹き起こされるのだと想定したならば，それらは隠れた性質になるであろう．これらの隠れた性質は，自然哲学の進歩を止めるものであり，したがって，近年においては斥けられている．事物のあらゆる種（Species）には隠れた特種的性質が付与されていて，その性質によってそれらは作用し顕在的な諸効果を生み出すというのは，何も言ったことにはならない．しかし，諸現象から二三の一般的性質を引き出し，しかる後に，すべての物体的事物の諸性質や諸作用がいかにしてこれらの顕在的原理から帰結するのかを述べることは，たとえそれらの原理の原因が未発見であれ，哲学の多大な進歩であろう．それゆえ私は，ためらうことなく前述の運動の原理を提唱し，その原因の発見を後世に俟つことにする[31]．

論争は水掛け論の様相を呈している．そしてまた，前節で引いたライプニッツからの批判にたいしても，ニュートンはコンティへの手紙で同様の反論をしている[32]．ともあれ，このデカルト主義者あるいはライプニッツからの批判にたいするニュートンとニュートン派の反論のなかで，ニュートン主義が明らかにされてゆくのだが，それは次章にまわす．

X デカルト主義の明暗

近代における最初の機械論的自然観の提唱者ガリレイは，ケプラーの主張した天体間の重力を〈隠れた性質〉であるとして退けた．この点ではガリレイはデカルトと同じ立場にあるように見える．しかしガリレイは観念論的な形而上学をもてあそばない．彼は，仮説—実験—検証という近代経験科学の方法の創始者であり，この方法にのっとれば，経験のある局面で理論の現実への適応不全が発覚したとしても，理論を修正や修復する途が開かれている．それにガリレイは，「理論の適用限界」という観念を有していた．ガリレイの理論はある種の柔構造といえよう．

もともとガリレイにとって，自らの理論で説明しえない部分を単なる所与として，いつかは説明されるだろうがさしあたってはひとつの現象として受け容れておけばよかった．そのかぎりでガリレイの数学的現象主義は，たとえ重力を認めなかったとしても，地上物体の力学に関しては大きく踏み外すことはなかった．機械論者として重力を退けるガリレイが，すべての地上物体は鉛直下方に加速度を有するという事実を所与として受け容れて落体理論や放物体理論を展開しえたのである．

デカルトもガリレイ同様に機械論者であったが，自然学を数学に還元して第一原因から演繹的に議論を進めるデカルトにとっては，重力や加速度を単なる所与として受け容れる現象主義の立場は採りえない．もともと「所与」としての現象が学の体系に入り込む余地はデカルトにはなかった．推論の途中に少しでも疑わしきもの，つまり〈直観〉によって明晰判明に捉えられることもできなければ，かといって正しい演繹によって一歩前のものから厳密に導かれることもないものを導入することは，許されなかったのである．「もしも探究されるべき事物の系列のうちにわれわれの知性が正しく直観できぬようななにかが生ずるならば，そこで停止すべきである．そしてまたそれに続く他のものも考察されるべきではなくして，余計な仕事は差し控えられねばならぬ．」これは『精神指導の規則』の一節（第8規則）であるが，この点でデカルトはガリレイと決定的に分岐する．

ガリレイが物理学の対象としての物質的物体からいわゆる第二性質を追放し，物体を幾何学的形状としてのみ捉えたのは，アリストテレス・スコラの質の自然学にかわる新しい物理学の提唱であったが，それはある意味では方法論上の問題であって，彼は必ずしも物質的物体の本質を延長だとは言っていない．ガリレイにとっては，学としての力学が幾何学的概念によって捉えられた物体を扱うにしても，幾何学の三角形と三角形の形をした現実の物体とは別のものである．物質的物体が存在のレベルにおいても幾何学的物体だとは彼は主張していない．数学的・幾何学的に表現される物体は，理想化された極限としての現実的物体を表わす抽象物とされてはいるけれども，ガリレイにとっては，そのような表象が可能か否かということはあくまでも事後的・実験的に検証されなければならないことであった．

他方，デカルトがすべての物質的物体の本性は延長にあるというとき，「延長」と「延長を持つ物体」は事実の上で同じものと看做されている．しかも物体と空間を同一視するデカルトの自然観では，事物は存在のレベルですでに幾何学的・数学的なものでなければならないことになる．

なるほどデカルトにおける論理学，一つの演繹連鎖のなかで物事に「順序と配列」を与える論理学は，アリストテレスの類概念の論理学と異なり，人間の英知が物事を見るための序列であって，存在の位階や等級とは無関係である——と，デカルトは断っている（『規則』6）．したがってデカルトのいう本性は，スコラ論理学のように諸事物が共有する性質を抽象したものではない．デカルトは数学と幾何学とを，量と順序ないし関係一般についての普遍数学と考えていた．それは個々の図形の特殊性についての学や数の演算操作についての技術と看做されていた幾何学や数学の旧来の狭い理解を越えている．しかしデカルトは他方では，その普遍数学は自然一般の諸事物の関わりの仕方そのものであると思念していたのである．その意味において全体として構造化されている自然は，その本性において数学的・幾何学的であるとされていた．

したがってデカルトにとっては，数学的・幾何学的概念がいかなる権利で自然に適用可能なのかという問題は，自明のことであらためて問わねばならない問題としては存在しなかった．「自然にたいする数学の〈適用〉はいったいいかにして可能なのか．この問題をデカルトは明示的に立てなかった．デカルト自身としては，そうした問いを立てる必要はなかったのである．」[(33)] 概念の世界と対象の世界は同一の構造連関を持つことによって，存在の同一の基底層で通底していたのだ．

その結果として，彼の汎合理主義的自然学は，経験との一致や実験的検証という支えを欠いた，まったくの観念の産物として展開されることになった．

＊　＊　＊

ここでは最後に，哲学者デカルトの物理学での敗北を色彩の異なる三つの論評で総括しておこう．

先ほど引いた『百科全書』の序論は語る．

> 次のことを認めよう．すなわちデカルトは全く新しいひとつの自然学を創造することを余儀なくされたのであるから，彼は

当時での最良のものを創出したのであること，また，世界の真の体系に到達するためには渦動説をいわば通過せねばならなかったこと，さらに彼は，運動の諸法則について間違ったとしても，少なくともそれが存在せねばならぬことを見抜いた最初の人物であること，を[34].

デカルト自然学の社会的基盤については，――いろいろ批判もあるようだが――ボルケナウを引いておこう.

ボルケナウはデカルトの物質観がマニュファクチャー的生産過程の行動様式を基礎にもっているとして，その限界性を指摘する.

すべての物質を（重さと固さをしめ出してしまって）空間に還元すること，すべての運動を（すべての力概念を排除して）空間における純粋な位置変化に還元することが，デカルトの『原理』の物理学の前提である．マニュファクチャー的思惟の量化的傾向のこの最終点，すなわち世界を端的に定量としてつかむ考え方が，理知的物質というデカルト的理念の，あらゆる個別性にいたるまで具体的・社会的に規定された，内容である．……しかし，この認識にはまたマニュファクチャー的技術の限界によっても制限がおかれており，体系の汎合理主義的傾向によって物理学には邪道に陥った構造が強いられる．なんらかの思考において，デカルト的思考においてもそうであるが，客観的真理の現在高を「純粋に」とり出すことは不可能である．なぜならば，人間の頭脳のなかで労働過程の経過を把握する仕方は，もちろんそれ自体すでに，歴史的社会的に規定された諸カテゴリー，労働過程の技術ならびに人間の思惟において与えられ，それらをつかむ把握の仕方と不可分な諸カテゴリーを媒介として生ずるものだからである．歴史的に過ぎ去った形式から解放された，永遠に真であるような認識の質料をいいあらわそうとする努力は見込みはないものである．可能なことはつねにただ，ある時代の思考の要素がそこから由来するさまざまな領域を明らかにし，その認識源泉のうちのどれがわれわれにとっていまなお現実的であるかを測定するだけである[35].

デカルト自身が，端的に明敏な悟性によって捉えられた明晰判明にしてそれゆえに時代と社会を越える絶対真理を表わすと思念した概念も，事実は，商品経済の発展のなかではじめて生み出されたものであったのだ.

そして今世紀になって物理学は一般相対性理論において，空虚な空間を追放して，物理学の幾何学化というデカルトの夢を，デカルト自身思いもよらなかった形で実現した．しかしそのためには，ずっと後になって物理学が生み出した「場」というまったく新しい概念が必要であった．アインシュタインは次のように語っている.

デカルトが空虚な空間の存在を排除しなければならぬと信じていたときには，彼は真理からあまり遠くない所にあったわけである．実際，この空虚な空間という観念は，物理的実在をもっぱら可秤的な物体について見られるものとするかぎり馬鹿げたもののように思われる．デカルトのアイデアの真の核心を明らかにするためには，一般相対性原理と結びついた，実在の表現としての場というアイデアを必要とする——すなわち，“場を欠いた”空間なるものは存在しない[36].

予言者デカルトは時代を越えた先を要求していたのかもしれないが，物理学者デカルトの場合には，そのカテゴリーも概念枠も時代と社会に縛りつけられていたのである．

空虚な空間を排し，それゆえ真空中を伝わる遠隔力を退け，空間に充満する物質によって重力を機械論的に説明しようとしたデカルト自然学はニュートン力学の前に敗北した．にもかかわらずすべての自然現象は厳密な演繹の連鎖を通じて基本法則からことごとく説明され，また神が最初に与えた運動のみから決定論的に展開されると考えた彼の汎合理主義的世界像は，じつは18世紀の啓蒙主義者を通じて，ニュートン力学を近代的に再構成するさいの指導理念にとり込まれ，力学がすべての現象を決定論的に説明しうるという力学的世界像の先駆となった．

「イギリス人はニュートンを神格化し，フランス人はニュートンを合理化した」と言ったのは科学史家ギリスピーであるが，一度はデカルト主義の洗礼を受けたフランスの土壌で，啓蒙主義者たちはデカルト汎合理主義の枠組みでニュートンを受け容れようとしたといえる．その点の議論は後章にまわすにしても，デカルト主義がたどった皮肉な運命のなかに力学自身の歴史的な紆余曲折が込められている．

第6章 「ニュートンの力学」と「ニュートン力学」

I ベントリー

つまるところデカルト主義者によるニュートン批判は，物体同士が空虚な空間を隔てて直接に引力を及ぼし合う，あるいは物体にそのような性質が備わっている，というような主張は学校哲学のいう「隠れた性質」と同じことではないか，ということにある．

フォントネルは「デカルトによってせっかく自然学から永遠に追放された引力と真空が，いまになってアイザック・ニュートン卿によってまったく新奇な力を備えて復活させられたのである」と語っている[(1)]．デカルトの努力をニュートンは何年も後退させたかのように思われていたのだ．たしかに，物体に内在する固有の性質としての重力という観念はスコラ的規準への復帰のようであり，新しい時代の息吹を感じていた大陸の知識人たちがそのような観念を退歩だと思ったのも理由のないことではない．

いや，ニュートンの理論をそのように旧套を保守するもののように捉えたのは，ニュートンに対立するデカルト主義者だけではなかった．

重力を認めるある種の人々にとっては，件の重力が機械論的に説明づけられないことにこそ，逆にニュートンの理論の意義と価値があったのだ．17世紀「科学革命」の最大の逆説のように見えるけれども，無神論――直接的にはホッブズの唯物論――にたいしてキリスト教を擁護するために立ち上がった聖職者ベントリーのような人物が，自らのイデオロギーの支柱として『プリンキピア』を用いたのも，現代人が思うほど不思議なことではない．

もちろんデカルトも無神論者ではなく，それどころか彼の力学にとっては神こそが「第一原因」なのだが，しかし，デカルトの機械論的自然に神は，はじめの一撃を除いては登場しない．「私はデカルトを容赦することができぬ．彼はその全哲学のなかでできることなら神なしに済ませたいと思ったでもあろう．だが彼は，世界を運動させるために，神にひとはじきさせないわけにはゆかなかった．それから先は，彼は神を要しないのだ」と語ったのはパスカルだが，実際，フォントネルのような過激反宗教主義者がデカルト主義に与し，デカルト主義を唯物論的に転倒させえたのである．他方で「ニュートンが賢者たちに神を証明した」といったのは，ヴォルテールである[(2)]．ましてや，使命感にもえる護教論者の目がデカルト主義に対峙するニュートンの理論に向けられたのも成り行きと言える．

宗教家にかぎったことではない．スコットランドの数学者マクローリンが1748年に書いた『ニュートン卿の哲学上の発見の概説』は，レベルの高い解説書であるとともにニュートン主義の擁護の書でもあるが，その冒頭に「自然哲学〔物理学〕はより高い目的に仕えるものであり，主要には自然宗教と道徳哲学の確たる基礎を置き，宇宙の創造主にして支配者の知識にわれわれを導くことにより評価されるべきものである」と書かれている(3)．このように，神学上の問題を解決するものとして自然科学を位置づけること，わけても，ニュートン力学を用いることが，17 世紀末から 18 世紀を通してのイギリス科学の伝統であった．

貴族の家に生まれ，裕福で信心深いイギリス人ロバート・ボイルは，王政復古の期間中に居酒屋やコーヒーハウスに蔓延するいかがわしい無神論——唯物論——にたいして科学こそがキリスト教の橋頭堡となるべきだと堅く信じて，死ぬときにキリスト教擁護のための講演を行なう基金を遺していった．第 1 回目のその講演者に選ばれたのが精力的で博識な聖職者ベントリーである．

ベントリーは，無神論を効果的に論破するためには神学上の命題の〈証明〉が必要であると考え，人類史上はじめて宇宙の秩序を解明した——と巷で取沙汰されている——『プリンキピア』こそがその〈証明〉を与えるのではあるまいか，と思いたった．1691 年，『プリンキピア』出版後わずかに四年，理解していた者はもとより読んだ者の数さえきわめて少なかった時である．そこで彼は，『プリンキピア』を理解するための必要最小限の文献を知人の数学者に問い合わせたが，さすがの彼も肝をつぶすくらいの膨大なリストが返ってきたので，直接ニュートンに問い合わせた．こうしてニュートンとベントリーの手紙のやりとりが始まった．自然科学者でもなんでもない彼が科学史上に登場するのは，このニュートンとの往復書簡の重要性によってである．

ニュートンの回答はすこぶる好意的で，はじめの60ページの諸定理とやさしい若干の証明を読み，途中は飛ばして第3篇で全体の構成を見て，あとは気の向くままに知りたいと思うところをひろい読みすればよいというのであった．そしてベントリーはその助言に従い全体の構成を理解した──と自分では思った──のであり，ボイル講演で意気揚々と最新の数学的物理学を講じ，神の存在を〈証明〉してみせ喝采を博した．このベントリー講演は93年に印刷され，相当長期にわたって一般の人々が『プリンキピア』に近づける数少ない──といっても他にはハレーの解説書しかなかったが──入門書となり，深遠難解なニュートンの理論を通俗化し手短かにまとめて世人に知らせたという点で，フランスにおけるヴォルテールと同じ役割をイギリスで果たしたといえる．

ところでいったい，ニュートンの力学がキリスト教擁護とどう結びつくのか．ベントリーの論旨は二点，ひとつは太陽系の形成と秩序は機械論的原因だけでは説明がつかず，したがってそこには創造主，すなわち神の意志が働いているにちがいないということであり，いまひとつの議論をベントリーは次のように展開する．

彼はニュートンにならって窮極粒子と真空の存在を前提とし，宇宙空間には広大な真空が横たわるにもかかわらず重力がこの広大な空虚を隔てて作用し合うことは，機械論的には説明のつかないことであり，そこには〈作因(Agent)〉が恒常的に介在しているにちがいないと論ずる．デカルト主義者の批判を逆手にとった論法である．そしてベントリーはこの〈作因〉こそ〈神〉に他ならない，と結論づける．

死せる理性なき物体が――なんらかの非物質的存在の介在なしに――たがいに接することなく他の物体に作用し影響するということは，まったく考えようのないことである．……さて相互的な引力ないし重力はそのようなものであり，それはその効果を伝達し伝播するところの発散物や放射や物質的媒質をいっさいともなわない効力ないし作用ないし影響力である．それゆえ，この力は物質に内在的で本質的ではありえない．そしてその力が本質的なものでないからには――物質が自らの多様性を呈しうる方途である運動や静止や形状や部分の配置にその力が左右されないことを鑑みるならば――非物質的で神的な能力によって物質に刻印され注入されたのでなければ，その力が物質には決して付随しえないことが何よりもよく示されるであろう．

われわれは，接触や衝撃をともなわない相互的重力の力が単なる物質には決して属さないことをいま示したし，またたとえ属しうるとしたとしても，それが〈混沌〉から世界を作り出しえないことを示すであろう．にもかかわらず，現在の〔世界〕体系の構成において重力というそのような力がたえず現実に作動しているではないか．これこそ，神の存在にたいする新しい論破しえない論証であり，非物質的で生命ある精神が，たしかに死せる物体を満たし活性化させて世界の体系を支えているということの直接的かつ積極的な証明であろう[(4)]．（ベントリー講演『無神論の論駁』）

ちなみにベントリーは，この講演において重力が「物質に内在的で本質的ではありえない（can not be innate and essential to matter)」と語っているが，もちろんこれはニュートンの受け売りであって，じつはこれに先立つニュートンとの書簡のやりとりでは，彼はニュートンの批判者たちと同じように，ニュートンの重力を物質に本質的で固有のものと考えていたらしい．事実，物質に本質的ということの捉え方もニュートンと少しちがっている．1693年1月17日付の手紙でニュートンはベントリーに次のように抗議している．

貴下は時折重力を物質に本質的で固有のもの（essential and inherent to matter）と語っておられます．おねがいだからそのような考えをわたくしに帰せないでいただきたい．と申しますのも，重力の原因をわたくしは知ろうとはしませんし，したがってまた，それについて考えるにはもっと時間が要るからです[(5)]．

ここでこのニュートンの否定の口調の強さに注意してもらいたい．重力が物質に本質的な性質――スコラ哲学での質――であるかのように誤解され批難されることにたいして，ニュートン自身相当神経をとがらせていたのだ．ベントリーの場合でもそうだが，愛弟子ロジャー・コーツでさえも『プリンキピア』第2版序文で重力を物質に本質的なものだと語ってクラークに注意されている．ニュートンはいらだたしく思っていたにちがいない．

というのも，「重力が物質に本質的でもなければ固有のものでもない」ということは，ニュートンには譲ることのできない一線であったからだ．ということは，ニュートンも「重力の原因（causa gravitatis）」を物体の外部に——外部の〈媒介物〉に——求めていたのである．それでは，ニュートンは「重力の原因」をなにに求めていたのか．

II　哲学することの諸規則

もちろん物理学史上でニュートンは文句なしに最大の成功者で，それに肩を並べる将星はいない．したがって後世においては，彼の一言半句に何人もの哲学者や科学史家が厳格に解釈を施し，恭しく解説を付け加えてきた．しかし，ニュートンが自ら語った彼の科学の方法や哲学，ひいては彼の世界観はあまりにも曖昧である．「科学上の発見や定式化においてはニュートンは驚くべき天才であるが，哲学者としては無批判で未完成で首尾一貫せず二流ですらある」と評したのはバートだが[(6)]，そのため逆に，後世の哲学者たちがニュートンの文言を手前勝手に解釈する途を開いたともいえよう．そこでさしあたっては，ニュートン自身の口から語らせよう．

『プリンキピア（自然哲学の数学的諸原理）』の冒頭の「定義」において，彼は「引力とか衝撃とか……いった言葉は区別なくたがいに無差別に使い」と，あらかじめデカルト主義者による「撃力」と「引力」の区別をかわしたうえで，「それらの力は物理的にではなく数学的にだけ考えられなければならない．だから読者は，これらの言葉によってわたくしが何らかの作用の種別または仕方ないし作用の原因または物理的理由を規定するものとは，どのような箇所においても考えないように……　注意されたい」（傍点引用者）と断っている(7)．そしてそのことの意味を，第1篇・第11章の「注解」でより具体的に次のように展開している．

ここでわたくしは「引力」という言葉を一般的な意味で，何にせよ物体をたがいに近づけようとするコーナートゥス〔conatus 衝動〕について使っています．そのコーナートゥスが，物体自体の作用からたがいに向かってゆくようにつくられようと，あるいは放出される精気によってたがいに動かしあうように生じようと，それともそれがエーテルの作用からであろうと，空気の作用からであろうと，どのような媒質の作用からであろうと，物質的非物質的，有形無形なんであれ，そのうちに存在する物体をどんな仕方でたがいに近づけさせようと，問うところではありません．同じように一般的な意味で，「衝撃」という言葉を，この著作では力の種別，物理的諸性質を規定せず，その大きさ，数学的諸性質を研究するのに使いました(8)．

要するに，重力の「成因」ないし「からくり」については好きなように解釈してもらえばよいということで，さしあたってこのかぎりでは――ということは「数学的原理」の範囲内では――ニュートンにとって「万有引力」とは数学的関係にすぎず，それ以上の存在論的意味を問うところではないように見える．つまり彼は，力が「いかに」作用するのかのみを考え,「なぜ」あるいは「何によって」作用するのかを問おうとはしないのである.

この態度をニュートンはその後も——おもてむきは——守りつづけ,1717年に『光学』につけ加えた《疑問31》でも同じことをくり返し述べているし,ライプニッツとの論争を買って出た腹心のクラークも同じ主張をしている[(9)].

そしてその主張は,次第に「数学的原理」の方法論にまとめあげられてゆく.

大陸からの批判のなかで,1699年にニュートンは『プリンキピア』の改版にとりかかり,1713年に第2版を出した.そのとき,末尾に難解ではあるが興味深い「一般的注解」を書き加えている.

これまで天空とわれわれの海に起こる諸現象を重力によって説明してきたのですが,重力の原因を指定することはしませんでした.**事実この力はある原因から生ぜられるものです**.……**けれどもわたくしは仮説を立てません**.といいますのは,現象から導き出せないものはどんなものであろうと,「仮説」と呼ばれるべきものだからです.そして仮説は,それが形而上学的なものであろうと形而下的なものであろうと,また隠れた性質であろうと機械論的なものであろうと,「実験哲学」にはその場所をもたないものだからです.この哲学では(特殊な場合について)命題が現象からひきだされ,後に帰納によって一般化されるのです.……そして重力が現実に存在し,わたくしたちの前に開かれたその法則に従って作用し,天体とわたくしたちの海に起こるあらゆる運動を与えるならば,それで十分なのです[(10)].(以下ニュートン『プリンキピア』からの引用ではすべ

て強調は引用者)

ここで彼は，万有引力の「原因」はある，と言っている．しかし，「原因は何か？」という問いを，答えずして退けているのだ．原因が不明でも，数学的関係としての力から現象が説明できればそれでよいというのだ．

「原因」への問いの断念・却下は，明晰判明な第一原因——絶対的原因——から出発するデカルトと著しく対照的である．

万有引力の「原因」が不明なら，その「本質」もまた不明である．『プリンキピア』の第２篇は，デカルト自然学にたいする物理学的批判を全面展開しているが，その後をうけて，第３篇冒頭でニュートンは《哲学することの諸規則》という方法論を述べている．その一つはこうだ．

規則３　物体の性質で，増強されることも軽減されることもできない，実験によって見出されるかぎりのあらゆる物体について符合するところのものは，**ありとあらゆる物体に普遍的な性質**とみなされるべきである．

そしてこの「規則３」の後には，次のような説明が加えられている．

地球の周辺の物体はすべて地球に向かって重力で引かれること，それはおのおのの物体が含む物質量に比例すること，月も同じように，その物質量に従って，地球に向かって重力で引かれること，その一方，われわれの海は月に向かって重力で引かれること，あらゆる惑星は一方が他方に重力で引かれること，そしてまた彗星も同じように太陽に向かって重力で引かれること，が実験と天文学的観測とによって普遍的に確立されたとすると，本規則によって，物体はすべてどんなものであれたがいに重力を及ぼしあうと，主張されねばならないであろう．……**しかし重力が物体に本質的なものであると，わたくしは主張しているのではまったくない**．……物体の重力は，物体が地球から遠ざかるにつれて減少してゆくものなのである[11]．

つまり万有引力は，物体の〈普遍的性質〉――すべての物体に遍くゆきわたっている性質――ではあるけれども，物体の〈本質的性質〉ではない，というのである．ここで〈本質的性質〉――物体に内在的で固有の性質――とは，さしあたっては，たとえば延長とか不可透入性とか可動性とか慣性とかの，それを欠けば物体が物体でありえなくなるような性質を指していると思ってよい．

ニュートンの研究家コーヘンおよびコイレのテキスト批判によると，この《哲学することの諸規則》のうち，「規則 1，2」は，初版では「仮説 1，2」とされていたもので，またここに引いた「規則 3」は初版の「仮説 3」とはまったく別のものであるとのことだ[12]．したがって，再版にさいして「仮説」を「規則」に改め，かつこの「規則 3」を事実上新しく付け加えたこと，そして先ほど引いた「私は仮説をつくらない」という有名な箇所を第 2 版ではじめて登場させたことのなかに，デカルト派からの批判にたいするニュートンの反応が顕著に窺えるであろう．

だいたいからして,《哲学することの諸規則（*Regulae Philosophandi*)》という書き方そのものが，あきらかにデカルトの語る『精神指導の規則（*Regulae ad directionem ingenii*)』をライバル視したものと言えよう(13).

「本質的性質に否ず」云々については後節で改めて考えるつもりだが，ともかくもこの《諸規則》での議論こそが——その成立の経緯も考え併せるならば——「ニュートンの重力は，物体の内在的性質としての重力を認めるものであり，それはスコラ哲学での〈隠れた性質〉への退歩だ」ときめつけるデカルト派やライプニッツからの批判にたいする反論の中心点をなしていることに注意していただきたい．しかしこのかぎりでは，反論というよりは防戦といった方が現実をよく表わしているだろう．というのも，ここでニュートンは，重力は物体に本質的ではないと逃げながらも，デカルト派を納得させるだけの積極的な議論を示しえないでいるからだ．

デカルト主義者にとっては，重力であれ化学的性質であれ，不可透入物体の形状や運動のみから説明づけられてはじめて，自然学のなかに許容されるものとなる．それに反してニュートンは，たとえば『光学』において「まったく均質な硬い物体の相互に完全に接しているすべての部分は，極めて強固に結合している．どうしてそうなるのかを説明するためにある人たちは鉤付原子（hooked atom）を考案したけれども，それでは論点の先取りである」(14)と語っているように，はじめから問題をデカルト主義者のようには設定していないから，デカルト派を満足させるようには答えようがないのである．

III　仮説を作らないということ

結局のところニュートンは，『プリンキピア』の第2版では，「重力とは何か」について答えるかわりに，デカルトとの方法論のちがいを明らかにすることで対抗しようとしたのである．それを集約したのが「私は仮説を作らない」という方法論上のテーゼであった．

1726年——死ぬ前の年——に出版された『プリンキピア』の第3版でニュートンはもう一つの「規則」をつけ加えたが，それによればもっと明瞭になる．

> 規則4　実験哲学にあっては，現象から帰納によって推論された命題は，どのような反対の仮説によっても妨げられるべきではなく，他の現象があらわれて，さらに精確にされうるか，それとも除外されねばならなくなるまで，真実のものと，あるいはきわめて真実に近いものと，みなされねばならない[15]．

この後には「帰納による推論が仮説によって除き去られないように，この規則が行なわれなければならない」と解説されている．

そしてまた，『光学』の《疑問28》（1706年以降の版）においても「自然哲学が主要になすべきことは，仮説を捏造することなく（without feigning hypotheses）現象から議論を説き起し……」[16]と語っている.

このようにニュートンは，帰納法に対置されるものとして「仮説」を位置づけ，再三にわたって「仮説を作らない」と語っているが，そこで退けられるべき「仮説」とされているものは何を指しているのだろうか.

もちろんその「仮説」が常識的な意味での仮説や科学で通常用いられる作業仮説まで含むものではない．はやい話，地上物体の落下も月の運行も同じ地球の引力によるという「作業仮説」にもとづいて，ニュートンは重力理論を導き出したのだ．また，ニュートンがデカルトの渦動理論を論破するために流体媒質中での惑星の公転はケプラーの第3法則と矛盾することを示したとき，ニュートン自身，その「論証のため本篇のはじめに，抵抗は速度に比例するという仮説を出しました」[17]と断っている.

だいたい火星の楕円軌道にしても，それが直接に観測されるものではない．いくらデータが豊富であっても観測されるのはとびとびの火星の位置であって，それらが連続的で比較的簡単な数学的曲線上のいわば標本点であるというのは，仮説といえば仮説である．あるいは，空気抵抗やまさつなどの副次的攪乱要因を抑制した極限では斜面上の物体の落下は数学的に表現される等加速度運動をするはずであるというのも，ある種の仮説であろう．だれしも理想化された極限で実験はできないからである．しかしそれらはもちろんニュートンにとってもよしとされている.

かといってまた，通常ニュートンの文言から推測されているような，現象によっては推論も検証もされえない思弁的な実体の導入や「第一原因」の想定のことを丸ごと「仮説」としてニュートンが排しているのだとは，必ずしもいいきれない．そのような意味での仮説一般をニュートンが退けたのだとしたならば，ニュートンの力学の立脚点となっている「絶対空間」や「絶対時間」は彼自身の方法に悖るであろう．じっさいニュートンは，『プリンキピア』第3篇で「仮説Ⅰ」として「世界体系の中心は静止している」と，およそ実験的に検証しようのないテーゼを書いている（命題11の前）．また彼の物質観の根底にある原子論も，実証されていないという点では，今世紀になるまでは「仮説」でしかなかった．カジョリの言うように「ニュートン自身，多くの仮説を作っている」のである(18)．

バートは有名な『近代物理科学の形而上学的基礎』において，ニュートンは相当初期から「仮説」と「実験的に検証される命題」とを注意深く区別していたが，その区別を同時代の人々がなかなか理解せず，再三にわたる不快な論争のあげくに，彼は実験哲学から仮説を完全に追放し，実証ずみの法則だけを語るようになった，と論じている(19)．しかしニュートン自身がはじめから問題をそのように明確に捉えていたとは必ずしも思えない．じっさい彼は，初期には『光の性質を説明する仮説』（1675）というような論文も書いてかなり無造作に空想的推論をやっている．

むしろ，『プリンキピア』初版の「仮説」を再版では「規則」に書き直し，またそれがデカルト派との論争の過程で行なわれたことを考え併せるならば，ニュートンが「仮説を作らない」といったときの「仮説」とは，相当せまく，一方ではスコラ的な「質」の実体視による説明方式を指すとともに，他方でそして主要には，デカルト流の機械論的説明方式を指していると見るべきであろう．つまり，「重力とは太陽系に充満する物質の巨大な渦動運動による圧である」とか「物質が凝集するのは原子に鉤がついているからである」という「仮構」こそ，「地上物体は下に向かう傾向を有する」という説明原理とともに退けられねばならない「仮説」であったのだ．

ちなみにコイレは，ニュートンが排した「仮説」を，「仮構（fiction），しかも根拠なく必然的に誤りに導く仮構」，「公理でも推測ですらもない仮構」ときわめてせまく解し，具体的に「『プリンキピア』第2版の〈一般的注解〉での有名な「仮説を作らない」ということは，科学におけるすべての仮説の非難を意味しているのではなく，数学的に処理される実験によっては肯定も否定もされえぬもの，とくに，デカルトが試みたような大雑把で定性的な説明だけを非難するものである」としているが，このように，「仮説を作らない」ということはあくまでも反デカルト主義——反機械論——の論脈でせまく捉えられるべきものであろう[20]．

このことは，「本書における私の意図は光の諸性質を仮説によって説明することではなく，推論と実験によって呈示し証明することにある」という書き出しではじまる『光学』の次の一節からも看て取れよう．ここではニュートンが「仮説」といったときに何をイメージしていたのかがよく読み取れる．

　これ〔光の反射・屈折〕は，いかなる種類の作用ないしは性向であるのか．それが光線もしくは媒質もしくはその他のなにものかの循環運動や振動運動よりなるのか否かについては，ここで私は詮索しない．仮説によって説明しうるもの以外のいかなる新しい発見にも同意することを潔しとしない人々は，現在の目的のために，石が水面に落ちると水に波動運動を惹き起こし，またすべての物体は衝撃によって空気に振動を与えるのと同じように，光線は，屈折面もしくは反射面に突入するさいには反射や屈折の媒質もしくは物質中に振動を励起し，それらを揺り動かすことによってその物体の固い部分を攪拌しそれらを温かくしたり熱くしたりする……〔等々〕としてもよいであろう．しかしこの手の仮説が正しかろうと誤っていようと，私はここでは考察しない．私はただ，光線がある何らかの原因によって交互に反射や屈折の性向になされ，それを何回もくり返すということの発見で満足する(21)．

　くりかえすが，ニュートンが退けたのは，デカルト流の機械論的説明方式――仮構――というせまい意味での「仮説」である．ニュートンと親交のあったペンバートンも，ニュートンが退けたものを「臆測的仮説（conjectural hypothesis)」と規定し，やはりせまく解している(22)．ニュートン自身，1713 年には弟子のコーツに次のように語っている．

幾何学において仮説という言葉が公理または要請を含むような広い意味にはとられていないように，実験哲学においても，その言葉は第一原理や私が運動の法則と呼んだ公理を含む広い意味にとられてはなりません．……ここで私は仮説という言葉を，現象でもなければなんらかの現象から導き出されることもなく，実験的検証を欠いて臆測されたり想像されたりする命題を指すものとして用いています(23)．

Ⅳ　近代科学の方法

しかし言葉はどうしても一人歩きをし，曖昧な表現は都合よく解釈され，色々な意味を負わされてゆく．

ニュートンがもともとラテン語で Hypotheses non fingo と書いたのを I do not frame hypotheses と英訳したのは 1729 年のモット訳であり，それにたいしてコイレは I do not feign hypotheses の方が適切でニュートンの真意を表わすものだとしている(24)．ここに feign は「(話・口実などを) 作り上げる・でっち上げる・偽造する」で，他方，frame は「形造る・工夫する・考案する・心にいだく・適合させる」および話し言葉として「(不正を) たくらむ・仕組む・でっち上げる・(偽の証拠で) ぬれぎぬを着せる」の意味を持ち，少なくとも frame の方が意味が広い．そして，たしかに，先にひいた『光学』の一節（前節Ⅲのはじめ）でも，ニュートン自身の手になる英語では feign が用いられている．しかしこのモット訳のカジョリ校閲版が英訳『プリンキピア』の authorized translation として認められてきた．そして「私は仮説を作らない」というスローガンがずぶずぶの実証主義を表わすものと解されてきた．

かくしてイギリスでは，死後ニュートンは第一級の実証主義哲学者にまつり上げられた．また彼を神格化したエピゴーネン達が「仮説を作らない」というスローガンを教条化したため，その後約1世紀の間イギリス物理学は保守的となり地盤沈下をきたしたことは否めない事実である．

1927年にロンドンで，ニュートン没200年を記念する論集が出版されたが，そのなかで一論者は，本章Ⅱの中ほどに引用した「一般的注解」の部分を指して，「このことより，実験哲学には仮説の入るいかなる余地もないことがわかる．ニュートンは，実験と観察それ自体がしばしば大胆な推論によって導かれるのだということさえ，最早許容しない．それはじっさい，「仮説は将軍であり実験は兵卒である」というレオナルドの見解の端的な否定である」とまで，断じている[25]．

しかし，こういうニュートン評価は，イギリスだけではない．

たとえばニュートン力学の構成に批判的な検討を加えたマッハは，「ニュートンは，重要なことは現象の背後の隠れた原因を思弁することではなく，事実を研究し確認することである，と何度も断言している．また彼の思考の方向は「仮説を作らず」という彼の言葉の中にはっきりと言いあらわされているが，これらのことはニュートンが最高級の哲学者であったことを示している」と評している．それどころかマッハに言わせれば，ニュートンの《哲学することの諸規則》は思考経済の思想を表わしたものになってしまう[(26)]．

マッハの我田引水的評価やエピゴーネン達の教条的解釈は別にしても，たしかに――表面的に読めば――ニュートンの《諸規則》は近代自然科学の方法といえよう．『プリンキピア』の邦訳者河辺六男氏が「ニュートンの〈規則〉は，デカルトの〈規則〉に演繹的色彩が濃いのに対し，実証的な近代精密自然科学の精神の集約ともいえよう」と訳注を付しているのは，このかぎりではまったくその通りである．

だが，「実証的な近代精密自然科学の精神」はじっさいにはニュートン本人ではなく，ニュートン力学を受け容れたフランス啓蒙主義者と百科全書派によるニュートン解釈に端を発している．

「仮説を作らない」ということの意味を，いかなる第一原因もいかなる第一原理も求めないと解し，そこからさらに一歩進めて，人間の認識一般の限界づけ，すなわち「われわれはいかなる第一原因もいかなる第一原理も認識しえない」という主張をかかげたのは，他ならないヴォルテールであった[(27)]．そして百科全書派の雄ダランベールが「ついにニュートンが現われて，哲学に今後ともそれが維持すべきであるように見える形態を与えた．この偉大な天才は，自然学から臆断や曖昧な仮説を追放すべき時――あるいはそれらをただその実際の値打ちだけに低く評価すべき時――がきたこと，また，この学問はもっぱら経験と数学とにのみ従うべきであることを理解した」と語ったことによって[28]，ニュートン主義の近代的捉え返しが決定的に進められたのである（後述第11章参照）．

近代科学の方法は，現象から帰納的に遡って得た命題――そのかぎりでの相対的原因――以上に追究することをひとまずは断念した体系である．その時点での演繹の出発点となるこの相対的原因自身が，より普遍的な原因の結果かもしれないが，現象がわたくしたちを強いないかぎり，「その詮索はしない」のである．いいかえれば，科学の外側に広大な未知の領域を許容する体系でもある．したがってまた，「重力の原因」が不明だからといって重力を否定することにはならない．事実，古典力学の範囲に止まるかぎり，『プリンキピア』以降3世紀近く経た今も，万有引力の原因や本質はわからない．戦後の物理学者ファインマンはあっさりとそのことを認めている．

> 重力のからくり（machinary）はどうなっているのか．われわれがやってきたことは，地球が太陽のまわりを〈どのように〉回転するのかということに尽きているのであって，〈何が地球を動かしているのか〉については語らなかった．ニュートンはこの点について仮説をたてなかった．彼はそのからくりに立ち入ることなくそれが〈なにを〉なすのかを見出すことで満足した．〈それ以来誰一人としてそのからくりを提起できなかった〉．そのような抽象的性格を持っていることこそが物理法則の特徴である[29]．

他方で，ニュートン主義を技術的有用性の観点からはじめて評価したのは，イギリスにおける新興知識階級の代表的人物ペンバートンであった．1728年に彼は，「自然哲学の証明は数学のように絶対的に争う余地のないものではない」として，次のように語っている．

> 哲学者は，最初に見出した原因のところで足踏みせざるをえなかったとしても，……努力が無に帰したと考えることはない．というのも，もしも彼がある一つの原因を充分に証明したならば，彼はそれだけ事物の現実の構成に踏み込んだのであり，他の人達が研究する安全な足場を築き，より奥深い原因に向けての探究を容易にしたからである．そしてやがては，この中間的原因についての知識を多くの有益な目的に適用できるであろう．実際，自然的原因から実用的な事柄を引き出せるということが，真の哲学と誤りの哲学とをはっきり分かつものである[30]．

そして彼は，ポンプが空気の圧力により作動することが判り，その圧力の大きさを知ったならば，たとえ力の原因が不明であっても，ポンプの設計に有益であるがゆえに，意義のあることだと説いている．

結局近代科学は，さらなる未知の根拠への問いを一度は断念するがゆえに，かえって発展の可能性を含んでいるといえよう．それは，相対的原因と相対的結果を結ぶ部分合理性の体系でしかないが，だからこそ一度は立ち止まった相対的原因を所与の事実として，帰納を再び進めることも可能となっている．

こういう意味での発展の可能性は，デカルトの場合にはない．彼の場合，議論は一方向のみ，つまり，疑う余地のない絶対確実な第一原因から現象総体へと向かう．なるほど第一原因は「生得的に明晰判明」なはずのものであるからそれ以上その根拠は問う必要がないであろう．しかし，この全面合理的体系は，ひとたび説明のつかない現象にぶつかれば第一原因まで崩壊する硬直した体系である．疑う余地のない出発点がいくつもあってはこまるから，根こそぎやり直さなければならない．部分的修復は不可能である．

しかるに，このようなデカルト的精神は，あまり近代的なものではなく，むしろ中世キリスト教主義に通ずるものがある．実際，このデカルト的汎合理主義の破綻を見るとき，バートランド・ラッセルが中世キリスト教主義と近代科学とを対比した次のような箇所が想い出される．

論理的統一は，長所でもあるとともに短所でもある．それが長所であるのは，それが議論の一つの段階を認める者は必ず他のすべての段階を認めなければならないようにできているからである．それが短所であるのは，後の段階のどれをでも斥ける者は，必ず，少なくとも前の段階のあるものを斥けなければならないからである．教会は，その科学との闘争において，教義を論理的に貫くことから生まれる長所と短所とをともに示した[31]．

ここで，「教会」を「デカルト主義」に置き換えても何の不自然もないであろう．ところでラッセルは，宗教的真理――したがってデカルト主義にも通ずる真理――と区別される科学的真理を「常に試験的で技術的」なもので，「完全な終局に達することの不可能」なものと特徴づけている．

現在人類は，人工的に衛星を毎年何十個か作っている．万有引力の〈原因〉や〈本質〉を知らなくとも，それが $-GmM/r^2$ という関数形式で表わされることだけでもって星を作ったのだ．つまり，部分合理的体系とその技術的適用の可能性が――未知の本質・未知の原因を許容し，いやむしろその問いを積極的に断念して――開けているのである．それは，考えようによってはまことに奇妙なことであるが，ともあれそれはきわめて近代的なことである．

日常生活のレベルにまでひき戻してもよい．

今この講堂におられる諸君はその誰もがインデアンやホッテントットなどよりも自分の生活条件を知っていると言えるであろうか．恐らくは否である．例えば我々が電車に乗った場合，専門の物理学者なら知らず一般には誰もがその動くわけを知らないし，また知らなくても済むのである．我々はただそれがどう動くかを予測しうればよい．つまり，我々は電車の動きに基づいて行為する．それが如何なる機構によって動くかはもとより少しも知っていない．……すべての事柄は原則上予測によって意のままになるということ，――このことを知っている，あるいはこのことを信じているというのが即ち主知化しまた合理化しているということの意味なのである．ところでこれは魔法からの世界解放ということにほかならぬ[32]．（M. ウェーバー）

それでは，デカルト主義に対抗したニュートンの方法は，ここで言うような絶対的真理の断念，技術的真理の追究を意図していたのだろうか．ニュートンが「万有引力の原因を問わない」と語ったことと，現代人が「電車の動く原因を問わない」ということとが，同じ意味のことだろうか．ニュートン自身がこのような相対的真理・部分合理的体系のみで満足していたというのは，あまりにも近代的にすぎはしまいか．

ラッセルの言葉を俟つまでもなく，中世スコラの神学と哲学は緻密で壮大な論理構造を持っていた．部分的な攻撃ではおいそれとは崩れない．攻撃はその根幹に向けられねばならないし，また全体系を覆し新しく対置するものが提起されねばならなかった．実際，それに対決しようとしたデカルトは，同様に隙のないしかも全体的な理論を展開しようとした．

デカルトは「私に物質的素材を与えてくれたならば，私はそれで世界を作って差し上げよう」と『宇宙論』で大見栄をきった．それくらいは大きく出なければならない時代なのである．そこには，デカルトの哲学で世界を隅々まで認識できるという自負がある．裏返せば，世界を隅々まで認識できなければ世界は作れないという想いがある．部分的にしか合理的でない体系など，デカルトには考えようがないのだ．

時代の状況からしても，デカルト主義に対抗しようとしたニュートンもまた，それに張り合うだけの全体性を求められていたはずである．後にダランベールはフランシス・ベーコンについてこんな風に語っている．「彼〔ベーコン〕の哲学は誰かを驚かすにはあまりに慎重であった．彼の時代を支配していたスコラ学は，大胆で新奇な見解によってでなければ打倒されえないものであった．そこで，「そこに諸君がこれまでに学んだ僅かばかりのことがあり，ここに諸君が探求せねばならぬ多くのことがある」と人々に告げて満足する哲学者が，その時代の人々の間で大いに騒がれる運命を持つような見込みはないのである．」[33] たしかにこういう風な見方が，時代をよく表わしている．そしてニュートンの「自然哲学」は，ベーコンの哲学とちがってたしかに「人々の間で大いに騒がれた」のだ．

とすれば，ニュートンの方法を近代の科学的実証主義，ましてやプラグマチックな真理観と単純に割り切ることはできまい．

V　ニュートンにとっての重力の原因

18世紀も後半に入ると，人は GmM/r^2 という関数形式で与えられる重力が地上物体や天体の運動を首尾よく説明しうることに満足し，それ以上に「重力の原因」を追究する者は減っていった．しかしそれはニュートンよりも大分後の話である．

前にニュートンがベントリーへの書簡で，「重力は物体に本質的で内在的なものではない」と断乎として主張しているのを見た．これはニュートンにとっては譲れない一線であった．それでは，ニュートンがきっぱりと退けたこの「本質的で内在的な（もしくは固有の）もの」とは，いかなる性質を指しているのだろうか．ベントリー宛の第3書簡（1693年2月25日付）でニュートンは以下のように語っている．

もしもエピクロスの意味で重力が物質にとって本質的で固有のもの（essential and inherent）だとするならば，魂も理性もない物質が，何かほかの非物質的な介在物をともなわずに他の物質に作用し，相互的な接触をぬきに他の物質にしかるべく影響を及ぼすことになりますが，そういうことは考えようのないことです．そしてこのことが，わたくしが貴下にたいして，内在的重力（innate Gravity）をわたくしに帰さないで下さるようお願いした理由の一つであります．**重力が物質にとって内在的で固有で本質的であり，一つの物体から他の物体にその作用や力を伝えることのできる何か他の介在物をともなわずに，一つの物体が遠くにある他の物体に〈空虚〉を通して作用しうるということは，わたくしには極めて不条理な事と思われますので，哲学上の事柄を充分に考える力のある人は誰一人としてそういう考えにとらわれるとは信じられません**．重力は恒常的にある法則にのっとって作用する一つの作因（Agent）によって惹き起こされるはずのものです．しかしこの作因が物質的なものか非物質的なものかは，私は読者の判断に委ねました[(34)]．（強調・下線引用者）

つまり，「重力が物体に本質的で固有」とは，重力が遠隔物体間に直接に作用する——遠隔作用——ということと同義である．そしてニュートンは，かかる遠隔作用の立場を馬鹿げたことだと退けている．いいかえればニュートンは，近接作用論の立場に立って，物体間の空間に介在する〈なにか〉が重力を伝達すると考えていたのであり，その〈なにか〉がニュートンにとっての「重力の原因」であるのだ．

しかしその〈なにか〉，すなわちニュートンのいう〈作因（Agent）〉がいかなるものであるのかを推し量ることは，きわめてむつかしい．

というのも，他方でニュートンは，デカルトのいう宇宙空間に充満する物質の渦動なるものを徹底的に批判していたからである．じっさい1706年以来『光学』に書き加えられた《疑問28》においてニュートンは，宇宙空間に存在する密な流体媒質は天体の運行を妨げ減速させるだけで無用であり，実在の証拠もないから退けられるべきであると主張し，次のように述べている．

> このような媒質を退けることについて，私たちは，〈真空〉と原子および原子の重力とをその哲学の第一原理とし，暗黙のうちに重力をば**密な物質以外のなんらかの原因**（some other Causes than dense Matter）に帰せたギリシャとフェニキアの最も古く最も高名な哲学者たちの権威ある支持を得ている．その後の哲学者たちはかかる原因についての考察を閉め出し，すべての事柄を機械論的に説明するための仮説を捏造し（feign），他の諸原因を形而上学に委ねてしまったのである[35]．（強調引用者）

このようなニュートンの文言の揺れ動きに応じ，この〈なにか〉，つまり重力の媒介物についてのイメージは，時代とともに大きく変化した．

たとえば同時代人ベントリーは，本章のはじめに見たように，重力が物体に本質的でないというニュートンの主張をおうむ返しにしながら，なおかつ，重力を伝達する発散物や放射や物質的媒質がないとして，躊躇なくニュートンの〈作因〉を〈神〉と同定している．また18世紀のダニエル・ベルヌイは，デカルトの渦動とともに重力の媒介物としての一切のエーテルを否定することによって，自らを「完全なニュートン主義者」だと称している．

他方，19世紀にイギリスでファラデーが近接作用論を復活させてからは，このベントリー宛の第3書簡は，ニュートンがエーテルの存在を信じていたことを証拠だてるものとしてよく引き合いに出されるようになった．強調部分だけを取り出せばとくにそうだ．

ファラデー自身「重力の原因は単に物質の粒子中に存在するばかりではなく，粒子中にも全空間中にも結合して存在する．……それはニュートンも躊躇せずに承認していたようである」と述べたあと，ニュートンのベントリー宛の手紙のこの部分——強調部分から最後まで——を引いている[36]．このファラデーの近接作用論の継承者ケルヴィン卿（W.トムソン）もまた，先述のD.ベルヌイを評して「ベルヌイはニュートン自身を上まわるニュートン主義者である」が，「ニュートンはベルヌイがいう意味でのニュートン主義者ではない」と断じ，やはりこのベントリーへの手紙の太字での強調部分だけを引いている[37]．同じくマックスウェルも，1875年にこの手紙を——強調部分まで——引用したうえで，「ニュートンが重力のからくり（mechanism）を宇宙全体に拡散しているあるエーテル様媒質の性質に求めようとしたことも知られている」と述べている[38]．そのさい彼ら——とくにケルヴィン——は，エーテルを物質的・物理的存在物と看做していた（第15章参照）．

このようにニュートン自身の言葉は，啓蒙主義と産業革命をはさんでさまざまに相反する意味に解されてきた．無理もないことで，じつはニュートン自身，重力の原因はあると信じながらも重力を媒介するものがなんであるのかについては揺れ動いてきたのである．

ニュートンの時代にはエーテルの存在は一般に信じられていたようである．たとえばボイルは「私は，空気とエーテルないしはそれらに似た流体より成る宇宙の星と星の間の部分は透明であり，エーテルはいわば一つの大海であり，その中では光る天体が自分自身の運動によって魚のように泳いでいる」と語っている[39]．そして，ボイルの時代にエーテルの観念が持っていた機能は，空間内で運動を伝達することと，電気力や磁気力や凝集のような超機械論的ないし非機械論的現象を説明することであった．

ニュートン自身相当初期には，重力を仮想的物質たるエーテルから説明しようと考えたこともあった．『プリンキピア』を公刊する以前に彼はおもに光学や化学にかんする諸論文を王立協会の刊行物に発表していたが，そこにはエーテルに関するいくつかの論及が見られる．そして1675年の論文『光の性質を説明する仮説』においては，「多分すべての事柄はエーテルに起源をもつであろう」と語り[40]，79年にボイルと交した手紙でもエーテルによる重力の説明に触れている．75年にはニュートンは複雑な組成をもつエーテルを考えていたが，このボイルへの手紙でニュートンが語っているエーテルは簡単化され，さしあたっては化学反応や物体の凝集や光学現象（反射・屈折）や毛細管現象の説明のためのものであり，相互的に反撥しあいさらに圧縮や膨張が可能できわめて弾性的なもので，そのうえ空気のようなものだが空気より微細なもの——したがってそのかぎりでは，いくつかの物理的性質を備えた物質的存在——である．他方，粒子論者ニュートンは，真空の存在を主張し，どのような物質も構成粒子間に真空の空隙を含むと考えていた．ボイルへの手紙では，このような物質の構造とエーテル粒子の存在の仮定から重力を導き出す試みとして，次のように論じている．

　いまわたくしがこの手紙を書いているときに心に浮かんだもう一つの推測を述べさせてもらいましょう．それは重力の原因に関するものです．この目的のためにわたくしは，エーテルが微細さが限りなく異なる諸部分よりなると仮定します．つまり物体の孔の中では，大きなエーテルが開いた空間中よりもその微細さに〔反〕比例して少なく，したがってまた，地球のような大きな物体の中では空気中よりもより大きなエーテルがその微細さに〔反〕比例してずっと少なく，そして，大気の一番上から地表に，さらに地表から地心に到るにつれてエーテルはきわめてわずかずつ微細になってゆくので，空気中のより大きなエーテルは地球のより上層部に影響を及ぼし，地中のより微細なエーテルは大気の下層に影響を及ぼすと仮定します．そこで，大気中に吊るされた，または地上に置かれた任意の物体を考えます．そしてエーテルは，仮定により物体の上部の孔の中では下部の孔の中よりも大きく，しかるに，より大きなエーテルはより小さいエーテルよりも孔の中に留まろうとする傾向が少ないのですから，それは孔から出て下方にあるより小さいエーテルに席を譲ろうとするでしょう．そのためには物体は，上部に空間を作るべく降下しようとしなければなりません．

エーテルの諸部分の漸次的微細化というこの仮定から，それ以上のことがさらに説明され，より理解しやすくなるかもしれません．しかしここで述べたことによって，この推測中に何らかの可能性があるかどうかを，あなたならたやすく判断されるでしょう．それがわたくしの意図するところであります．わたくしにつきましては，この手の事柄をあまりたしなみませんので，あなたの励ましがなければ，こんなことをこれ以上は書かないでしょう(41)．

このころニュートンは，重力とか電気的な力とか化学的な力を空間中のエーテルの作用に帰着させようと考えていたのである．しかしこれは，デカルトの宇宙物質の渦動と同様に，はなはだ機械論的な描像である．もちろんこのボイルへの手紙は，『プリンキピア』出版に10年近くも先立つもので，ましてやこれを彼の最終的見解と考えてはならない．実際『プリンキピア』の初版で彼は，エーテルによる重力論の試みにはまったく触れていない．

だがその直後に，もう一度ニュートンがエーテル論に靡いた時期があった．スイス生まれの早熟で相当風変りなN.ファシオ・ド・デュイリエという数学者——この人物はイギリスに来てニュートン支持者となり，『プリンキピア』初期の数少ない理解者の一人で，正誤表を作って改版を提唱し，また微分法の発見をめぐってニュートンをライプニッツとの論争にのり出させたのも彼である——が1688年（『プリンキピア』出版の翌年）に『重力の原因』という論文を書いて，一時はホイヘンスやハレーやニュートンの賛同を得た．それはエーテル仮説で重力法則を導き出そうとしたもので，何人かの学者に見せてその結果を誇らしげに次のような私的メモに記している．

アイザック・ニュートン卿の証明は最も重要なものです．それは『プリンキピア』初版の彼が所有している一冊の末尾に彼自身の手で書き込まれたある補足の中に含まれ，彼はそれを第2版のために準備しています．そして彼は私に，その証明を書き写すことを許してくれました．そこでは彼は，ためらわずに，**重力の機械論的原因**（mechanical cause）**としてはたった一つのもの，すなわち私の見出したものしかありません**，と語っています．もっとも，彼はしばしば，重力の根拠を神の自由意志の中にのみ考えがちではありますけれども．（強調原文ママ）[42]．

現実には，第2版にはこれに該当する箇所はないし，ケンブリッジ大学所蔵のニュートン自身の書き込みのある初版本にも，ファシオへの言及はないらしい．しかしファシオが嘘言を述べているわけではなく，ポーツマス・コレクションに残されている『プリンキピア』第3篇・命題4のための草稿と思われるものには「きわめてすぐれた幾何学者N. ファシオ氏によってはじめて重力が説明される唯一の仮説が考案された」とある(43)．その「仮説」がどういうものかはよくわからないが，ともかくもこのころニュートンは重力のエーテル理論に相当固執していたようである．とくにここでは，ファシオのメモの最後にある「神の自由意志」に重力を帰着させるというニュートンの発想に留意していただきたい．ちなみに，先述のベントリー宛の手紙はこの直後のことである．

その後相当長期にわたってニュートンの残したものにはエーテル仮説は姿を見せない．しかしニュートンは重力の成因について考えつづけていたようで，『光学』の第2版(1717)で《疑問17～24》を付け加えたが，その序文において「重力が物体の本質的性質とは考えていないことを示すために，その原因に関する疑問をつけ加えた．それらを疑問という形で示すことを選んだのは，実験が不足しているために私はいまだに満足していないからである」と述べている(44)．

この《疑問18》でエーテルの存在に触れ，さらに《疑問21》でニュートンは，空気より稀薄で微細で弾性的なエーテル様媒質があり，この媒質が太陽や星のような高密度の実体中では稀薄でそこからはなれるにつれて濃密になり，この密度差によって惑星は太陽の方に押されるのではあるまいかという推測を――もちろん断定を避けた形で――ふたたび持ち出している.

このようにニュートンは，一方では，少なくとも1713年以降は，デカルトの渦動理論のような重力の機械論的説明を退け，それを「仮説を作らない」という方法論上のテーゼにまとめあげながら，他方では「重力は物体に本質的でない」という一貫した近接作用論の立場から，その生涯に何回か――1713年以降も――エーテルによる重力理論に傾いている．いったいニュートンの真意はどこにあったのか．この点は研究者を悩まし，また科学史家の間でも見解のわかれるところである.

たとえばバートは，エーテル理論を重力や化学現象に適用する立ち入った方法についてニュートンの見解は揺れ動き，また経験主義を公言している手前ニュートンの主張はためらいがちではあるが，「エーテル媒質の存在と，ある種の困難の解決のためにエーテルに訴えかけることの正当性とについては，ニュートンはまったく疑問を持っていなかった」としている(45).

他方で，ホール達は問題を次のように整理している.

彼〔ニュートン〕はつぎの二種類の言いまわしを選びえた．つまり彼は，物質粒子間の力を現象の原因であると言うこともできたし，また，物質粒子に作用するところのエーテル粒子の間に力があり，それが現象の真の原因であると言うこともできた．ときには――常にではないが――一方の言いまわしから他方の言いまわしに置き換えることもできた.

そして彼らの見解では，ニュートンの真意は前者にあった，つまり，すべての力――重力，化学的な力，電気的な力――を物質に備わったものと考えていた，ということである．すなわち彼らは，

> ニュートンが力を物質粒子に帰せているときには，彼はこの力はエーテルによって作り出されたとつねに言おうとしていたのだと考えることは，おそらくは魅惑的なことである．しかしそれは間違っている．そしてニュートンが展開した物質の粒子論のエーテル版（aether-version）が，力版（force-version）の基礎にあるより深遠なものだと考えることはできない[46]．

と主張している．そしてニュートンがときたま自分の確たる理論を越えてエーテル仮説を考えたりしているのは事実だが，それはダーウィンの進化論にとって汎生説（pangenesis）が重要ではなく，マックスウェルの方程式にとってマックスウェルのエーテルが重要でないのと同様に重視すべきではないと結んでいる．

さらにホール達は，自分達の見解の対極にある見解として，コーヘンの「ニュートンは，エーテルについての自分の考えを幾分のためらいを持って述べている．しかし彼があまりにも長期にわたってエーテルに論及しているところを見ると，すべての物体に浸透し空虚な空間に充満しているエーテル媒質についての信念が彼の自然体系の支柱であるという結論は避けられない」という一節を挙げている．コーヘンのこの一文は *Isaac Newton's Papers & Letters on*

Natural Philosophy の第1版の序文にあり，第2版では削除されている．この点については今は問わないが，むしろわたくしはここで，「エーテル版か力版か」というホール達の問題設定そのものを問題にしたい．

ニュートンは，重力を物質的物体に本質的で固有のものとする見解を一貫して退け，物体間に介在して重力や電磁気力や化学的な力を伝達する〈作因〉――力の原因――の存在を確信していた．『プリンキピア』第2版で末尾につけ加えられた「一般的注解」の最後にニュートンは，

さてここで精気（spiritus）について，すなわち粗大な物質中に浸透して潜在しているあるきわめて微細ななにかについて，二，三つけ加えることが許されるでしょう．この精気の力と作用とによって，物体の各構成部分はきわめて近い距離にあるときはたがいに引きあい，接触しているものは結合し，また帯電している物体はもっと大きなへだたりで作用し，近くにある微小物体を引きつけたり斥けたりします．また光が放出され，反射され，屈折され，回折され，諸物体が熱せられます[47]．

と書きつけている．物質とは相当にイメージの異なる「精気」なるものが突如として登場して読者を混乱させるけれども，この「精気」は『光学』の《疑問》や他のところでニュートンが「エーテル」と呼んだものと同じ機能を担っている．事実ニュートンは「精気」と「媒質」とを同じように使っている．とすれば，ニュートンは，あるときはボイル達同時代人が考えていた「エーテル」を想定し，また

あるときはより非物質的な「精気」を想定しているが，ともかくも力を媒介し伝達する〈作因〉──媒質──が存在するという点では，ニュートンの立場は一貫していたと見るべきであろう．

したがって問題は，ホール達のように「ニュートンがエーテルの存在を信じていたか否か」ではなく，あくまで「ニュートンが考えていた〈媒質〉ないし〈作因〉がいかなるものであるのか」と立てられねばならないであろう．この点で，はじめに見たベントリー宛の第3書簡の特に下線部はきわめて示唆的である．すなわち問題は，ニュートンにとって重力の原因──媒質──としての〈作因〉が物質的なものなのかそれとも非物質的なものなのか，と設定されなければならないのである(*)．

さきに見てきたようにニュートンは，ボイルへの手紙や『光学』の《疑問》などではエーテルをいくつかの物理的性質を備えた物質のように扱っているが，他方でファシオのメモにあったように，重力の原因として「神の自由意志」にも傾いている．だが，その両者はかならずしも対立することではない．

ニュートン没後四半世紀のちにマクローリンは，「もし

(*)　バートは『近代物理科学の形而上学的基礎』において「ニュートンはエーテルを物質的実体と考えていたのかそれとも非物質的実体と考えていたのか」と正しく問題を設定しているが，残念ながら彼は「しかしこのように問題を立てたならそれに答えるのは不可能である」と話を切り上げてしまっている(48)．

も自然における最も高貴な現象が，稀薄で弾性的な〈エーテル様媒質〉により作り出されているのだとすれば，ニュートン卿が推測したように，その媒質のすべての効力は至高の原因たる神の意志と力とに帰着されねばならない．しかしそのことは，その同一の媒質が作用や振動のさいに他の弾性媒質にたいするのと同様の法則に支配されるということを妨げるものではない」と語っている．マクローリンは，ニュートンのエーテルを機械論と折り合わせようとはしているのだが，彼にとっても機械論の原理はあくまで「第二原理」にすぎなかった．すなわち，「宇宙が第一原因ないし第一動者に委ねられていると考えないわけにはゆかない．……しかし，彼〔第一動者〕がすべての効力の源泉ではあるにしても，彼に服して作用する第二原因の余地を見出しうるのであり，機械論は自然の巨大な体系の遂行に参与しているのである．」(49)

空虚な空間に伝わる重力という観念に異議を唱えたのは，デカルト主義者だけではなく，ライプニッツもそうであった．この『プリンキピア』をめぐるライプニッツとの論争においては，論争を好まないニュートンにかわってクラークが論陣をはったが，もちろんそのクラークの手紙をニュートンが逐一指示しまた眼を通したと考えられる．そのクラークの第四信（1716 年 6 月 26 日）では次のように書かれている．

ある物体が，何らかの介在物がなくて他の物体を引きつける

> ということは，奇蹟ではなく矛盾であります．というのもそのことは，ある事物が，その事物の存在していない場所で作用するということを仮定しているからです．しかし，2物体間がたがいに引き合う媒介は不可視・不可触であり，**機械論的なものとは異なる本性のもの**です．とはいえその媒介は規則的かつ恒常的に作用するものですから，自然的であると呼んでもよいでしょう(50)．（強調引用者）

すなわち，「仮説を作らない」と語って機械論的説明を退け，重力が物体の本質的性質ではないとして，なおかつニュートンが想定していた「重力の原因」とは，あるときは「エーテル」と呼ばれあるときは「精気」とも呼ばれるが，つまるところ，「不可視・不可触でなおかつ規則的・恒常的に作用する〈作因〉」なのである．この点については，「ニュートンにとっては，擬実証主義的で不自然なおしゃべりにもかかわらず，「引力」は——機械論的でもおそらくは物理的でもないが——現実の力であり，その力によって物体は——空虚を通して直接にではなく，非物質的な結合物ないし媒質によって——たがいに作用するのである」(51)というコイレの結論を引いておきたい．

先に引いた《疑問28》の続きでニュートンは，次のように詳しく語っている．

> 自然哲学が主要になすべきことは，仮説を捏造することなく現象から議論を説き起こし，結果から原因を導き出し，ついには**機械論的なものではありえない第一原因**に至ること，および世界の機構を解明することだけではなく，主要には以下のよう

な疑問を解明することである．ほとんど物質を欠いた場所には何があるのか，間に密な物質がないのに太陽と諸惑星が互いに重力を及ぼし合うのは何故であるか？　自然が無駄なことをしないのは何故であるか，そして私たちが世界の中に見るあの秩序と美はどこから生ずるのか？　彗星は何を目的としているのか，彗星がきわめて離心的な軌道上をあらゆる仕方で動くのに対して惑星が同心円的な軌道上を同じように動くのは何故か，そして恒星が互いに相手に向かって落下するのを妨げているものは何か？　どのようにして動物の身体がかくも精巧に作り上げられたのか，そしてその諸部分は何の目的のためにあるのか？　眼は光学の技巧なくして作られたのだろうか，耳は音響についての知識なくして作られたのだろうか？　身体の運動はいかにして意志に従うのか，また動物の本能はどこから生ずるのか？　動物の感覚中枢（Sensory）は感覚力のある実体の存する場所にあり，事物の知覚可能な放射（sensible Species）が神経と脳髄とを経てそこに運ばれ，その放射は，そこでその感覚力のある実体にたいし直接に現存させられることによって感知されるのではないだろうか？　そしてこれらの事柄を正しく結び合わせるならば，現象より明らかなように，**非物体的で生命のある知性を持った遍在する存在者があり，それが無限空間において，いわばその感覚中枢におけるように，諸事物自体を詳細に見透しそれらを隅々まで感知し，それらの直接の現存によってそれらを完全に掌握している**のであり，私たちの感覚器官を通して私たちのささやかな感覚中枢に運ばれ，そこで私たちの中で知覚され思惟される像として見られ捉えられるのは，これらの諸事物の像（Image）だけではないのか．そしてこの哲学において真になされるすべての一歩は，直接に第一原因の知識をもたらすものではないにしても，私たちをよりそこに近づけるものであり，またそれゆえにその一歩一歩が高く評価されるべきである(52)．（強調引用者）

つまるところニュートンは，重力を媒介し太陽系をはじめとする自然界の秩序を司るものとして「非物体的で生命のある知性をもった遍在する存在者（a Being incorporeal, living, intelligent, omnipresent)」を考えていたのであり，自然哲学は，かかるものとして「機械論的なものではありえない第一原因」の追究を目的にしているのである．すなわちニュートンにとっての「重力の原因」は，まさにこの「知性を持った存在者」すなわち「遍在する神」に他ならなかったのである．

VI 現象より神に及ぶ

既述のように，デカルトにせよニュートンにせよ，アリストテレス・スコラの全体性に抗するためには，自らも同様に全体的な体系の構築を迫られていた．ニュートン自身がデカルトのようにすべての現象を第一原理から切れ目なく説明づけることを成しえなかったとしても，そしてニュートンは自らの理論の未完結性を自覚してはいたけれども，しかしひとつの全体的な哲学のなかに自然哲学——物理学——を位置づけていたのであり，重力の原因は，たとえ自然哲学のそのまた数学的原理の範囲内では解きえない問題ではあったにしても，神学や形而上学を含む全哲学体系——自然哲学の神学的原理——のなかでは解かれるはずのもの，第一原因を見出せるもの，とニュートンが考えていたと見るべきである．

ここで，話を少しわき道にそらしてみよう．ニュートンの時代は，占星術の時代から遠くはない．そして占星術を非合理的な迷信の産物だと片づけてしまっても，中世に何故それが多くの人たちの心を捉えたのかは理解できない．それは，「ニュートンの力学」を現在教科書にある「ニュートン力学」と同一視するのと同様に一面的なことである．

近代精密実証科学の観点から見て意味を持つ観測データをはじめて集めたティコ・ブラーエさえも，占星術の熱烈な支持者であった．彼は占星術の反対者にたいして「此等の人々，特に神学者や哲学者等を寛恕すべき点があるとすれば，それは彼らが此の占星術について絶対に無知識であること，彼等が常識的な健全なる判断力を欠いていることである」（傍点引用者）と語り，占星術を擁護して1574年にコペンハーゲンで次のような講演をしている[53]．

> 諸天体はそれぞれある力の作用を有ち，それを地球に及ぼしているということは，経験によって実証される．すなわち，太陽は四季の循環を生じる．太陰〔月〕の盈虚に伴って動物の脳味噌，骨や樹の髄，蟹や蝸牛の肉が消長する．太陰は不可抗な力をもって潮汐の波を起こすが，太陽がこれを助長するときは増大し，此れが反対に働くときは其の力を弱められる．

ニュートン自身が占星術をどう思っていたかは知らないし，またそのことについて何かを主張する気もないけれども，しかしこのティコの言葉が『プリンキピア』や『光学』の一節だとしてもそれほど不自然ではないように思われる，しかしティコにとってはこの議論は占星術の根拠づけのためのものであり，そのためにこの後に続けて語っている．

> 火星と金星が出会うと雨が降り，木星と火星とが出くわせば雷電風雨となる．また若し此等の惑星の出現が特定の恒星と一緒になるときには，その作用が一層強められる．湿潤をもたらすような惑星が湿潤な星座に会合すると，その結果として永い雨が続く．乾燥な惑星が暑い星座に集まれば甚しい乾燥期が来る．これは日常の経験からよく分ることである．1524年にあんなに雨が多かったのは，当時魚星座に著しい惑星の集合があった為である．1540年には初めに牡羊座で日蝕が起り，次に天秤座で土星と火星の会合，次には獅子座で太陽と木星の会合があったが，此年の夏は珍しいほどの暑気の劇烈な夏であった．又1563年に，土星と木星が獅子座に於て，しかも蟹座の朧な諸星すぐ近くで会合した．その時どんな影響があったかを忘れる人はあるまい．既にプトレマイオスは此等の星が人を窒息させ，又疾病をもたらすものだとしているが，まさにその通りに，これに次ぐ年々の間欧州では疾病が猖獗を極めて数千の人々がその為に墓穴に入ったではないか．

この外にもティコは，出生の瞬間の惑星の配置がその人間の情操や性格やかかりやすい病気を生涯的に決定づけることなどを語っている．

もしもティコの40年に及ぶたえ間ない天体観測の情熱の源泉がこの辺にあるのだとすれば，その観測データの上につくられたケプラーの法則やニュートンの万有引力の出生の秘密——今風に言えばルーツ——は，思いもかけないところにあるといえるだろう．ともあれティコ・ブラーエにとって占星術は，経験的に裏付けられた充分な根拠のある包括的体系であった．それはそれで整合的で全体的な説明原理であった．現代のわたくしたちの持つ概念枠や自然像のフィルターを通したときには，それは論理の飛躍やこじつけに満ちた恣意的で非合理的な迷妄に見えるだけのことである．アリストテレスやスコラ哲学の自然学は言うに及ばず，未開人の魔術から中世の占星術まで，わたくしたちにとってどれほど理解し難い論理によってであれ，ともかくものごとを全体的に捉えようとしていたことは確かである．

同じようにニュートンも，一つの全体的な体系を目指していたのである．彼が第一原因や窮極的本質への問いを断念して，相対的で部分的な体系を作ろうとしたかのように見えるのは，いわば今世紀にいたるまでに形造られた近代自然科学のフィルターを潜り抜けてわたくしたちの理解に達した部分だけを，わたくしたちが「ニュートン力学」といっているからにすぎない．零れ落ちた部分は少なくない．

今世紀に至るまで公にされることのなかったニュートンの膨大な手稿の大部分は，卑金属から金を作るとか，不老不死の霊薬をめぐるとかの錬金術のものと，異端視されていた反三位一体論をめぐる秘教についてであった．この手稿を散逸から防ぎ眼を通した経済学者ケインズは，ニュートンを「最後の魔術師」で「神と自然に関するいっさいの秘密を純粋な精神の力によってきわめることができると信じていたこの奇妙な精神」と評している．しかもニュートンは，それらの魔術や秘教に物理学と同じように真面目に真剣にとり組んだのである．ケインズによれば「秘教的，神学的問題にかんする未公刊の彼の著作はすべて，周到な学識，正確な方法，そして叙述の極度の真面目さによってきわだっている．かりにそれらの問題や目的がすべて魔術的なものでないとするならば，それらの著作は『プリンキピア』とまったく同様に健全なものである」とのことである(54)．

ティコとニュートンの間はたかだか1世紀，わたくしたちとニュートンの間は3世紀もあるのだ．

ニュートンが『プリンキピア』の第2版に付け加えた「一般的注解」は，正直にいってわたくしたちの理解を越えている．ヴォルテールでさえも「ニュートンは『プリンキピア』の巻末に，たいして長くない形而上学を載せているが，大勢の人がそれを読んで，黙示録と同じようにわかりにくい事柄が述べられているなと思う」(55)と語っているくらいだから，無理もない．さて，その「一般的注解」の，先に引用した「(わたくしは）重力の原因を指定することをしませんでした」という部分の直前にニュートンは，

事物の現象するところより神に及ぶのは，まさしく自然哲学に属することなのです．

と記している．つまり自然哲学は，数学的原理の範囲内では現象の数学的法則の発見で満足するが，そこで終わるものではなく，その先は神学の問題として究明されるべきことになる．いいかえればニュートンが経験から帰納的に遡って達した地点の先は神に及んでいるのである．全知全能の神がその先を統轄しているのである．

　この太陽，惑星，彗星の壮麗きわまりない体系は，至知至能の存在の深慮と支配とによって生ぜられたのでなければほかにありえようがありません．またもし恒星が他の同様な体系の中心であるとしたら，それらも同じ至知の意図のもとに形づくられ，すべて“唯一者”の支配に服するものでなければなりません(56)．

　もしもそうだとすれば，万有引力の原因や本質を機械論的な意味で追究することはもともと意味がない．先ほど述べたティコの講演でも，同じようなことがこの「占星術信奉者」によって語られている．

　星の影響を否定する者は又神の全智と摂理を抗議するものであり，また最も明白な経験を否認するものである．神がこの燦然たる星辰に飾られた驚嘆すべき天界の精巧な仕掛けを全く何の役に立てる目的もなしに造ったと考えるのは実に不条理なことである．

　ニュートンもまた，『光学』の《疑問》では天の秩序の「目的」を問いかけ，また『プリンキピア』では，重力は神の「深慮と支配」によるものだと言う.

それだけではない. 神は「永劫に持続し那辺にも存在するのです」. また「遍在者(神)は〈超越的〉に存在するばかりでなく〈実体的〉にも存在するのです」. したがって, 空間は決して空虚ではない. 実体としての神, 神という実体が充満しているのだ. あまつさえ「神は物体の運動からなにも受けず, 物体は神の遍在よりなんの抵抗も感じません」とある. 天上の議論のなかに突然地上の議論がまぎれ込んだような感じがするが, ニュートンの場合——そしてこの時代の科学者の場合——物理学(自然哲学)と神学は切れ目なくつながっているのである. ともあれ, ニュートンの場合には太陽系に充満しているものが, デカルトの言うような物質的存在ではなく, 非物質的な存在であり, この非物質的存在が, 万有引力を伝達もすれば, 支配もしているのである.

ニュートンの空虚な空間という観念に正面から挑んだライプニッツにたいしてクラークは, ニュートンの意をうけて, 次のように反論している.

> 空虚な空間とは, 主語のない属性ではありません. というのも, 空虚な空間というとき, わたくしたちは何物もない空間のことをいっているのではなく, 物体だけがない空間のことをいっているのです. 空虚な空間のすべてに神はたしかに存在し, おそらくは物質ではない多くの他のものも存在しています. それらは不可触でわたくしたちの感覚の対象ではありません[57].

現代ソ連の物理学者ヴァヴィロフが「このことを古典物理学の創始者から聞くということは，どんなに驚くべきことだとしても，ニュートンは大まじめで，空っぽの空間には「運動にとって何ら抵抗とならない」神が充満していて，万有引力を統轄している，と考えていたらしい」と言っているが[58]，われわれが教科書や学校で学ぶ「ニュートン力学」と「ニュートンの力学」とが実は別物であると思えば，それほど驚くにあたらない．

じつは「神の永劫の持続と遍在」はニュートンの生涯的に変わることのない信念であった．

ニュートン力学の論理的構成においてくり返し問題とされたのは「絶対時間」と「絶対空間」の想定であった．たしかに「絶対空間・時間」は奇妙な概念であり，近代的な運動概念を少しでも理解していれば誰しもその導入を躊躇するであろう．だいいち，絶対運動と相対運動を区別する手段がないにもかかわらずそのような概念を導入することは，ニュートンの実証主義に悖ることのように思われる．しかしニュートンにとっては「絶対空間は神の感覚中枢(Sensory)」であり，空間内で生起するすべての事象は神によって知覚され詳細に理解されているのであり，ある運動が絶対的か相対的かは——たとえ人間にはわからなくとも——神が識別していることであった[59]．

ニュートンがあからさまな対抗心を燃やしてデカルト批判を試みた未完の奇妙な草稿が残されている．『重力と流体の平衡』と題されているこの青年時代の——と考えられている――手稿[60]でニュートンは,「場所の定義, それゆえ局所的運動の定義は, 空間ないし延長のような諸物体とは明確に区別されるある不動のものに準拠しなければならない」と語り, 位置や運動の不動の準拠枠としての「絶対空間」を示唆している. そしてニュートンは, 延長と物体, したがって空間と物体を同一視するデカルトの思想を「子供じみた馬鹿げた考え」であるのみか「無神論」に通ずるものとして批判しているが, 注目すべきはその根拠である.

ここでニュートンは, 物体を「延長のかぎられた量〔体積〕であって, 遍在する神がある条件を与えたもの」と定義している. その条件とは, 第一に可動性と不可透入性であり, 第二にはわれわれの感官に知覚を生ぜしめるということである. したがって物体は,「無限で永遠で不易・不動の空間」とは別のものである. というのも,「空間に何もないということは想像しうるが空間が存在しないことは考えられないし, また持続するものが存在しないことは考えられても持続が存在しないことは考えようがない」からである. しかるにわれわれは何もないものを考えられないが, なおかつ物体が存在しなくても空間や持続を考えうるのは「神が永劫にかつ那辺にも遍在する」からに他ならない.

この思想は『プリンキピア』まで継承される. 時間についても同じである.『プリンキピア』でニュートンは「絶対時間」を「それ自身でそのものの本性から, 外界のなにものとも関係なく，均一に流れる」もので，別名を「持続」であるとしている．すなわち「持続」は物体的世界が存在していなくとも流れゆくものである．しかしもちろんニュートンにとっては，物体的世界が存在しないときの「持続」とは，「永劫に存在する神の持続」を意味していた(61)．

とすれば，もともとニュートンにとっては空間も時間も神学的基盤の上に存在しえた概念であったと考えてよい．

それでは，「事物の現象するところより神に及ぶ」べき「自然哲学」のその先の課題，その先の任務は，何であるのか．

ここで改めて，『プリンキピア』の「一般的注解」に戻ろう．

わたくしどもは，全知の神がいっさいを知覚し認識する仕方について，なんの観念ももっていないのです．神はあらゆる肉体と肉体的形姿をまったく欠き，それゆえ〔わたくしたちが〕見ることも，聞くことも，触れることもかないません．またなにか身体を備えた形に表わして礼拝されるべきでもありません．わたくしたちは神の属性についての観念はもっています．しかしあるものの真の実体が何であるかは少しも知らないのです．……その〔ものの〕内奥の実体については……うかがい知ることがないのです．まして神の実体についての観念を持つことはです．わたくしたちは神を，ただその特質と属性によってだけ知るにすぎません．……わたくしたちは神をその完全性のゆえに賞め讃え，一方またその支配のゆえに崇め拝むのです(62)．

このように神学へと連なることによって，人間のなすべきことは全うされる．それは近代の部分合理的・相対主義的認識とはまったくの別物である．神慮にもとづく重力にたいしては，われわれは自然哲学の数学的原理の内部においては，それをある数学的関数形式で表現される量として受け容れればよいのであり，それ以上その原因を問うことは神学と信仰の問題領域に踏み込むことになるのである．

それゆえニュートンにとって，たとえばなぜ太陽系の惑星がほぼ同一平面上で同一方向に，ほとんど円に近い軌道をもつのかというようなことは，力学や物理学の問題ではなかったのである．「これらすべての規則正しい運動を生ずることは，力学的原因だけからでは得られようもありえません．」[(63)]

しかしこのニュートン的世界認識は，１世紀後にラプラスが，成功しないまでも太陽系の起源の力学的解明に挑戦し，また，太陽系の安定性の力学的・数学的な証明に成功したときにのりこえられた．そして，そのときはじめて，近代合理主義がラプラス的汎合理主義・決定論的世界観として登場するのである．太陽系の秩序をめぐる諸問題からラプラス的汎合理主義までの発展と思想的転換は後章にあらためて見てゆくつもりだが，それにしてもその間の物理学の思想的基盤の変貌は大きい．

ケプラーが奇妙な太陽崇拝と独特の三位一体の教義と世界の調和というピタゴラス的信念から思い至った天体間の重力は，近代科学の創始者ガリレイからも徹底した機械論者デカルトからも受け容れらなかったが，ニュートンが世界体系の解明の支柱に据えたことによって，どのようにしても無視しえないものとなった．そしてニュートンは，重力を神の意志に，神の支配と深慮に委ねることではじめて，自身の世界像を完結させえたのであった．所詮，重力と機械論的世界像はなじまない．

じっさい，その後の力学の発展は，「重力とはなにか」「重力の原因はなにか」という設問そのものを退け，ただもっぱら「重力は現象をどのように説明しうるのか」という問いにみずからを限定することによってはじめて可能となったのである．それは科学の意味の変更をともなうものである．

第7章　重力と地球の形状

I　問題の設定

重力をめぐるデカルト主義とニュートン主義の対立は，単に物質観や方法論の問題にとどまらず，畢竟その世界観や宗教観にまで及ぶものである．しかし，次世代の大陸の学者たち——とりわけ実証主義の立場に立った啓蒙主義者たち——にとっては，あくまでも実証的かつ定量的に判定されるべきものであった．そして両理論の優劣を決するいわば決定的実験（experimentum crusis）となったのは，地球の形状をめぐる問題であった．実際この問題こそが，重力の本質をめぐる問いを棚上げにしてニュートンの万有引力に勝利をもたらした．

すでにヴォルテールの『哲学書簡』を見てきたが，そこではニュートンとデカルトの対比として「パリでは地球はメロンのような形をしているが，ロンドンでは地球は両極が扁平であると」とあった．つまり，デカルトの理論では，地球のまわりに充満する天の渦動物質の地軸のまわりの回転運動にともなう圧として，地表物体に地軸へ向かう力が加えられるのだが，その同じ理由によって地球自体も赤道付近では極付近より大きな圧を受けるため，地球はたて長（oblong spheroid）になるとされている．

他方，ニュートンの万有引力では，地球の質量分布が完全に球対称の場合には，地球の引力は全質量が中心に集中した質点の作る引力と同じになることはすでに示した（第3章）が，実際には，地球は，地軸のまわりに回転（自転）しているので「遠心力」が生じ赤道付近にややふくらむ．つまり扁平（oblate spheroid）になる．このときこのふくらみの割合はどれくらいの値になるのか，ニュートンの議論はそこまで及んでいる．そして，地球の形状は実証的に確かめうる問題である．

ニュートンの議論のすじ道（『プリンキピア』第1篇・命題85-93，および第3篇・命題18, 19）の概略は，現代風に表わせば次のようになる．

地軸のまわりの回転だけを考えるのであるから，さしあたって問題を2次元で考えてよい．

そこで，慣性系での運動方程式を，

$$m\dot{v}_x = F_x,$$
$$m\dot{v}_y = F_y$$

とすると，この方程式の回転座標系での表現はすでに第3章（3-7）式で求めているので，それをそっくり用いると，回転軸からの距離を $\rho=\sqrt{x^2+y^2}$ として，ρ 方向——軸から遠ざかる方向——の運動方程式は，

$$m\ddot{\rho} = F_\rho + m\rho\dot{\varphi}^2$$

となる．ここに $\dot{\varphi}=\omega$ は座標系の回転角速度である．つま

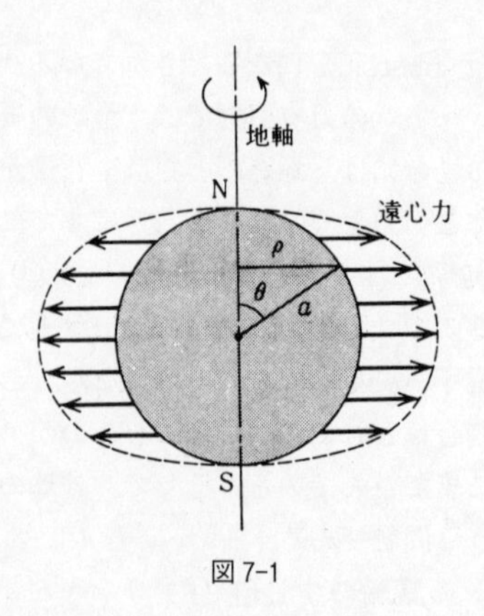

図 7-1

り，本来の力の動径方向成分 F_ρ のほかに，$m\rho\omega^2$ の力が余計に加わったかのように見える．これが「遠心力」である．

地球の場合には，地上の物体は，地上で見るかぎり地球の引力の外に，地軸から遠ざかる方向に「遠心力」を感じることになる．この場合は ω は緯度によらず一定（$\omega \cong 2\pi/\mathrm{day}$）であり，回転軸からの距離 ρ は緯度とともに減少する（$\rho = a\sin\theta$，a：地球半径，θ：余緯度 $= 90° -$ 緯度）から，遠心力の大きさは，図 7-1 のように赤道で最大で，緯度とともに小さくなり，両極で 0 になる．

ここで，地球を液体が自分の重力だけでひとかたまりになったものと考えると，赤道方向にふくらんだ回転楕円体のような形をしているはずだということになる．そのとき地球が地球の外の物体に及ぼす引力は，もはや単純な逆自乗の法則ではあらわされないであろう．そこで回転楕円体の表面での重力を求め，これと「遠心力」との合力による液体の平衡の条件から，地球の扁平の割合が求められるのではないだろうか．

ニュートンはこのように議論を進めて，地球の赤道半径を a_e，極半径を a_p として，理論的に地球の扁平率を，

$$f_e \equiv \frac{a_e - a_p}{a_e} = \frac{1}{230}$$

と求めた（『プリンキピア』第3篇・命題19）．

このニュートンの計算には，アイザック・トドハンターによる『引力の数学的理論と地球の形状の研究の歴史』に，忠実にかつかなり読みやすく解説されてはいる[(1)]．このニュートンの証明はきわめて巧妙なものだが，それでも例によって幾何学的でわずらわしく，相当の忍耐を要する．

ここでは時代を1世紀ばかり飛ばしてニュートンのアイデアを，その後に導入されたポテンシャルの概念を用いて解析的に再現してみよう．

II　ポテンシャルの導入

いま，地球の質量密度を $\sigma(\boldsymbol{r}')$ としよう．地球の外 $\boldsymbol{r}$ ま位置にある質量 m の質点に及ぼす地球の引力は，地球の各体積要素 dv' からの引力の和と考えることができるから，

$$\boldsymbol{F}(\boldsymbol{r}) = -Gm\int\frac{\sigma(\boldsymbol{r}')}{|\boldsymbol{r}-\boldsymbol{r}'|^2}\cdot\frac{(\boldsymbol{r}-\boldsymbol{r}')}{|\boldsymbol{r}-\boldsymbol{r}'|}dv', \tag{7-1}$$

と表現される．積分は地球の全体積にわたって行なう．

ここで，

$$-\mathrm{grad}\left(\frac{1}{|\boldsymbol{r}-\boldsymbol{r}'|}\right) = \frac{(\boldsymbol{r}-\boldsymbol{r}')}{|\boldsymbol{r}-\boldsymbol{r}'|^3}$$

であるから，

$$\boldsymbol{F}(\boldsymbol{r}) = -\mathrm{grad}\,U(\boldsymbol{r}), \tag{7-2}$$

$$U(\boldsymbol{r}) = -Gm\int\frac{\sigma(\boldsymbol{r}')}{|\boldsymbol{r}-\boldsymbol{r}'|}dv' \tag{7-3}$$

と書くことができる．$\mathrm{grad}\,U$ は $\left(\dfrac{\partial U}{\partial x}, \dfrac{\partial U}{\partial y}, \dfrac{\partial U}{\partial z}\right)$ という成分をもったベクトルであって，U の勾配といわれる．

このように導入されたスカラー量 $U(\boldsymbol{r})$ ——これをポテンシャルという——は，考えている質点の位置の関数であり，その意味はつぎのように考えれば明らかになる．

運動方程式：

$$m\frac{d\boldsymbol{v}}{dt} = \boldsymbol{F}$$

の両辺と $\boldsymbol{v}$ $\left(m\text{の速度，}\ \boldsymbol{v}=\dfrac{d\boldsymbol{r}}{dt}\right)$ の内積を作り，時間 t で積分をすると，左辺は，

$$\int_1^2\left(m\boldsymbol{v}\cdot\frac{d\boldsymbol{v}}{dt}\right)dt = \int_1^2 d\left(\frac{1}{2}mv^2\right) = \frac{1}{2}mv^2(2)-\frac{1}{2}mv^2(1) \tag{7-4}$$

となり，また右辺では $\boldsymbol{v}dt=d\boldsymbol{r}$ として，

$$\frac{1}{2}mv^2(2)-\frac{1}{2}mv^2(1) = \int_1^2(\boldsymbol{F}\cdot d\boldsymbol{r}) \qquad (7\text{-}5)$$

の関係がなりたつ．これは，質点mの運動エネルギー$\left(\frac{1}{2}mv^2\right)$の増加は，外力（引力）$\boldsymbol{F}$が$m$に加えた仕事$\int(\boldsymbol{F}\cdot d\boldsymbol{r})$に等しいと物理的に解釈される．

とくに，今の場合，仕事はポテンシャルを用いて，

$$\begin{aligned}\int_1^2(\boldsymbol{F}\cdot d\boldsymbol{r}) &= -\int_1^2(\mathrm{grad}\,U(\boldsymbol{r})\cdot d\boldsymbol{r}) \\ &= -\int_1^2\left(\frac{\partial U}{\partial x}dx+\frac{\partial U}{\partial y}dy+\frac{\partial U}{\partial z}dz\right) \\ &= -\int_1^2 dU(\boldsymbol{r}) = -[U(\boldsymbol{r}_2)-U(\boldsymbol{r}_1)] \qquad (7\text{-}6)\end{aligned}$$

と表わされる．

ここで$dU(\boldsymbol{r})$は全微分$\left(dU=\frac{\partial U}{\partial x}dx+\frac{\partial U}{\partial y}dy+\frac{\partial U}{\partial z}dz\right)$であるから，積分は$1\to 2$への径路に左右されない．言いかえれば，引力$\boldsymbol{F}$が$\boldsymbol{r}_1\to\boldsymbol{r}_2$へと質点を動かせたときにその引力が行なった仕事量は，位置だけで決まる量$U(\boldsymbol{r})$の差で決定される．ちなみに自然界の多くの力にたいして$(\boldsymbol{F}\cdot d\boldsymbol{r})$が積分可能なことをはじめて見出したのはラグランジュである（第12章参照）．

ポテンシャル$U(\boldsymbol{r})$はどのような意味を持つ量であるのか．物理的に意味のある仕事量は$U(\boldsymbol{r})$の差だけできまるから，ある任意の点$\boldsymbol{r}_0$を基準点（$U(\boldsymbol{r}_0)=0$）としよう．

つまり，

$$U(\boldsymbol{r}) = -\int_{r_0}^{r}(\boldsymbol{F}\cdot d\boldsymbol{r})$$

である．他方，径路の途中で質点 m に作用する重力は $\boldsymbol{F}$ だから，外から——たとえば手で——力 $\boldsymbol{F}_{\text{ex}}$ を加えてつり合いを保たせるためには $\boldsymbol{F}_{\text{ex}}=-\boldsymbol{F}$ でなければならない．そこで $\delta\boldsymbol{f}$ を微小な力として，$\boldsymbol{F}_{\text{ex}}=-\boldsymbol{F}+\delta\boldsymbol{f}$ というつり合いよりきわめてわずかだけ大きい力でゆっくりと $\boldsymbol{m}$ を $\boldsymbol{r}_0$ から $\boldsymbol{r}$ まで運んでゆくとしよう．$\delta\boldsymbol{f}$ を事実上無視してよいくらいの小さい力とすれば，その間の質点の運動エネルギーの増加は事実上無視してよく，上式は，

$$U(\boldsymbol{r}) = \int_{r_0}^{r}(\boldsymbol{F}_{\text{ex}}\cdot d\boldsymbol{r})$$

となり，$U(\boldsymbol{r})$ とは質点 m を基準点から $\boldsymbol{r}$ のところまでゆっくり運ぶために外力がしなければいけない仕事量であることがわかる．つまり，引力が支配している空間では，$\boldsymbol{r}$ の位置にある質点は $U(\boldsymbol{r})$ に相当するだけのエネルギーを潜在的に持っていて，その空間内で運動する質点はその量の差に相当するだけの仕事量を得ると考えてもよい．このことは，(7-5) 式と (7-6) 式より，

$$\frac{1}{2}mv_2{}^2+U(\boldsymbol{r}_2) = \frac{1}{2}mv_1{}^2+U(\boldsymbol{r}_1) \qquad (7\text{-}7)$$

が得られ，運動エネルギー $\frac{1}{2}mv^2$ とポテンシャル・エネルギー $U(\boldsymbol{r})$ の和が一定に保たれると理解すれば，より

はっきりするであろう．これはエネルギー保存則である．

力がこのように，スカラー関数の勾配で表わされ，したがって，力の行なう仕事が径路に左右されない場合，エネルギー保存則がなり立ち，その力を保存力という．

ともあれ，地球の引力は，地球の形状がどのようなものであれ，(7-3) 式で与えられるポテンシャル $U(\boldsymbol{r})$ から簡単に求められる．ベクトル $\boldsymbol{F}$ を扱うより，スカラー U を扱う方が楽なので，次節ではポテンシャルで議論をする．

III　地球の形状とポテンシャル

地球の外の $\boldsymbol{r}$ の位置にある単位質量の質点にたいするポテンシャル：

$$V(\boldsymbol{r}) = \frac{U(\boldsymbol{r})}{m} = -G\int\frac{\sigma(\boldsymbol{r}')}{|\boldsymbol{r}-\boldsymbol{r}'|}dv'$$

を実際に求めてみよう．$\boldsymbol{r}$ と $\boldsymbol{r}'$ にたいして，図 7-2 のような座標を用いる（$r=|\boldsymbol{r}|$, $r'=|\boldsymbol{r}'|$ は地心からの距離，θ, θ' は余緯度，φ, φ' は経度である）．また Θ を $\boldsymbol{r}$ と $\boldsymbol{r}'$ の間の角度とする．すなわち，

$$\begin{aligned}
\boldsymbol{r} &= (x, y, z), \\
&= (r\sin\theta\cos\varphi,\ r\sin\theta\sin\varphi,\ r\cos\theta), \\
\boldsymbol{r}' &= (x', y', z'), \\
&= (r'\sin\theta'\cos\varphi',\ r'\sin\theta'\sin\varphi',\ r'\cos\theta'), \\
dv' &= dx'\,dy'\,dz' = r'^2\sin\theta'\,dr'\,d\theta'\,d\varphi', \\
\cos\Theta &= \cos\theta\cos\theta' + \sin\theta\sin\theta'\cos(\varphi-\varphi').
\end{aligned}$$

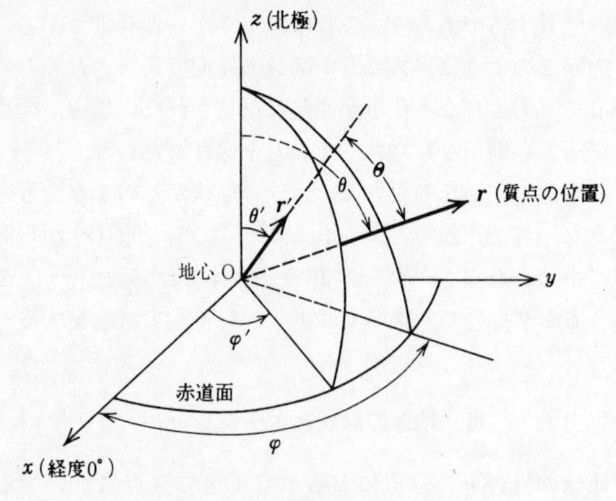

図 7-2

さて，$r>r'$ にたいして，

$$\frac{1}{|\boldsymbol{r}-\boldsymbol{r}'|}=\frac{1}{\sqrt{r^2-2rr'\cos\Theta+r'^2}}$$

$$=\frac{1}{r}\sum_{n\geq 1}\left(\frac{r'}{r}\right)^n P_n(\cos\Theta)$$

$$=\frac{1}{r}\sum_{n\geq 1}\left(\frac{r'}{r}\right)^n\Bigg[P_n(\cos\theta)P_n(\cos\theta')$$

$$+2\sum_{m=1}^{n}\frac{(n-m)!}{(n+m)!}P_n{}^m(\cos\theta)P_n{}^m(\cos\theta')\cos m(\varphi-\varphi')\Bigg],$$

と展開することができる．ここに P_n，$P_n{}^m$ はそれぞれ，ルジャンドルの多項式とルジャンドルの陪多項式である（この展開式の説明までするスペースがないから，適当な

教科書を参考にしていただきたい).(*)

こうして,地球のポテンシャル(一般に任意の形状をもった物質分布の重力ポテンシャル)は,

$$V(\boldsymbol{r}) = -\frac{GM}{r}\left[1-\sum_{n\geq 1}\left(\frac{a}{r}\right)^n J_n P_n(\cos\theta) - \sum_{1\leq m\leq n}\left(\frac{a}{r}\right)^n (C_{nm}\cos m\varphi + S_{nm}\sin m\varphi)P_n{}^m(\cos\theta)\right] \tag{7-8}$$

と展開できることがわかる.この展開は,ガウスが地球磁場を表わすときに使ったものである.ここで第一項は $P_0(\cos\theta)=1$,および,

$$M = \int\sigma(\boldsymbol{r}')dv' \text{;地球の全質量}$$

を用いた.また,パラメーター a は地球の平均半径である.展開係数は,

$$J_n = -\int\left(\frac{r'}{a}\right)^n \frac{\sigma(\boldsymbol{r}')}{M}P_n(\cos\theta')dv', \tag{7-9}$$

$$\begin{Bmatrix} C_{nm} \\ S_{nm} \end{Bmatrix} = -2\int\left(\frac{r'}{a}\right)^n \frac{(n-m)!}{(n+m)!}\frac{\sigma(\boldsymbol{r}')}{M}P_n{}^m(\cos\theta')\begin{Bmatrix}\cos m\varphi' \\ \sin m\varphi'\end{Bmatrix}dv' \tag{7-10}$$

であり,質量分布がわかれば決定される.

そこでまずはじめに,質量分布が z 軸(地軸)のまわり

(*)　$P_n(z)=\dfrac{(-)^n}{2^n n!}\dfrac{d^n}{dz^n}(1-z^2)^n$,　$P_n{}^m(z)=(1-z^2)^{\frac{m}{2}}\dfrac{d^m}{dz^m}P_n(z)$.

に対称であるとする（$\sigma(\boldsymbol{r}')$ は φ' を含まない）．このとき，

$$C_{nm} = S_{nm} = 0 \quad \text{（軸対称の場合）} \qquad (7\text{-}11)$$

となることはすぐさま看て取れる．

また，質量分布が赤道面に関して対称とすると，$\sigma(\boldsymbol{r}')$ は $z' = r'\cos\theta'$ の偶関数であり，他方，奇数次のルジャンドル多項式は奇関数だから，

$$\int\left(\frac{r'}{a}\right)^{2n+1}\sigma(\boldsymbol{r}')P_{2n+1}(\cos\theta')dx'\,dy'\,dz' = 0,$$

$$J_{2n+1} = 0 \quad \text{（赤道面に関して南北に対称の場合）} \quad (7\text{-}12)$$

が得られる．

結局，回転楕円体の場合は，$J_2, J_4, \cdots\cdots$ だけを考えればよいことになる．もちろん，質量分布が完全に球対称ならばすべての J が消えて，ポテンシャルは全質量が中心に集中したものと同じになり，第3章 IV の結果が得られる．

さて，回転楕円体の場合，

$$P_2(\cos\theta') = \frac{1}{2}(3\cos^2\theta' - 1)$$

を用いて，

$$J_2 = -\frac{1}{2a^2M}\int\sigma(\boldsymbol{r}')r'^2(3\cos^2\theta' - 1)dv'$$

$$= -\frac{1}{2a^2M}\int\sigma(\boldsymbol{r}')\{(y'^2 + z'^2) + (z'^2 + x'^2) - 2(x'^2 + y'^2)\}dx'\,dy'\,dz'$$

となる．一般に，

$$I_1 \equiv \int \sigma(\boldsymbol{r}')(y'^2+z'^2)dv',$$
$$I_2 \equiv \int \sigma(\boldsymbol{r}')(z'^2+x'^2)dv', \qquad (7\text{-}13)$$
$$I_3 \equiv \int \sigma(\boldsymbol{r}')(x'^2+y'^2)dv'$$

をそれぞれ，x, y, z 軸のまわりの慣性モーメントという．したがって，

$$J_2 = -\frac{1}{2a^2M}(I_1+I_2-2I_3) \qquad (7\text{-}14)$$

と表現される．

ここで，地球を，赤道半径 a_e，極半径 a_p の回転楕円体で，質量分布が一様（σ = 一定）とすると，慣性モーメントの積分は簡単にできて，

$$I_1 = I_2 = \frac{M}{5}({a_e}^2+{a_p}^2), \qquad I_3 = \frac{2M}{5}{a_e}^2 \qquad (7\text{-}15)$$

が得られる(*)．こうして，

$$J_2 = \frac{1}{5}\left(\frac{{a_e}^2-{a_p}^2}{a^2}\right) \cong \frac{2}{5}\left(\frac{a_e-a_p}{a_e}\right) = \frac{2}{5}f_e \qquad (7\text{-}16)$$

(*) 積分範囲は，

$$\frac{x'^2}{{a_e}^2}+\frac{y'^2}{{a_e}^2}+\frac{z'^2}{{a_p}^2} \leq 1$$

だから $x'=a_e\xi$，$y'=a_e\eta$，$z'=a_p\zeta$ と変数変換すると積分が楽である．また質量密度 σ は，

$$M = \frac{4\pi}{3}{a_e}^2 a_p \sigma \text{ ；地球の全質量}$$

でおきかえてある．

が得られる（近似は a_e と a_p の差が小さいことを用いた）.
$f_e = (a_e - a_p)/a_e$ は地球の扁平率.

まったく同様にして，J_4 以下にたいして，

$$J_4 = -\frac{3}{35}\left(\frac{a_e^2 - a_p^2}{a^2}\right)^2 \cong -\frac{12}{35} f_e^2$$

等が求まるが，f_e（扁平率）が十分小さいことを考えれば，無視してよいであろう.

結局，回転楕円体としての地球の重力を受けている物体の単位質量あたりのポテンシャルは，

$$V(\boldsymbol{r}) = -\frac{GM}{r}\left[1 - \left(\frac{a}{r}\right)^2 J_2 P_2(\cos\theta)\right], \tag{7-17}$$

$$J_2 = \frac{1}{a^2 M}(I_3 - I_1) \qquad \text{（軸対称の場合）}$$

$$= \frac{1}{5}\left(\frac{a_e^2 - a_p^2}{a^2}\right) \cong \frac{2}{5} f_e \qquad \text{（密度が一様の場合）} \tag{7-18}$$

と表わされる.

Ⅳ 地球の扁平率

前節で均質な回転楕円体としての地球によるポテンシャルが求まったが，地球上の物体は地球とともに自転しているのであるから「遠心力」を受けている．したがって，地球に固定した座標系では，単位質量あたり，

$$\delta\boldsymbol{F} = (x\omega^2, y\omega^2, 0)$$

の余計な力を加えなければならない．これに照応する単位質量あたりのポテンシャル $\delta V(\boldsymbol{r})$ は，

$$\delta \boldsymbol{F} = -\mathrm{grad}\,\delta V(\boldsymbol{r})$$

となるように求めれば，

$$\delta V(\boldsymbol{r}) = -\frac{1}{2}(x^2+y^2)\omega^2 = -\frac{1}{2}(r\sin\theta)^2\omega^2$$

のように表わされる．

こうして，最終的に地上の物体（地球とともに自転している物体）にとっての——地球に固定した座標系での——ポテンシャルは，単位質量あたり，

$$V(\boldsymbol{r}) = -\frac{GM}{r}\left[1-\left(\frac{a}{r}\right)^2 J_2 P_2(\cos\theta)\right]-\frac{1}{2}(r\sin\theta)^2\omega^2 \quad (7\text{-}19)$$

となる．

さて，地球が液体よりなり，平衡状態にあるとする．そのときには，地球表面にそって，

$$V(\boldsymbol{r}) = \text{一定} \quad (7\text{-}20)$$

でなければならない．というのも，もしそうでないなら，地球表面で $V(\boldsymbol{r})$ の勾配が 0 でないところが生じ，$-\mathrm{grad}\,V(\boldsymbol{r})$ という力が働くから，平衡状態の仮定に反する．

したがって，とくに，

$$V(r=a_p,\ \theta=0) = V\left(r=a_e,\ \theta=\frac{\pi}{2}\right) \quad (7\text{-}21)$$

が成り立つ．左辺が北極，右辺が赤道上での値．これより，

$$-\frac{GM}{a_p}\left[1-\frac{a_e{}^2-a_p{}^2}{5a_p{}^2}\right]=-\frac{GM}{a_e}\left[1+\frac{1}{2}\cdot\frac{a_e{}^2-a_p{}^2}{5a_e{}^2}\right]-\frac{1}{2}a_e{}^2\omega^2$$

が得られる．この式を整理したもので，(a_e-a_p) という差の形で a_e，a_p が入っているところでは，$a_e-a_p=a_ef_e\cong af_e$ と扁平率（f_e）と平均半径（a）を用いて書き直し，他のところでは $a_e\cong a_p\cong a$ とおけば，若干の計算ののちに，

$$f_e=\frac{5}{4}\times a\omega^2\times\frac{a^2}{GM}=\frac{5}{4}\cdot\frac{a\omega^2}{g} \qquad (7\text{-}22)$$

が得られる（$g=\dfrac{GM}{a^2}$ は地表での重力加速度――第3章Ⅳ参照）．これはニュートンが幾何学的に導いたものとまったく同じである．ここで現在知られている値

$$a\cong 6.38\times10^3\ \mathrm{km}=6.38\times10^6\ \mathrm{m},$$
$$\omega\cong 2\pi\ \mathrm{day}^{-1}=7.27\times10^{-5}\mathrm{sec}^{-1},$$
$$g\cong 9.80\ \mathrm{m/sec}^2$$

を用いれば，

$$1/f_e=233 \qquad (7\text{-}23)$$

が得られる．ニュートンは，当時の観測値

$$\frac{a\omega^2}{g}=\frac{1}{290.8}\ （第1版），\ \frac{1}{289}\ （第2版），$$

を用いて

$$1/f_e=230=1/0.00435\ （2,\ 3版） \qquad (7\text{-}24)$$

の値を得ている．

ニュートンの扱いは，他のすべての問題と同様に幾何学的かつ技巧的であり，それらの諸問題は，その後オイラー

やラプラスやラグランジュの手によって解析的に書き改められただけでなく，大部分の場合，ニュートンの不十分性やときには誤りが指摘されてきた．しかし，ニュートン自ら設定したこの地球の形状の決定という問題だけは，地球の質量分布を一様とするかぎりそれで完成されていたのであり，改善の余地を残さなかった．

1855年になってブロウハムとラウスは，「ニュートンの後継者のすべての研究および彼の計算法の全面的な改良にもかかわらず，彼の最初の結果を，小数点以下さえ訂正することはなかった．……1世紀にわたる研究と改良がなされたが，計算法の新しいマスターであり，オイラー，クレーロー，ダランベール，ラグランジュらの努力によって登ることのできるようになった高みを獲得したラプラスでさえ，この思弁的な問題の精密な解として，ニュートンの得た数値1/230を受け容れたのである」[2]と語っている．

このようにニュートンは，地球が赤道方向にふくらんだ扁平な形状をしていることのみならず，そのゆがみの割合まで，つまり対称性の破れの大きさまで，理論的に予言した．この問題こそがフランスでデカルト派を粉砕するのに決定的な武器となった．ヴォルテールも言っていたようにデカルトの渦動説では，地球がたて長の形状をしているとされる．決着は，緯度1度あたりの子午線の長さを極の近くと赤道の近くで実際に測定して較べてみればよい．

じつは，18世紀後半までフランス天文学を牛耳っていたのはカッシーニ一族で，彼らは1720年にフランスを通る子午線を測定して，デカルトのたて長地球に有利な結論を出していた．これも大陸でニュートン理論の受容をおくれさせた大きな要因になっていた．そのころには地球の形状をめぐる問題は，ヨーロッパ中のデカルト派とニュートン派の論争の焦点になっていたようで，生まれたばかりのペテルブルグ・アカデミーでも1725年の第1回の会合でこのことが論じられている[(3)]．

他方，フランス人ではじめて公然とニュートンの重力論を支持したのはモーペルチュイの1732年の論文であったが，それもまた地球の形状を論じたものであった．こうしてパリ科学アカデミーは，北極圏のラップランドと赤道下のペルーに測量隊を派遣した．1736年に派遣されたモーペルチュイの遠征隊は北緯66°の僻地で1年間測量を行ない，他方35年にペルーに出発したブーゲ達の隊は10年間の苦労ののちに測量を終え，緯度（測地緯度）1°あたりの子午線の長さとして，それぞれ北緯66°（ラップランド）で3.671×10^5 ft.，北緯47°（フランス）で3.649×10^5 ft.，北緯2°（ペルー）で3.628×10^5 ft. が得られ，ともかくもこうしてニュートン理論の正しさが実証された[(*)]．と

(*)　（文庫版での注）観測点での緯度は，観測点での鉛直線と赤道面のなす角度（測地緯度）と観測点と地心を結ぶ直線と赤道面のなす角度（地心緯度）があり，ここでの緯度は前者を指す。そのとき緯度1°あたりの子午線の長さは子午線のその点での曲率半径に比例．ニュートンの地球は極に近づくにつれて扁平になるため，緯度とともに子午線の曲率半径が増加し（曲率が減少し），緯度1°あたりの子午線の長さも増加する．

いってもモーペルチュイたちの得た扁平率の値も相当の誤差があったといわれる[4].

感激したヴォルテールは，モーペルチュイのことをSir Isaac Maupertuisとまで持ち上げたが，後になって誉めすぎたと思ったのか「ニュートンがいながらにして知ったことを，退屈きわまりないところで確かめてきた」と彼を皮肉っている．

ちなみにいうと，ニュートンはさらに議論を進めて，地表物体の重量の緯度変化まで論じている．すなわち『プリンキピア』の第3篇・命題20において

> 諸物体が，……地球表面にある場合には，それらの重量〔重さ，つまりmg〕はそれぞれそれらの（地球）中心からの距離に逆比例するであろう．……
>
> これより，赤道から極に向かって進むさいの重量の増加は，ほぼ緯度の2倍の正矢に比例する，または同じことであるが，緯度の正弦の2乗に比例するという定理が得られる[5].

としている（もちろんこの場合「重量」には遠心力の効果も含められている）．

このニュートンの主張は余緯度をθ，重力加速度（g）をθの関数として，

$$\frac{mg(\theta=0)}{mg\left(\theta=\dfrac{\pi}{2}\right)}=\frac{a_e}{a_p}$$

および，

$$mg(\theta) - mg\left(\theta = \frac{\pi}{2}\right) \propto \cos^2\theta$$

ということであるから，これらより，結局のところニュートンの得た定理は，

$$g(\theta) = g_e(1 + \overline{f}_e \cos^2\theta), \quad (7\text{-}25)$$

$$\left(\overline{f}_e \equiv \frac{a_e - a_p}{a_p} = \frac{a_e}{a_p} f_e,\ \ g_e = g\left(\theta = \frac{\pi}{2}\right) = \text{赤道上の } g\right)$$

と表現される．

この結果は，解析的には次のように示される．

地球を回転楕円体として得られたポテンシャル（7-19）より，中心方向への重力加速度は，

$$g(\theta) = \frac{\partial V}{\partial r}$$

$$= \frac{GM}{r^2}\left[1 - 3\left(\frac{a}{r}\right)^2 J_2 P_2(\cos\theta) - \frac{a^3\omega^2}{GM}\left(\frac{r}{a}\right)^3 \sin^2\theta\right] \quad (7\text{-}26)$$

となる．これに，地球質量が一様であると仮定して得られた関係（7-16）式および（7-22）式，すなわち

$$J_2 \cong \frac{2}{5} f_e \cong \frac{2}{5} \overline{f}_e,\ \ \frac{a^3\omega^2}{GM} = \frac{4}{5} f_e \cong \frac{4}{5} \overline{f}_e$$

を代入する．また，回転楕円体の余緯度θのところでの中心から表面までの距離rは，

$$\frac{(r\sin\theta)^2}{{a_e}^2} + \frac{(r\cos\theta)^2}{{a_p}^2} = 1,$$

を満たすはずで，ここで$a_p = a_e/(1 + \overline{f}_e)$を代入して得られ

る，

$$\frac{1}{r^2}=\frac{1+2\overline{f}_e\cos^2\theta}{a_e{}^2}+o(\overline{f}_e{}^2)$$

を用いて（7-26）式を書き直せば，

$$g(\theta)=\frac{GM}{a_e{}^2}\left[1+\overline{f}_e\left(\cos^2\theta-\frac{1}{5}\right)\right]+o(\overline{f}_e{}^2)$$

$$=g_e(1+\overline{f}_e\cos^2\theta)+o(\overline{f}_e{}^2),$$

$$\left(g_e=g\left(\theta=\frac{\pi}{2}\right)=\frac{GM}{a_e{}^2}\left(1-\frac{1}{5}\overline{f}_e\right)\right)$$

が得られる．これがニュートンの得た定理である．赤道上（$\theta=\pi/2$）では遠心力が働き，重力が減少するのである．

地球の形状と重力の緯度変化についての研究は，その後も重要な問題として研究者の関心をひきつづけ，モーペルチュイの遠征隊に同行したクレーローによる研究など歴史的に見て特筆すべきこともいくつかあるし，また19世紀力学の集体成のようなトムソン&テイトによる『自然哲学論考（*Treatise on Natural Philosophy*）』（1867）でもこの問題に相当のページをさいていることからわかるように，19世紀においてもその重要さは減らなかったようである．しかし，そこまで立ち入るのは本書の目的から相当にずれてしまい，また歴史書としては，前述のトドハンターの詳細なものもあるので，ここら辺で打ち止めにしよう．

この問題の最後に，ニュートンの得た値がどの程度のものかを見るために，最近の人工衛星の飛行データから推定された値をいくつか挙げておこう.

$1/f_e$,	298.38 ± 0.07	O'Keefe, (1958)
	298.28 ± 0.11	Jacchia, (1958)
	298.32 ± 0.05	Lecar et al., (1959)
	298.24 ± 0.02	King-Hele, (1960)
	298.24 ± 0.01	Kaula, (1961)

1976年IAU（国際天文学連合）採用値　298.257　(7-27)

ニュートンが理論的に求めた値は，地球の密度を一様とするような相当思いきった単純化をしていることを考慮するならば，かなり良いと言えるだろう．ついでにJ_2やJ_4の値も比較しておこう.

f_e=1/230より求めたもの：

$$J_2 \cong \frac{2}{5} f_e = 1.74 \times 10^{-3},$$

$$J_4 \cong -\frac{12}{35} f_e{}^2 = -6.5 \times 10^{-6},$$

$$g(\theta) = g_e(1 + 0.00435 \cos^2 \theta),$$

1979年国際測地学協会採択値：

$$J_2 = 1.08263 \times 10^{-3},$$

$$J_3 = -2.54 \times 10^{-6},$$

$$J_4 = -1.62 \times 10^{-6},$$

1967年標準重力（cm/sec^2）：

$$978.0309(1 + 0.00530236 \cos^2 \theta - 5.8050 \times 10^{-6} \sin^2 2\theta)$$

ともあれ，この地球の形状をめぐってニュートンの勝利はなしとげられ，重力論は大陸においても市民権を得るに至った．しかし，何よりも重要なことは，マゼランの一行が地球を一周してからわずか2世紀にして，地球の形状が理論的に――物理学的に――説明づけられたということであった．神が人間の住処として創りたもうたものとして受け容れる以外に術のなかった地球が，厳密に物理学の法則に支配されているということ，しかもその法則を人間が解明したということである．同時代のイギリスの詩人アレクサンダー・ポープは高らかに科学を讃美した．

科学の誘う処へ登れ
ゆけ，地球を測れ，大気を量れ，潮を語れ
惑星達にみちすじを知らしめよ
旧い時を正せ，陽を規せよ

ニュートンによって人間は自然の，とくに地球と太陽系の支配者になった――と考えられたのだ．ちなみにこの四行詩は後にケルヴィンが論文『地球の形状についてのエッセイ』の冒頭に引いたものである．

実際，ニュートンがまったく理論的に地球の形状を予測したということは近代市民社会に突入した時期に「進歩的」知識人たちに多大な感動と影響を与えたはずである．そしてそれは物理学――ことに力学――に無際限の信任を与えるラプラス的汎合理主義への途を準備するものであった．おそらくそれは，ニュートンの思いもよらなかったことであろうが.

＊ ＊ ＊

話をしめくくるに当たって，一つ脱線的コメントをしておこう.

地球が扁平であるということは，ニュートンの力学にとっては決定的に重要な意味を持っていた.

周知のようにニュートンは絶対空間を理論の基礎においた. そして地球が絶対空間に対していわば絶対的に自転しているものとした.

しかし，運動とか静止とかいうものは，本来相対的なものではないのか. 恒星天が静止して地球が自転していると考えても，地球が静止して恒星天が逆方向に1日1回回転していると考えても，同じことではないのか.

このような相対性をニュートンは認めない. そして，ニュートンの絶対回転という主張に支持を与えたのが，地球が扁平というニュートンが証明してみせたこの事実であった. 地球は慣性系にたいして回転――絶対回転――しているからこそ「遠心力」が働き，赤道方向にふくらむ. もしも地球が静止して恒星天が回転しているならば，地球は完全な球で，扁平率は0になるはずではないか.

絶対空間を支持する立場からこの問題を最も直截に主張したのが，マクローリンであった. 彼は絶対空間に対する位置変化を指す〈現実の〉運動と，周囲の物体にたいする変化を指す〈見かけの〉運動を区別して，現実の回転はつねに遠心力を伴う．こうして，赤道上で重力を弱め，振子の運動をおくらせる遠心力から，地軸のまわりの地球の日周運動の証拠が得られる．また，地球のまわりの天体の運動〔日周運動〕は見かけだけのものである．というのも，もしそれが現実の運動であるならば，巨大な遠心力が生じ，その遠心力が見出されないことはありえないからである．

と語っている．マクローリンによれば，物体の現実の運動を止めるためには力を要するが，見かけの運動を止めるためにはその物体に力を加える必要がないから，両者の識別は可能だということになる(6)．

このマクローリンの議論は19世紀末にマッハが批判するまで，尤もだと思われてきた．そして，マッハの批判はアインシュタインの重力論にまで発展してゆく．いわばマクローリンとニュートンは，運動の運動学的（kinematical）な相対性を認めるが，遠心力によって運動と静止を動力学的（dynamical）には区別しうるとしたのに対して，マッハは動力学的にも相対性を主張したわけである．その意味でこの地球の扁平性という問題は，ニュートンの重力論の勝利と限界を同時に示す最もニュートン的なものといえる．

次章からポスト・ニュートンの時代に入る．舞台は，ロンドンのロイヤル・ソサエティーから，ベルリンとペテルブルグのアカデミーへと移る．主人公も「原理」の創始者から「アルゴリズム」の才人へと代わる．

第8章　オイラーと「啓蒙主義」

I 「通常科学」の時代

ニュートンは『プリンキピア（原理）』を残して1727年に死んだ．原理の確立に続くのは，公理論的な整備やテクニックの開発と洗練，そして適用範囲の拡大である．解けそうな問題を片端から解いてゆくことはもとより，一見別の領域にあるように見える問題に同じ原理と方法とを当てはめてゆくことが中心になる．トーマス・クーンに倣って言うならば，ニュートンは新しいパラダイムを作ることによって「科学革命」をなしとげたのだ．その後に続くものは「通常科学（normal science）」ということになろう．クーンはこの「通常科学」を次のように説明している．

> パラダイムの成功ははじめから特定の未完成の分野において発見されるべき成果を約束することに大いにかかっている．通常科学とは，こういう約束が実現される過程のことである．この実現の過程とは，パラダイムによって特に明らかにされる事実，知識の拡張や，それらの事実とパラダイムによる予測との間の一致の度合の増大，そしてさらに，パラダイム自体の整備の過程である[(1)]．

これをやってのけたのは，18世紀に大陸に輩出した俊才たちであった．彼らはニュートンの力学の原理に精通し，概念を整理するとともに解析学＝微積分学を数理物理学のための最も使いやすい最も有効な武器に改造し，当たるを幸いと諸問題をなで切っていった．音響学・弾性体力学・流体力学も征服され，力学の一領土に編入されていった．

ひとたびこういう時代に入ると，それまで大陸がニュートンの受け容れを拒んでいたなどというのは嘘のようである．それどころか，力学万能の風潮が生じてくる．力学の原理で説明のできない現象はありそうにもなかった．そうなると，科学はもう行き着く所まで行ったかのように見える．18世紀の中頃にディードロは語っている．

> われわれは科学における大革命の時期に遭会している．人々の精神が道徳や文学や博物学や実験物理学に向かっているように思われる風潮を見て私は，百年を出ずしてヨーロッパには偉大な幾何学者は三人といないようになるだろうとほぼ断言することができそうだ．この科学はベルヌイやオイラーやモーペルチュイやクレーローやフォンテーヌやダランベールやラグランジュが残すであろう地点で，はたと停ってしまうだろう．彼らはヘラクレスの円柱を建てるであろう．人はそれから先には行かないだろう[(2)]．

何とも非歴史的でオーバーなセリフではあるが，当時の知識人の正直な気分ではあるだろう．そしてこの言葉ほど，ひとつの「科学革命」の後の「通常科学」にたいして人が感じる気持ちをよく表わしているものはない.

ともあれ，とくにここに出てくるオイラー，ベルヌイ，ダランベール，ラグランジュ，そしてラプラスが，18世紀の数理物理学を代表する諸星であることには，誰もが同意するであろう．ついでに彼らの生きた年代もあげておこう.

ベルヌイ（D）	1700～82	スイス
オイラー	1707～83	スイス
クレーロー	1713～65	フランス
ダランベール	1717～83	フランス
ラグランジュ	1736～1813	フランス
ラプラス	1749～1826	フランス
cf.		
ヒューム	1711～76	イギリス
カント	1724～1804	ドイツ

このメンバーが，ほとんど同時代に同じ場所で活躍したのは，決して偶然ではない．時は熟したのだ．カントやヒュームにしても，ニュートンの播いた種を，それぞれの仕方で刈り入れているのである.

だが，このなかからはじめに一人だけ選ぶとすれば，やはりオイラーということになるだろう．ここでオイラーがポスト・ニュートンを代表する一番星だというのは，単に彼の数理物理学上の功績に限っての話ではない．たしかに彼の学問上の足跡は，それだけで18世紀の数学と物理学を代表している．

E.T.ベルはオイラーを「解析学の権化」と評したが[3]，じっさい彼は，自ら解析学を発展させただけではない．それを縦横に力学に適用し，またそのためのアルゴリズムを編み出して，諸問題を解いていった．ニュートンの力学をあのニュートン流のわずらわしい幾何学的様式から解き放ち，ほとんど今ある形にしたのはオイラーである．オイラーの著書『力学，解析学的に示された運動の科学(*Mechanica, sive motus scienta analytice exposita*)』（以下『力学』）は1736年に出版され，『プリンキピア』以降のニュートンの原理にもとづくはじめての包括的な力学書であるが，副題が示すとおりスタイルは一変している．すなわちそれは，解析的に表現されたはじめての力学書であり，先行者のわずらわしい幾何学的スタイルを相当程度書き改めてしまった．ラグランジュは『解析力学』のなかで，この書を「運動の科学に解析学が適用されたはじめての大著」と評している[4]．コンドルセやヨハン・ベルヌイの評価もまったく同じである[5]．

もちろんオイラーの業績は，ニュートンの理論を解析的に書き改めたことだけではない．

現在の力学の教科書を見ても，「オイラー方程式」だけでも，剛体の回転についてのもあれば，完全流体についてのも変分法に関するのもあり，その他にオイラーの積分，オイラーの角，オイラーの定理，オイラーの立場と，どこにでもオイラーは顔を出す．もちろん，麗々しく「オイラーの」とは断ってなくとも彼が先鞭をつけた問題は数多い．解析学を駆使して天体力学の諸問題をあらかた片づけたラプラスは，「オイラーを読め，オイラーを読め，彼はわたくしたちのすべての師なのだ」と若い数学者達に助言しているが[(6)]，この言葉が18世紀の理論物理学におけるオイラーの位置をよく物語っている．

そしてまた，史上空前の多産であることも有名である．なにしろペテルブルグ・アカデミーの紀要にたいして，自分の死後20年間は原稿にこまらないだけを書き残すと約束して，実際に——それも双眼失明して——その約束以上をやってのけたというのだから，いいかげんうんざりする．

だが，わたくしたちがここで真先にオイラーをとりあげるのは，大陸においてデカルト派が敗退しニュートン派が勝利してゆく——ニュートン・パラダイムが受容される——過渡期の矛盾をよく体現しているからである．一方でオイラーは，解析学を駆使してニュートンの力学を洗練し諸問題をあざやかに解くことにより，「通常科学」の天才であることを示しながらも，他方ではいつまでも——少なくとも1760年代まで——ニュートンの重力理論を認めることができず，デカルト派の充満理論との融合にこだわりつづけ，あまつさえ科学と啓示の矛盾に直面することを要心深く避けてきた．この点で彼以降のダランベールやラグランジュたちと決定的に異なるだけでなく，物理学と世界観の一致を当然のこととしたニュートンやマクローリンら彼の先行者たちとも大きく異なっている.

じつのところオイラーの力学上の功績で真に原理的で革命的なものはあまりない.『オイラー全集』第2部の1, 2巻が前述の『力学』にあてられているが, その編者ステッケルは, 序文で次のように語っている.

オイラーの『力学』が最近にいたるまでしばしば読まれ利用されてきたということは, 多くの論文や, とりわけ, 力学の教科書や演習書が示している, ……〔他方〕モンタクラ・ラランド, デューリング, マッハ, ヘラー, ローゼンベルクその他の歴史書では, この『力学』がおりにふれて言及されているにすぎないということは, おそらくは, それらの〔歴史〕書では力学の原理の発展に重点が置かれ, その目的には本書は収穫が少ないと見なされていることによるだろう. しかし, 18世紀の質点力学の総括的記述に手をつけようとするならば, 事態はまったく異なってくる[7].

これが『力学』とその著者オイラーの歴史的位置をよく示しているだろう. 事実, 力学に関していうならば, 原理的問題へのオイラーの寄与は少ない.

もちろん「通常科学」だとはいっても, オイラーは, ニュートンの導入した概念や用語にまとわりつく旧き夾雑物を洗い落とし, ニュートンの力学をその外観のみならず根拠づけまで相当程度変えてしまった. そしてまた, 彼は物理学者の社会的地位や思想史上の位置をも大きく変えてしまったといえる.

というわけで，さしあたっては学者オイラーの社会的な境遇と思想史上の位置から見てゆこう．

II フリードリヒ大王とベルリン・アカデミー[8]

スイスの貧しいプロテスタントの牧師の子として生まれたオイラーが活躍したのは，ペテルブルグとベルリンのアカデミーであった．

とくに彼に活動の場と生活を保障したのは，プロイセンのフリードリヒ大王とロシアの女帝・エカテリナII世であり，ともにヨーロッパで，とくにイギリスやフランスにくらべて，経済的にも文化的にも遅れて出発した絶対王制の君主であった．いずれも，明治以降の日本のように，国家の統合，領土の拡大そして新しい学問・文化の導入による近代化を——いわば「文明開化」「富国強兵」による「西欧化」を——強権をもって遂行した権力であった．

そして，フリードリヒ大王もエカテリナII世も，当時のドイツやロシアでは珍しい，フランス啓蒙主義にあこがれを持つインテリで，同時に強力かつ冷徹に政治をやってのける合理主義的現実主義者であった（オイラーの活躍場所とフリードリヒ大王やエカテリナII世との関係を表8-1にあげておく）．

はじめにフリードリヒ大王から見てゆこう．

彼の父，つまりフリードリヒ・ヴィルヘルムI世は，粗暴で無教養で「はりねずみのように全身武装した軍国プロイセン」の建設を至上の目的とし，息子の「軟弱な文学青年」フリードリヒを抑圧し続けた．こうして父にたいする反撥からか，フリードリヒはひたすらフランス文化にあこがれ，ヴォルテールに心酔し，自ら「啓蒙主義者」をもって任じていた．そういうわけで彼は自然法をあっさりと認める．国王というものは，人民が個人の利益を全体の福祉と一致させるために選び出したものである．したがって，国王は「人民の下僕」であるし，君主は自らの野心のために武力を使ってはいけない．ここまではまことに啓蒙的である．しかし実際に権力を握ってからはちがう．

手品の種はこの次にある．

しかし，その全体の福祉を守るためには，なによりも国家権力は強力でなければならない．ともかくも国家間はつねに対立しあった状態にあるのだから，武力と対外政策によって国家を維持することは，国家第一の使命である．そのためには，侵略戦争もまた正当化される．国内の行政も治安維持も，国家利益という目標に向けて強力でなければならないし，人民の享有する自由と幸福はまずもって外にたいして国家の権力手段を強化する努力との関係によって決められる．このように議論は倒立する．

国家にたいして個人の立場を擁護するための自然権にもとづく自然法思想と，フランス革命でフランス・ブルジョアジーが絶対王権と闘うために用いたイデオロギーが，見事にひっくり返されて，専制支配の正当化に使われているのである．

表8-1　オイラーとベルリンおよびペテルブルグのアカデミー

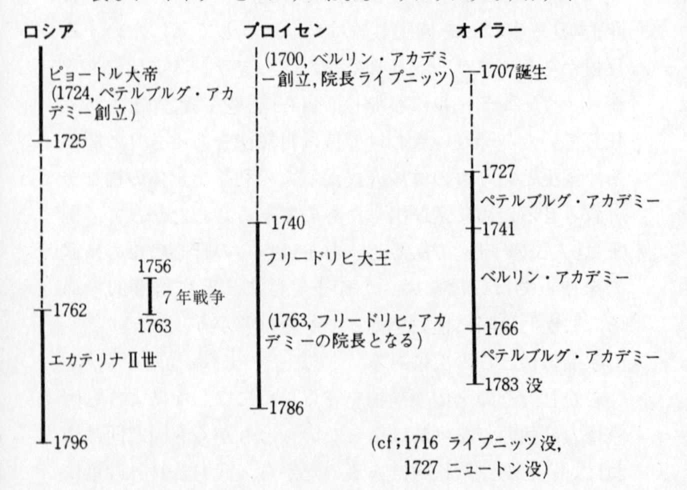

「啓蒙君主」とは，よく言ったものだ．そしてこれが，オイラーのベルリン時代のパトロンの青年時代の思想である．

フリードリヒは即位してからは，徹底した専制君主となって，権力政治を展開した．

父フリードリヒ・ヴィルヘルムⅠ世が，無学で粗暴で「兵隊王」といわれながら，実際には，極力戦争を避けたのに反し，息子のフリードリヒ大王は，学術・文芸をたしなみ「哲人王」といわれながら，やったことは，たてつづけの侵略戦争であり，そのため，国内的には，軍隊と税制の強化，ユンカー（地主貴族）の農民支配の強化，そして徹底した言論統制がもたらされたのである．

7年戦争では，やりすぎて全ヨーロッパを敵にまわし，ベルリン陥落・プロイセン軍潰滅の瀬戸際にまで追い詰められたが，突如ロシアのピョートルIII世が講和を申し入れ，九死に一生を得ている．この一件については，後でロシアの側からもう一度触れるであろう．この大王の奇蹟の逆転劇を，砲撃下のベルリンでヒトラーが夢想していたというのは，ありそうなことである．

ともあれ，フリードリヒ大王が死んだとき，国庫は父からうけ継いだときの5倍，国土も軍隊も2倍になっていたという．

そしてフリードリヒが手をつけたいま一つは，官僚機構と軍の近代化であり，そのための学術振興である．

ベルリンのアカデミーは，もともとは1700年にライプニッツが作ったものだが，数年で，フリードリヒ・ヴィルヘルムI世が即位するや，そんなものの価値を認めない「兵隊王」は，ライプニッツを追い出し，以来，アカデミーは細々と生きのびてきた．「哲人王」フリードリヒ大王は，即位後，ただちにこのアカデミーの改組とテコ入れにのり出し，面目を一新してしまった．

ライプニッツの作ったものは，ドイツ社会を超越し，もっぱら文化的にのみ意味を持つもので，ライプニッツの一人舞台であった．しかし，フリードリヒ大王の手によるものは，端的に「国家と民族のためのもの」でなければならなかった.

それは，もちろん，産業や行政の技術的要請に応えるものであるが，同時に，おくれたドイツの文化水準をヨーロッパ一流にひきあげることを目的としたものであり，また貴族・軍人・官僚を教育するためのものであった．その性格は，ディルタイの次の評によく表現されている．

> アカデミーでは，外国の優れた人びとがあらゆる部門の哲学を講じ，貴族の子弟その他の者に正しい知識を授けるようにしなければならなかった．こうしてアカデミーは，その使命をいよいよ拡げていったならば，同時に，この国の支配階級のための近代的大学のようなものとなったであろう(9)．

自らフランスの先進思想に親しみ，というよりフランス文化にコンプレックスを持ち，ヴォルテールやディードロに心酔していたフリードリヒは，1740年，即位の年に，外国，とくにフランスの学者や文筆家に頭を低くして招聘状を送った．だが，恋人シャトレ公爵夫人のもとを離れたがらないヴォルテールは断った．後から呼ばれたダランベールも，ヴォルテールに倣って断った．彼も，パリの社交界に未練があり，またヴォルテールに馬鹿にされるのが恐ろしい．もっとも，フランス啓蒙主義者とくにダランベールとフリードリヒの親交はのちのちまで続けられた．

他方で大王は，国内には眼を向けないから，ドイツ啓蒙主義の戦闘的チャンピオンたるレッシングは貧乏にあえいでいる．

結局，大王の面目は，ロシアからオイラーがやってくることで救われた．

その頃アカデミーは，未だ学者がヘゲモニーを持つ寡頭支配であったが，やがて，46年にモーペルチュイを院長に呼ぶために，大王は支配権を院長に集中させるという条件をつけた．以来，フリードリヒ－モーペルチュイの一元的支配が完成する．

モーペルチュイは，過去の名声はともかく，今では「天才にふさわしくない野心」をみたすことに熱心で，他の人物は学問上ははるかに劣り，25年間にわたってアカデミーの数学・自然科学部門の大黒柱となったのは，オイラーである．じっさい，オイラー一人の力で，ベルリンはパリやロンドンと肩を並べていたのである．

ここでオイラーは，数学と物理学の専門的な論文を，25年で300編あまりも──まとまった著書以外に──書きつづけながら，大王の諮問に応えて，運河計画の報告書を書いたり，大王の遊びのためのフランス風宮殿サン・スーシーの灌水施設の計画を立てたりしている．実によく大王の期待に応え，彼の虚栄心を充たしたといえる．

そして，オイラーは，大王が自ら院長に就任してから3年後の66年に，ペテルブルグ・アカデミーに戻った．

なお，ベルリン・アカデミーのオイラーの後任はラグランジュであった．

III　女帝エカテリナ

ペテルブルグのアカデミーは，ロシアの近代化に着手し強力に推進したピョートル大帝が，これまたライプニッツの計画を継承して1724年に作ったものである．大帝の意図のひとつは，ロシアが野蛮な国ではなくヨーロッパにたいして文化的に貢献する能力を持つことを知らしめるということ，要するに国家のステータスを高めることにあったが，しかしそれは当時のロシアの文化水準とも現実的要求とも相当かけはなれたものであったことは否めない．アカデミーの最初の会合は1725年の11月に開催され，それがロシアにおけるデカルトとニュートンの公式的な紹介の最初のものとなったが，当時問題になっていた地球の形状などについて論じられたその会には，ロシア人は一人も出席していないし，ロシア語も用いられなかった．アカデミーの創設は，大帝自身が認めているように「土地を耕すまえに種を播く」ようなものであったのだ[10]．

オイラーは，1727年に20歳で着任して以来，途中25年間のベルリン時代をはさんで83年に76歳で死ぬまでペテルブルグで働いた．実は，ベルリン時代も彼はペテルブルグから年金を得ていたのであり，論文の半分はそちらに送っていた．オイラーがベルリンで出版した月運動論や微分学の著書の印刷費用も，ペテルブルグから出されている．まさに，アカデミーはオイラーと共に，オイラーはアカデミーと共にあった．

このペテルブルグでの後半のパトロンが，これまた自称「ヴォルテール主義者」で「啓蒙君主」の女帝エカテリナⅡ世である．そのパトロンぶりは，オイラーの家が焼ければすぐ豪邸を新築するという，丸がかえであった．

さて，この女帝エカテリナは，フリードリヒ大王と並ぶだけの強烈な個性の持主である．否，王となるべくして王となったフリードリヒにくらべて，自分一人の野心と勇気と能力で王座をつかみ死ぬまで権力を維持した彼女の方が，はるかに興味深い．

ピョートル大帝の死から，このエカテリナⅡ世の即位までの40年近くは，ひっきりなしの宮廷革命で，この間女帝3人，皇帝3人というあわただしさ，しかもこれらすべて無能で，宮廷は浪費と陰謀に明け暮れている仕末である．それゆえ，ピョートル大帝が着手したロシアの近代化を次に発展させる任務は，このドタバタ劇に終止符を打ったエカテリナⅡ世に委ねられた．たしかに彼女は，強い意志と明晰な頭脳とリアルな政治感覚を持った女性であった．

当時のドイツの群小公国の貴族の娘たちは，どこか別の国の大物の花嫁になることばかりを考えるドライなコスモポリタンであった．その一人が，未来のエカテリナⅡ世である．こうして一人の貧乏貴族の娘が，運良く（？）まったく無能で男性的魅力のないピョートルⅢ世の玉の輿に乗ったのだ．すぐさま彼女はギリシャ正教に改宗し，神学とダンスとロシア語の特訓を五カ月でやってのけ，教会においてなみいるロシア貴族の前で「教義問答書」を一言も間違えずに暗唱してみせた.

さて，亭主のピョートルⅢ世は，無能でどうしようもなく，姑であるエリザベータ女帝は虚栄心が強く口うるさく彼女をいびり，宮廷はといえば，毎晩のようにぜいたくな舞踏会で，それも毎回新しい豪華な衣裳を身につけてゆかねばならず，ロシア宮廷のレベルから見れば着の身着のままに近い状態で嫁いだ彼女は，とてもやってゆけない.

こうして彼女は，もっぱら読書に逃げ込み，フランスの文学や哲学を読みふけり，ヴォルテールやモンテスキューに傾倒してゆく．もちろん，ヴォルテールを通してニュートンとロックを識るようになる．また，ロシア語を完全に身につけ，ロシア史を学び，そのうち宮廷では並ぶところのないロシア通になった．実際，彼女のおかれた立場では，フランスの進歩思想に共鳴するばかりか，密かに大きな野心を持つようになったとしても，不思議はない.

やがて亭主に新しい愛人が出来，身ごもった彼女について「あれは俺の子供じゃない」などと言いふらしはじめた．こうなると立場が悪いどころか身が危険である．しかし近衛連隊はピョートルⅢ世の無能に愛想をつかしはじめ，宮廷で孤立した彼女はここと接触をはじめる．このころ姑のエリザベータ女帝が死に，かわって王座についたピョートルⅢ世が，先に見たように7年戦争で窮地に立ったプロイセンに突如講和を申し入れ，世論はピョートルの裏切りに湧き返った．そのとき彼女は宮廷で唯一人講和反対を押し通した．うわさはたちまち広がり，近衛連隊では一躍彼女が愛国者となり，彼女についた連隊の力で一挙にクーデターは成功し，ピョートルIII世は殺された．

この，ドイツで生まれ，フランスの教養を身につけ，ロシアの愛国者となり，自ら「ヴォルテール主義者」と称しヴォルテール達と文通をつづけた女性が，以後，死ぬまでの37年間にわたってロシアを支配する．権力を握ってから彼女がやったことは，67歳で死ぬまでに12人の情夫をとり代えた点をのぞいては，プロイセンのフリードリヒ大王とよく似ている．地方行政機構を整備し，ロシアの科学振興に力を入れた．たとえば，ロシア各地に数学と自然科学を重視するパブリック・スクールを設立したのも，ヨーロッパ諸国に先んじてロシアに種痘法を導入したのも彼女である．官僚機構と軍と工業の近代化のために科学技術の進歩が必要であり，そのための人材養成が急務であることを彼女は疑わなかった．ディードロを金銭的に支援してその啓蒙ぶりを対外的にアピールし，ケプラーの遺稿を2000ルーブルで買い上げ，ペテルブルグ・アカデミーに委託したのも彼女である．

他方彼女は，プロイセンと組んで三度にわたってポーランド分割を行ない，トルコを侵略し，自らの権力基盤が貴族と大土地所有にあることを見抜き，徹底して貴族の特権を守り，農奴制の最も苛酷な形態を作り上げた．彼女の時代にロシアは「貴族の天国・農奴の地獄」となった．ロシア最大の農民叛乱・プガチョフの乱は，この時代である．

また，フランス革命に際しては，激怒して，在ロシア・フランス人全員にブルボン王朝への忠誠を誓わせている．死ぬ直前の1796年には，西欧の「危険な」哲学思想の流入を防ぐために——ロシアにはそれまでなかった——検閲制度を作りさえした．エカテリナ自身の啓蒙主義の申し子であったアレクサンドル・ラディシェフの『ペテルブルグからモスクワへの旅』のなかに革命精神の徴候を看取って著者をシベリヤ追放にしたのも彼女であった．

そして，彼女がベルリンからオイラーを呼び戻し，そのとき「エカテリナは，彼を王侯のように迎え，オイラーとその18人の家族のために家具つきの邸宅をとりそろえ，台所仕事のために自分自身の料理人を与えた」(11)のであった．オイラーは死ぬまで彼女のもとで研究をつづけた．ペテルブルグ・アカデミーが文化史に名を残したのも，ほとんどオイラー一人の力に負っている．「どこにいってもペテルブルグの紀要をどれほど人々が欲しがっているかは，言葉に尽くせません」とベルヌイはバーゼルで書いたが(12)，もちろんそれはオイラーの論文のためであった．

こうして見ると，学者オイラーとそのパトロンたる国家権力との関係はじつに現代のそれに近い．国家が政策として科学振興に力を入れ，学者を丸がかえにし，学者は学者で身分が保障されているかぎり国家が何をしようと無頓着でせっせと論文生産にはげむ．論文は定期的な刊行物に確実に印刷され，教会が横やりを入れることもなければ，ましてや迫害されることもない．フリードリヒ大王もエカテリナII世も，オイラーを直接実用目的に役立つ研究に縛りつけることもなく，わけのわからぬ数学や物理学の基礎研究にはげむオイラーの生活を保障したのである．そしてまた，オイラーのプロテスタントとしての宗教信条がロシアのギリシャ正教により抑圧されたということも聞かない．

ベルリンに赴任した朴訥なオイラーが，「私は口をきけばしばり首になる国から来ました」と語ったそうだが，オイラーは政治的ないし宗教的信条とは別の次元で，国家に庇護されて科学を営みうることを示したのである．

少なくともそれは，ケプラー，ガリレイ，デカルト，ライプニッツの時代とはちがう．彼らはいずれも，生活費を得るために貴族の機嫌をとり，教会の弾圧を用心しながら印刷を引き受けてくれる出版元を苦労して探し歩いたのである．ケプラーは，宮廷数学官というもっともらしい肩書きにもかかわらずそれに見合う給料を得ることができず，事実上占星術をなりわいとしながら宗教的迫害のなかで流浪の生涯を送り，ガリレイは教会権力により隔離され，オランダに隠遁したデカルトは自主規制し，失意と不遇のうちに死んだ．ライプニッツは下らない貴族の家系図作りに精力をすり減らし，肝心の研究結果はほとんど友人との私信でしか表現できず，大部分は死後はじめて陽の目を見ている．

大陸ではほぼオイラーを境に科学者と科学の社会的位置が一変したといえよう．そしてフランス革命を経て科学の研究は国家機構にビルト・インされてゆく．

Ⅳ 哲学ばなれしたオイラー

さて，思想史的に見てオイラーはどのような役割を果たしたのか．問題をこのように立てると，奇妙に思われる読者も少なくないであろう．というのも，哲学史や思想史でオイラーが問題にされたことはほとんどないからである．ニュートン主義とデカルト主義という対抗軸に座標系を設定した力学思想をめぐって，と狭く問題を立てても，オイラーの位置づけはデリケートな問題を伴っている．

ここで，ペテルブルグ・アカデミーに焦点を絞って当時の思想状況を少し見てみよう．

1762年に即位したエカテリナⅡ世がペテルブルグにオイラーを呼び戻したのは66年のことだが，この時期がロシアにおけるニュートン受容の転換期に当たる．

もともとライプニッツの計画にのっとって創始されたペテルブルグ・アカデミーでは，人脈的にも思想的にも教条的ライプニッツ主義者で徹底した合理論者であったクリスチャン・ヴォルフの影響が強く，初期におけるD.ベルヌイや若干の例外をのぞいて，ニュートンの重力理論もニュートンの後継者が定式化した経験論的方法もほとんど支持されることはなかった．

ニュートンとライプニッツともに亡き後の――18世紀中期を貫く――両派の論争は，ロンドンの王立協会が発行する *Philosophical Transaction* 誌の諸論文とライプチヒの *Acta Eruditorum* 誌に依拠するヴォルフ学派との論戦という形をとったが，結局両派の対立は，自然法則の〈真理性〉はなにに存在するのかという点にあった．いうまでもなく，自然科学の課題は諸現象をある一定の規則と秩序のもとに置く普遍的な法則の確立にあるのだが，論戦の焦点は，その法則の真理性が，経験的観測と数学的統合というその方法そのものの内にあるのか，それとも，法則の上位にある存在根拠を必要とするのかという点にある．もちろん，ニュートン学派は前者の立場を採る(13)．

そして，ロシアはもっぱらライプチヒの側に与していたのだが，その中心人物が，ヴォルフに直接学びオイラー復帰の前年（1765）に没したロモノソフであった．

モスクワ大学設立の原動力となり，自然科学から哲学・言語学・文学・絵画にまで及ぶダヴィンチ的能力を持ち，プーシキンをして「ロモノソフ自身が大学である」とまで言わしめた彼は，1739年には「引力ないし他の任意の隠れた質」は自然哲学においては認められず「衝撃がなければ物体は作用も反作用もしない」と語って，デカルトないしライプニッツに与する立場を表明し，その態度は終生変わることはなかった．あまつさえ，晩年に著した彼の最も包括的な自然科学書『物体の密度と流動性の観察』（1760）においても「ニュートンは生涯にわたって引力を受け容れなかった」と主張し，物体の性質としての重力という主張をすべて王立協会のニュートンの弟子達に帰させている．

そのさいロモノソフは，諸現象から数学的法則を帰納することが自然哲学の数理原理の課題であり，力は数学的にのみ捉えられねばならない（前述，第6章Ⅱ参照）というニュートンの主張を，自然哲学は数学的形式──すなわち演繹的・公理論的形式──において呈示されねばならないと読み替え曲解することによって，ニュートンの権威を利用しながらデカルト観念論を補強しようとしている．事実，彼は『自然哲学のプロレゴメナ』において，「第一原理を確立することはいかに困難なことか．しかしそこにいかなる障害があろうとも，われわれは，事態の全体を一望のもとに掌握しなければならないのである．わたくしは，われわれの自然の理解を確実な原理によって基礎づけたいと思う」と，その立場を表明している(14)．

つまるところロモノソフは，どのような点からもニュートン主義を認めようとしなかったのであり，そしてまた，彼は力学の発展にほとんど寄与していない．しかるに，そのロモノソフがロシアの学界に君臨していたのであるから，ロシアにおけるニュートンの受容はきわめて遅れることになった．

しかしながら，「ヴォルテールの生徒」を自認するエカテリナの即位（1762年），ロモノソフの死（65年），そしてヴォルフ哲学には批判的なオイラーの復帰（66年）というたてつづけの変動のなかで，情勢は大きく変わっていった．

まずエカテリナ自身の影響によって，フランス啓蒙主義のフィルターを通してニュートンが広く大衆的に紹介されるようになる．事実，「エカテリナの時代にニュートンの名は定期刊行物にますます頻繁に見出されるようになった」[15]．この時代にロシアの知識人は，とくにヴォルテールを通じて，ニュートンの力学だけでなく，「経験主義」的方法をも新しく発見したのだ．

ここで，オイラーの登場が追い打ちをかけた，といいたいところだが，オイラーの果たした役割はいささか微妙で矛盾に満ち捉えどころがない．もちろんオイラーの専門的な論文はヨーロッパにおいてペテルブルグ・アカデミーの権威を高めはしたが，大衆がそれらを読めるはずはないし，読んだわけはない．

このころオイラーは，物理学と哲学と神学について一般向けに書いた『ドイツ一公女への手紙』（1766-72）を公表している．これは，オイラーが哲学として哲学を論じたきわめて数少ない著書で，ヴォルフ哲学やデカルトの物心二元論を批判したものであり，相当広く読まれたものらしいが，その理由のひとつは，端的にいって害がなかったからである．つまりそこでオイラーは，説教じみた宗教信条をながながと書きつらねながら宗教上の教義と科学的真理の対立をきわめて用心深く避けて通り，科学史家ボスに言わせれば，「オイラーの〈自由思想家（Freethinker)〉への度重なる攻撃と鼻につく彼の敬虔さのために，科学を宗教に服従させようとする人々にオイラーの公然たる支持という権威を与えた」からである[16]．

じつはオイラーは，このように一見きわめて保守的に振舞うことにより，結果的には，宗教と科学とを別々に営みうることを示したと言えよう．宗教的信条はそれとして保持しつつ科学研究はそれと別次元で展開しうるというのが，現実にもオイラーが採った立場であった．要するに彼はプロの自然科学者になったのであって，科学観と宗教観を一つの世界観のうちに統一しようと苦心したデカルトやニュートンとは異なっている．

他方で，オイラーは，後述するようにこの『手紙』において，ニュートンの重力をあくまで近接作用と充満理論によって説明すべきだとしてエーテル理論を提唱している．このようにいつまでもデカルト流の発想に囚われているこの『手紙』は，ニュートン主義者，わけてもフランス啓蒙主義者の間では，評判は散々であった．ダランベールは「われわれの友人は偉大な解析家ではありますけれども，相当劣悪な哲学者であります」とラグランジュに書き送り，ラグランジュもまた，それはニュートンのヨハネ黙示録の注解にのみ比すべき天才の錯乱だとして「オイラーの名誉のためにはこんなものは公表しない方がよい」と語っている[17]．時代を代表する双璧にこうまでけなされているのだから，一般の評価は推して識るべしであろう．

考えてみれば，それはこれまでの物理学者とは大ちがいである．というのも，オイラーは――次章で詳述するように――ニュートンの重力の存在論上の根拠を空しく追い求めながら，それはそれとしてニュートン力学の形式的整備と概念の洗練や適用範囲の拡大には絶大な寄与をしているのである．形而上学は形而上学として問題を立てながらも，それとは別の次元で物理学を展開しているのである．オイラー以前までは，「劣悪な哲学者」でありながら「偉大な解析家」であることは不可能なことであった．

ニュートンについては，『自然哲学の数学的諸原理』を著わしているのだから，文句なしに哲学上で評価されているし，ガリレイは，アリストテレス世界像との対決を意図して『二大世界体系についての対話（天文対話）』を遺している．ネオ・プラトン・ピタゴラス主義者ケプラーは，「世界の調和」をライト・モチーフに生き抜いた．デカルトやライプニッツになると，何が専門かわからない．少なくとも哲学者としても一級品に数えられている．

彼らにくらべると，オイラーは一介の解析学者・数理物理学者にすぎない．数学をとればただの人である．

現在，たとえば西洋哲学史の類の書物を読むと，まずオイラーは登場しない．哲学者の書いたものはもちろんのこと，数学と物理学に通暁しているバートランド・ラッセルの部厚い『西洋哲学史』でさえ，ケプラー，ガリレイ，ニュートン，ライプニッツ，デカルトには応分のスペースがとられているが，オイラーは名前も見当らない．

しかし，逆説的ではあるが，まさにこの点で，つまり哲学史に登場しないという点で，オイラーは哲学史と思想史の時代を劃しているのである．

そこを明確に捉えたのが，じつは哲学者エルンスト・カッシーラーであった．西洋哲学史にオイラーが登場しないといったが，例外はカッシーラーの『近代科学と哲学における認識問題』である．

結論から先に言うと，オイラーによってはじめて，——少なくとも結果的には——物理学は哲学からの独立をかち取ったのである．

ニュートンに至るまで「物理学（フィージク）」——つまり「自然学」——は独立した学ではなかった．その背後には「形而上学（メタフィージク）」があり，物理学のすべての基本法則は，形而上学により基礎づけられ形而上学ないしは神学から導き出されるべきものであった．

実際，すでに見たように，ニュートンのえがいた地球と太陽系は，われわれの眼から見ればまことに奇妙なものであった．一方ではその軌道や形状が見事に合理的に説明されながら，あるところから先では，神様で充満した空間や，秩序を保つために時々テコ入れする神様が重要な役割を演ずる．「仮説を立てない」と言ったニュートンの場合，この議論のおかしさが余計に眼につくが，ニュートンと対立する側の議論も，同様である．

「ニュートンの力学」にたいする批判としては，すでにデカルト派のものを見てきた．いま一人の雄ライプニッツも，重力の本質については，デカルトとほぼ同様の批判をしている．しかしその論拠は相当ちがう．ニュートン側の反論は，クラークによって代弁された．この論争はクラーク－ライプニッツの往復書簡としてライプニッツの死後に刊行された．

ヴォルテールはこれを「わたくしたちが文学的論争にお

いて持つ最も美しいモニュメントであろう」と評した．美しいかどうかは別として，面白いことは確かである．物理学の論争というよりむしろ神学論争であり，だから，わたくしたちから見れば揚足取りのような議論が続いている．

とくに力学上の問題にかぎればライプニッツの批判で意味を持ったのは空間の本質についてであった．

クラークは，例の空間に充満する神というニュートンの議論に依拠して，空間は神の性質であり，したがって実在物（神）の性質であるという．ライプニッツは，それでは空間を絶対的実在物と看做すことになり間違っている，空間とは物体が相並ぶ秩序の形式であり関係にすぎず，観念的で相対的なものであると言う．

第3書簡（1716年2月25日付）でライプニッツは次のように語る．

空間を実体ないしは少なくとも絶体的な存在と捉えている人々の空想を論破する多くの証明を私は持っています．しかしここで私は，貴下が述べる機会を与えて下さったひとつの証明だけを使いたいと思います．もしも空間が絶対的存在だとするならば，充足理由律のあてはまりえない事柄が生ずることになるだろうと，私は主張します．これは私の公理に反することです．そのことを証明してみせましょう．空間とは絶対的に一様なあるものです．そしてその中に事物が置かれていなければ，空間内の一点は他の任意の点とはいかなる観点においてもまったく異なりません．したがって次のことが導かれます．（空間が，物体相互間の秩序であるばかりではなく，それ自身でなにかあるものだと仮定しますと）何故に神が，物体相互の配置を保ちつつ，諸物体をある特定な〔現に在るような〕仕方で空間内に置き，別様には置かなかったのか，何故にすべての物体を，たとえば東と西を入れ代えるように，いまとはまったく逆に置かなかったのか，これらのことの理由がありえなくなります．しかし空間が秩序あるいは関係以外のなにものでもなく，物体がなければまったくの無であって，ただ物体を置く可能性でしかないのだとすれば，これらの二つの状態，つまり現に在る通りの状態とそれとはまったく逆に置かれた状態は，決して異なるものではありません．という次第で，この二つの状態を異なるものとするのは，空間それ自体が実在だとする空想的前提に由来するものです(18)．

やたらと「神様」が出てくる点を除けば，さすがにライプニッツはいいところを衝いている．

そして，たとえばクラークの，空間は実在物だから量（距離）を持つのであり，関係ならば量を持ち得ないではないかという逆襲にたいし，ライプニッツは，関係（つまり比）でも対数をとれば量となると答えている．これはケーリーとクラインの射影計量を予見させるものである．

しかし，結論はともかく，ここでも空間の計量の問題に関してライプニッツの議論の論拠は，神は広大無辺であるから，物体と共通の尺度で計れる空間が神の性質であったりするわけはないというものである．うんざり！

ともあれここでライプニッツが，ニュートンとクラークによる空間の実在的実体視を退け，さらに空間の対称性（一様・等方性）に言及していることに注目していただきたい．

そして，空間をめぐる議論は，時代の争点であった．

ニュートンの力学は受け入れられたが，この辺りはもやもやとしていたのだ．この問題の最終的な決着は今世紀の相対論まで持ち越されるが，ニュートンの力学の範囲内でけりをつけたのはオイラーである．

オイラー自身は絶対空間に囚われてはいるけれども，クラークやニュートン，そしてまたライプニッツの議論を180度ひっくり返してしまった．つまり，物理学は物理学自身に基礎を持ち，形而上学が物理学を基礎づけるものではない，逆に物理学が形而上学を導くものであるという真っ当な立論であり，事実上，形而上学を否定したのだ．

V　空間の問題と慣性法則

1748年にベルリンで発表した『空間と時間についての省察』においてオイラーは次のように語っている．

力学の法則は確実に根拠づけられたものであるから，物体世界についてのわれわれの判断の唯一の基礎でなければならない．そしてそれは，より高次の形而上学的な命題から導かれようと否とにかかわらず，価値を持つ．

力学の諸原理の確実性は，物体の本質や性質をめぐる形而上学のやっかいな研究のための指針として用いられねばならない．力学の原理に反するどのような推論も，たとえそれが形而上学的に基礎づけられているように見えたとしても，退けるのが正しい(19)．

したがって，彼にとっては，空間をめぐる諸問題についても「運動法則」と「慣性法則」こそが議論の出発点である．つまり，空間自体が何であるのかではなく，運動法則と慣性法則の表現と定式化にとっていかに空間が用いられるのかが問題なのである．

前述の『力学』においても彼は次のように明快に立場を表明している．

われわれは無限の空間とその中の境界についてはいかなる確かな観念も形成しえないがゆえに，人は通常有限の空間と物体的境界について考察し，それらにのっとって物体の運動と静止を判断している．という次第であるからわれわれは，これらの（物体的）境界に対してその配置を保つ物体を静止しているといい，他方，これらの境界に対してその配置を変えるものを動いているという．

しかし，われわれが無限の空間とその中の境界について語ることは，いずれの規定もただ純粋に数学的な概念の意味で捉えられているのだと解さなければならない．たとえこれらの〔数学的〕表象が形而上学的考察と矛盾しているように見えても，われわれの目的に用いることは正当である．そのさいわれわれは，かかる無限の空間と不動の境界が存在していると言っているのではなく，それが存在しようがしまいが，絶対的な静止や運動を考える者は，かかる空間を表象し，それにのっとってある物体の運動や静止を判断しているにすぎないのである．（第1巻・定義2・注解1，2）[20]．

つまるところ，空間とは慣性法則と運動法則とを表現する数学的座標系でしかなく，慣性法則が絶対座標系を必要とするのだから，それが絶対空間である．すなわち，力学の原理を離れて空間や時間をそれだけ取り出してその本性や存在論的ないしは形而上学的本質を論ずることは意味を持たない，というのである．こうして，ニュートンには色濃くあった空間の存在論的性格が払拭されるに至ったのである．

ここでわたくしは，「慣性法則」という言葉を何の断りもなく使って，読者がその言葉を現在的な意味に解するのであろうことを想定している．すなわち，空間の一様性からの帰結——ガリレイの相対性原理——としての慣性原理という理解である．そして，たしかに「慣性」概念を現在理解されている意味で正しく定式化したのも，オイラーが最初である．オイラーは空間概念の捉え返しと相即的に慣性概念の捉え返しをやってのけたのだ．というのも，オイラーにとって絶対空間は慣性法則を認めれば論理必然的に要求されることであるから，逆に空間の問題は慣性法則が論理学的に導き出されるか否かということに還元されるからである．

前にも見たように，天体と地上の物体の双方に共通する慣性概念をはじめて提唱したのはケプラーであった．しかしケプラーの慣性は，物体が静止を続けようとする性質だけを表わしていたし，また彼の思考には生物態的世界像の残滓が見られ，必ずしも近代的なものではない．

他方でガリレイによる慣性は，地上物体は上昇に際しては減速され下降に際しては加速されるという現象的事実にもとづき，そこから水平運動では加速も減速もされない等速運動をするはずであるという思考実験を行うことによって導き出されたものであった．たしかにこの結果はガリレイの数学的現象主義の成果であり，彼が晩年に書きあげた『新科学対話』（1638）では割合すっきりと表現されている（第2章VIIでの引用）．そして通常このガリレイの論法と結論が近代物理学の出発点として位置づけられている．しかし前にも述べたようにこのガリレイにとっての慣性が地球表面での重力加速度に囚われた「円運動の慣性」であるということは今は問わないにしても，数学的現象主義に立つかぎり「慣性とは何か？」という問題は——もともと問題としても存在しないのだから——答えようがない．それは，ガリレイが地表での重力加速度の原因を問わなかったことと同根である．

しかるにガリレイは，はじめからこのような現象主義の立場に立っていたわけでもなければ，慣性法則をはじめから上記のように理解していたわけでもない．当初彼は，中世におけるアリストテレス運動学の内在的批判としてのインピートゥス理論に依拠して自らの運動学を作っていったのだ．

アリストテレス自然学では地上の重量物体は，自らの性質としてその固有の場所たる地球の中心——すなわち世界の中心——に向かい（自然運動），ただ外的な力が作用している場合にだけ鉛直下方とは異なる方向に向かう（強制運動）．しかしこの理論は上方や水平方向への投射物体の場合にたちまち困難に直面する．弓からはなれた矢は，なるほど張りつめた弦が矢を押している間は力を受けてはいたが，その後には作用を受けていない．アリストテレス自身このことを問題としていたようであるが，彼の説明の一つは，弦が媒質としての空気にある種の作用能力を与え，この空気が矢を押しつづけそのために矢は飛びつづけるという相当苦しいものである．日常的な経験においても空気がむしろ物体の運動を妨げることは感じ取られることであり，アリストテレスも別のところでは，空気が運動に抵抗すると語っている[21]．

この点にたいするアリストテレス批判は早くから存在していた．有名なところではビュリダンを中心とする14世紀のパリの唯名論者があげられる．ビュリダンによれば物体を投げるときに手や弦や投石器は物体にインピートゥス（impetus ―― 激しさ，躍動）を与える．そして外力によって物体内に込められたこのインピートゥスによって投射物体は動き続け，空気の抵抗によって，あるいは上方に投げられたときには重さによってこのインピートゥスが減少し，それに応じて物体の自然運動に反する運動も減少する．ただしビュリダンのインピートゥスは，媒質の抵抗などがなければ，永遠に保存されるものであった．すなわち「インピートゥスは，逆の抵抗や逆の運動への傾向がなければ，永久に残るであろう」[22]．

ガリレイは1590年に書いた手稿『運動について』では，このインピートゥスに依拠し「投げ手によって投射物体に刻み込まれた駆動力は何か」と問題を立てて，以下のように議論を展開している[23].

上方に投げ上げられた物体は,「重さ」を奪い取られる.つまり,駆動力としての「軽さ」が手から物体に刻み込まれる.そのことは,熱せられ「冷たさ」を奪い取られた鉄が火を遠ざけた後も「熱さ」を維持するのと同様に,あるいはまた,ハンマーでたたかれた鐘には「音の質」が刻み込まれ鐘がしばらく鳴りつづけるのと同様に,別段驚くべきことではない.しかし火を遠ざけたならば鉄は次第に「冷たさ」を回復してゆくように,「刻み込まれた力も減少しつづける」,つまり,投げ上げられた物体も次第に「軽さ」を失い「重さ」を回復してゆく.そして「重さ」が「軽さ」を上回ったとき物体は下降をはじめ,「軽さ」がさらに減ずるにつれて下に加速され,ある時間がたてば鉄が自然の「冷たさ」に達するのと同様に,投げ上げられた物体もついには自然の「重さ」に達し,その後は自然運動としての落下をはじめる.ここでこの「物体に刻み込まれた軽さ」をガリレイは別のところで「インピートゥス」とも語っているが,実際これはインピートゥス理論そのものである.ただしガリレイのインピートゥスは,ビュリダンのものと異なり,自然に減衰するものであった.

このかぎりで,インピートゥスとは,外力によって物体に注入された偶有的な,それゆえ自然な状態では物体が有さない,そして一度注入されてもやがて失われてゆく性質を指している.これは,現在わたくしたちが考えている「慣性」とはまったく別のものである.

ガリレイは，この1590年代から1610年の頃までに思想的転換をとげ，『星界の報告』を出してからは公然とコペルニクス説を語り出すのだが，その後は，第2章で見たように，地上天上を含めすべての「自然運動」を「円運動」に包摂することによって，一貫した理論を作ろうとしている．こうして彼は，「円運動の永続性」という観念に達した．他方で「直線運動」については，『天文対話』においても，「固定した中心の周りを速く回転させられる重い物体は，……その中心から遠ざかるように動く衝撃を得る」[24]と語っているのであり，インピートゥス理論を批判し克服しきったとはいい難い．

1612年に書いた『太陽黒点にかんする書簡（第2書簡）』では，ガリレイは，水平運動（円運動）の慣性を，次のように導き出している．

わたくしの観察するところでは，自然的物体は，重い物体が下方へ向うように，ある運動への自然的傾向をもっています．こうした運動は，なにか隠れた障害にさまたげられないかぎり，特殊な外的起動者を必要とせず，内在的原理にもとづき，自然的傾向によってなされます．自然的物体は，重い物体が上方への運動にたいしてもっているように，ほかのある運動にたいして反感をもっています．ですから外的起動者から暴力的に一撃されないかぎり，そういうふうには決して運動しません．また，自然的物体は，重い物体が水平運動にたいして示すように，ある種の運動にたいしては無関心を示します．地球の中心へ向わず，地球の中心から遠ざかりもしないから，重い物体には水平運動への傾向も反感もないのです．それゆえに，一切の外的障害をとりされば，地球にたいして同心的な球面上にある

> 重い物体は，静止，および水平部分の運動にたいしては無関心のはずです．この場合には，一度おかれた状態を維持してゆくでしょう．すなわち，静止状態におかれるならそれを維持するでしょうし，運動におかれるならおなじ〔運動〕状態を保っていくでしょう[25]．

たしかにこの結論は，岩波文庫の訳注にもあるように「慣性原理の明確な表現」とも読める．とくに「運動」を「状態」として「静止状態」と同一範疇に捉えていることは，アリストテレスとの決定的な決別を示している[26]．

しかし「自然的傾向」「反感」「無関心」というような表現からもわかるように，その推論はアリストテレス自然学にのっとったものであり，中間期ガリレイをよく表わしている．ここで「物体の下方に向かう自然的傾向」を後期ガリレイの現象主義に立って単に「物体は下方に向かう加速度を持つ」と言い直せば，『新科学対話』での慣性論にゆきつくことになる．しかしそれは，ガリレイの円運動の秩序のなかでのみ意味を持つものであり，この円運動の慣性とインピートゥスによる直線運動をひっくるめて，後世の人々は，ガリレイのなかに近代の慣性理論を読み込んできたのだ．

このガリレイの後をうけたデカルトは，たしかに「等速直線運動の持続としての慣性」を提起したが，しかし彼にとって「慣性」とは「力」そのものを意味していた．すなわち，「静止しているものはその静止を保ちつづける力，したがってこの状態を変えうるあらゆるものに抵抗する力を持ち，動いているものはその運動すなわち同じ速さと同じ方向を持つ運動をしつづけようとする力を持つ」（『原理』II-43）．

他方，ニュートンは慣性概念を直接的にはケプラーとデカルトから学んだと思われるが[27]，彼の場合もいまだに概念の混乱が見られる．青年時代の手稿『重力と流体の平衡』においてニュートンは，次のように書いている．

定義5．力（vis）とは運動と静止の因果的原理である．それは，ある物体に刻印された運動を生み出すか破壊するかあるいは変化せしめる外的な原理であるか，ないしは，ある物体において現に在る運動や静止を保存せしめそれによって任意の物体がその状態を持続しようとして抵抗物に抗する内的な原理であるか，そのいずれかである．

定義7．インピートゥスとは，事物に刻印されたかぎりの力（vis）である．

定義8．慣性（inertia）とは，物体が外的駆動力によってその状態をた易くは変えられないように物体に内在する力（vis interna corporis）である[28]．

つまりこの時点でニュートンは，なるほど「慣性」と「インピートゥス」を区別しているものの，やはり「外力」と「慣性」とを「力（vis）」という単一のカテゴリーで並列的に捉えている．

そしてこの混同は『プリンキピア』執筆の時点でも克服されなかった．『プリンキピア』冒頭の「定義III」では，物体が運動状態の変化に抗する内在的能力（potentia resistendi）を物体の「固有力（vis insita）」とし（第3章Ⅰのはじめの引用），「固有力は，いちばんよく内容を表わす名前として，慣性力（vis inertiae）とよぶことができよう．……この〔固有〕力の働きは抵抗ともインピートゥスともみることができる」と説明している．

いつのまにかまた「慣性」が「インピートゥス」と同一視されているのだ．そして「定義Ⅳ」では，物体の状態を変える作用として「外力」がおかれているが，この「固有力」と「外力」の並列的な扱い方は，ニュートンの考え方が，「固有力」のゆえに物体は運動を持続するものであるとともに，「固有力」と「外力」とのかね合いで物体の現実の運動が決まるという発想に囚われていたことを示唆している．ニュートンにとって「慣性」は，あくまである種の「力」であり，少なくとも空間の問題とは何の関係もないし，ましてや空間の一様性の結果では決してない．

このデカルトとニュートンの混乱が，後に「力」の測度をめぐるデカルト派とライプニッツ派の論争に発展してゆくのだが，ともあれ，ケプラーからニュートンにいたる慣性概念の混乱を一掃したのがオイラーである．

オイラーは1736年の『力学』の第1巻・定義9では，

> 慣性（vis inertiae）とは，すべての物体に内在するいつまでも静止しつづけるか，または一方向に一様に動きつづける能力（facultas）である[29]．

と表明し，ニュートンを踏襲して「慣性という語は，力という語と合せたとき抵抗の観念により適合する」(§ 76) と，いまだに vis inertiae という用語を用いているが，後に書かれたと考えられている『自然哲学序説 (*Anleitung zur Naturlehre*)』[30]では，オイラーは，用語の変更を含めて慣性法則の基礎づけをまったく新しい地平に登らせてしまった．この『自然哲学序説』はドイツ語で書かれた草稿で，19 世紀の中頃に発見されたもので，詳しくは次章で見るつもりだが，ここでは，慣性を論じた第 4 章だけを見てゆこう．

まずオイラーは，物体に内在する第 3 の普遍的性質として ── 何故第 3 なのかは次章で見るが ──「恒常性 (Standhaftigkeit)」なるものを挙げる．見馴れない言葉で訳語には苦労したのだが，もちろん現在いわれている「慣性 (Trägheit)」のことである．そしてその物体の性質を次のように表現している（頭の数字は全篇通した命題番号）．

26. 物体は一度静止すれば，外的原因によってその状態を乱され運動状態に置かれないかぎり，静止を続ける．
29. 運動している物体は，外的原因によってその状態を乱されないかぎり，その本性（Natur）により一直線上を前進し続けねばならないだけではなく，つねに同一の速さを保たねばならず，それゆえ同一時間に同一距離を通過する．
31. すべての物体のその状態を持続しようとするこの性質は，ここでは恒常性という名前で捉えられている．恒常性は運動にたいしても静止にたいしても同じように及んでいる．

まず用語からゆこう．命題31でオイラーは「慣性」にたいしてドイツ語で当時すでに定着していたTrägheitという言葉を用いないでStandhaftigkeitという妙な言葉を用いているが，その理由を次のように説明している．

つまり，通常はTrägheitと呼ばれるこの性質は，静止物体が静止を保とうとする傾向を考えている場合には運動に抗するあるものを示しているから別段まずくはないが，じつはこの性質は運動物体にも同じように属し，等速度で運動する物体の場合にその物体がträg（鈍重な・不活発な・緩慢な）だとはいわないから，Trägheitという命名はまったく不適切である．他方，Standhaftigkeitという言葉は，静止していようが運動していようがその状態を持続するということを適切に表現している．これが通常の用語法を避けた理由なのだが，重要なのは次の一節である．

> 通常，人はTrägheitという言葉に力を結びつけ，物体に慣性の力（Kraft der Trägheit）を与えているが，そこから大きな混乱が惹き起こされている．というのも力とは本来物体の状態を変化させうるものに対する名称であり，状態保存が依拠しているものを力と見なすことはできないからである．（命題31の説明）

ここではじめて「慣性」の概念が「力」の概念とは区別され，Kraft der Trägheitないしvis inertiaeという混乱した用語が清算され，inertiaとして「慣性」が一人立ちすることになったのだ．

ちなみにここで指摘されている「大きな混乱」とは「慣性（vis inertiae)」を物体に込められた「力」――「固有力」――として「外力」に並置したことに由来し，以来「力の測度」をめぐってデカルト派とライプニッツ派に分かれて延々と続けられた論争を指している．通史ではこの論争を解決したのはダランベールとされている．たしかに現実的にケリをつけたのはダランベールであり，本書でもこの論争についてはダランベールのところで詳しく述べるつもりだが（第11章参照），理論的な解決はオイラーが先行している．この論争は，要するに一方では「固有力」と「外力」とを混同させながら他方でその「力」の測度は何かを問題にする奇妙な論争であり，オイラーは「慣性」を「力」とは別のものと正しく理解することによって，論争そのものの無意味さを発いてしまったのだ．

それでは，「力」と区別された概念としての「慣性」，すなわちオイラーの用いる「恒常性」とは，いかなるものとして物理学に導入されるのか．生物態的世界像を離れて擬人的な力概念を放棄しアリストテレス流の傾向とか反感だとかを一掃しようとするオイラーは，ケプラーからニュートンにいたる議論を一切捨てて，ライプニッツに倣って充足理由律に依拠して論理学的に「恒常性」を導入する．命題26の説明では次のように述べられている．

ある物体が静止していてそれに作用するものが外部に何もなければ，それがいかにして運動状態に置かれうるのかは理解しえない．というのも，もしもそれが動き始めようとするならば，ある一つの方向を採らなければならないであろう．しかし何故にそれが他の方向にではなくその方向に動こうとするのかについてはまったく理由がなく，このような充分な理由がないがゆえにわれわれは，一度静止した物体は，その物体を運動状態に置こうとする外的原因が外にないかぎり，つねにその状態にとどまり続けようとすることを確実に結論づけうる．したがってこの原理は，物体自身の中には一度静止したならばそれを運動状態におくいかなる原因もないことをわれわれに教える．そしてまたこのことによって，いくつかの自然哲学が物体に与えてきた，**物体が運動しようとする空想的な力なるものが一掃される**．（強調引用者）

同様に，等速直線運動をしている物体においては，それに力を及ぼす外物がないかぎり，空間的に方向を規定するものは現にある運動方向だけである．したがって，それが方向を変えるとすればある特定の方向を選ばなければならないが，それまでの進行方向以外の特定の方向を選ぶ理由がないから進行方向を維持する，云々．

こういう風な議論の進め方は，一見いまから見れば物理学の議論にそぐわないように思われるが，ニュートンを含めてそれまでの「自然哲学」を支配していた「物体が運動しようとする空想的な力」なるものを一掃するためには一度はくぐり抜けなければならなかった過程である．そしてまたこのオイラーの表現を空間の対称性の意味に読めば，きわめて現代的にもなる．そしてここではじめて，「慣性」が空間の性質（一様性）に結びつけられたことになる．それは以下に見る運動と静止の同等性の議論を読めばより明白になる．

さて，こういった議論を経てオイラーは，静止と等速直線運動が物理的にはまったく同一であるという認識に達する．このことをはじめて公然と語ったのは，ガリレイではなくオイラーである．すなわち，

30. 物体は静止し続けようと同一方向に同一の速さで前進し続けようと，まったく同じ状態にあるといってよい．

そしてオイラーがここに達しえたのは，彼の空間概念にもとづき，どちらかといえば空間を関係と捉え，ニュートンの存在論的性格を持つ空間，ないしは空間の実体視を克服したことの結果であるといえる．オイラーにとって空間は一つの数学的座標系であり，運動はその座標系にたいする一つの関係にすぎない．そして慣性法則はその関係の不変性を表わしているのだ．命題30の説明では次のように語られている．

ある物体が静止しているかぎりそれは同一の位置にとどまり，明らかに空間との関係を不変に保っている．他方物体が動いているときには，たしかにそれは不断に位置を変えているけれども，しかしその運動はつねに一定の方向に一定の速度で生じ，位置の変化そのものがつねに同一であり，それゆえこの場合も空間との関係は不変に保たれているといってよい．つまりいずれの場合も物体は同一の状態にあるといえる．しかし静止物体が運動状態に置かれるとか，運動物体がその速さや方向あるいはその双方を変える場合には，その状態は変化しているの

であり，その原因は物体自身にはありえず，物体の外部に求められねばならない．

すなわちオイラーは，空間の一様性を前提にしたうえで，等速直線運動をする物体はそれに力を及ぼす外的原因——すなわち一様性の破れ——がないかぎり空間にたいして同一の関係を保っているものと看做し，充足理由律によってこの関係が保存されていると主張しているのである．言いまわしのまわりくどさが鼻につくが，これはガリレイの相対性原理の現代的な基礎づけに一致している．

こうしてオイラーは，空間と慣性法則の問題をニュートン力学の範囲内でほぼ完成させてしまった．そしてこの転換によってはじめて，——重力論をのぞけば——「ニュートンの力学」は「ニュートン力学」として力学の範囲内で基礎づけられたのである．

カッシーラーは，時間や空間の現実的性格は，直接的・感性的観察からでも，表象の心理学的分析からでも得られず，その本質はもっぱら数理物理学の体系においてそれらか持つ機能（Funktion）において決められるべきであるとしたオイラーの理説は，新しい数理科学の「成人宣言」であると評しているが，カントの「啓蒙とは大人になることだ」という奇妙な標語と合わせると，「啓蒙君主」に仕えたオイラーも数理物理学上の「啓蒙主義者」なのかもしれない．

第9章　オイラーの重力理論

I　見失われた書――『自然哲学序説』

前章で検討してきたのは「過渡期の人オイラー」の，いわば前進的な側面――フランス啓蒙主義に連なる一側面――であった．しかしこれがオイラーのすべてではない．本書の主題の一つである「重力とは何か」をめぐる問題ではオイラーは躓いた．

オイラーは，一方ではニュートンの重力を容認しながらも，他方ではその重力をデカルト流に空間に充満する微細物質――エーテル――の圧から導き出そうと悪戦苦闘して果たせなかったのである．『オイラー全集』の編集者の一人がいみじくも語っているように，重力の成因と機構をめぐってオイラーは「おくれて来た相当正統的なデカルト派」[(1)]として振舞ったのだ．

オイラーの友人で熱烈なニュートン主義者のダニエル・ベルヌイは，1742年に，「貴兄が渦動理論をそんなにも高く買っておられることは私には驚きであります」とオイラーに手紙を書き，また1744年には「この〔重力の成因という〕点について私は完全なニュートン主義者であります．そして貴兄がそんなにいつまでもデカルトの原理に固執しているのは，私には不思議に思われます．執着心に捉われすぎているのではないのでしょうか．私たちにはその本質を理解しえない霊気（anima）をもしも神が創りうるのだとするならば，神は万物に引力を刻み込むこともできるでしょう．たとえその引力が私たちの理解を越えたもの（supra captum）であったとしてもです．他方で，デカルトの原理はあまりにも私たちの理解に反する（contra captum）あるものを含んでいます」[2]と書き送っている．ここでD.ベルヌイは「完全なニュートン主義者（ein völliger Newtonianer）」と自称しているが，彼は媒質を必要としない遠隔力を認めることがニュートンの真意であると考えていたのである[*]．同時代人の眼から見てもオイラーはいささか「おくれていた」のであり，この点にこそダランベールがオイラーを馬鹿にした理由があった．

いったいオイラーは重力をどのようなものと見ていたのだろうか．

1736年の『力学，解析学的に示された運動の科学』では，力の定義のところ（定義10）で簡単に次のように述べられている．

---

[*] ちなみにいうと，オイラーにペテルブルグでのポストを口添えしたこのD.ベルヌイは，ヴォルフの影響下にあったペテルブルグで1729年に，その前の年に『重力の原因について』という論文でデカルトの渦動理論の救出を試みパリのアカデミーで賞を取ったビルフィンガー相手に，ニュートンの重力論を擁護するための大論争をやっている[3]．

力能（potentia）とは，静止から運動をひき起こすかまたは運動を変化せしめる物体力（vis corpus）である．

重力（gravitas）は，すべての物体におしなべて備わり，静止から下方に降下させひとりでに下方に加速させつづけるこのような種類の力（vis）であり，いいかえれば力能である．

オイラーはまた，1760年に著した『固体または剛体の理論（*Theoria Motus Corporum Solidorum seu Rigidorum*）』でも，定義16で，

重力とは，大地表面付近のすべての物体を下方に押しやる力であり，またあらゆる物体を重力の方向に〔つまり〕下方にひきつける力であり，この物体の重さ（pondus）と呼ばれる．

と述べている(4)．このかぎりでは重力はその効果により定義され，物体に備わった性質ないし遠隔力として受け容れられているように見える．

しかしもちろんオイラーは，このような現象論的な定義だけで事足りると思っていたわけではない．というのも，オイラーの力学理論を代表するこの二著は，ニュートンが作り上げた力学を解析的に書き改め敷衍することを主眼としたものであって，力を与えられたものとして，その力の作用を受けている質点や剛体の運動を数学的に論ずることに主題があるため――そしてこの点でオイラーの物理学は評価されているのだが――力や重力の本質は何かということには踏み込んではいないからである．そのかぎりでは，

力の定義をその力が物体に及ぼす効果で与えておけばよいのだ．しかしそれ以外のところでオイラーは，何回か重力の成因を論じ，重力の機械論的解明を試みている．つまりオイラーもまた，ニュートンがベントリーへの手紙で漏らした問題意識を継承し，遠隔作用としての重力を認めることができず，重力を媒介するエーテルを模索していたのだ．もちろんニュートンのようにその媒質を非物質的な神的存在者とすることはなかったけれども．

この手のオイラーの研究としては『力の起源の研究』と題する1750年の論文や前述の『ドイツ一公女への手紙』などがあるが，なかでも最も重要と思われるものは『自然哲学序説』と題された草稿である．前章でも触れたこの『自然哲学序説』は，草稿とはいえほとんど完成された原稿で——もっともドイツ語で書かれているのでオイラーはそれをどういう場で公表するつもりだったのかがよくわからないが——量的に見ても一冊の著書の分量を有し，色々な面できわめて面白く，歴史的にも重要だと思われる．ワイルは本書を「すばらしい明快さで彼の時代の自然哲学の基礎を要約したもの」と評しているが(5)，どういうわけか物理学史上ではほとんど論じられたことがない．

たとえばヤンマーの『力の概念』では，オイラーの『ドイツ一公女への手紙』の次の一節：

われわれは，天体をへだてている全空間はエーテルと呼ばれる稀薄な物質で満たされていることを知っているので，物体の相互牽引をエーテルが物体に及ぼす作用――その作用のメカニズムはわかっていないのですが――に帰する方が，わけのわからない性質に依拠するよりは無理がないように思われます．

を取り上げ，「オイラーはそれまで純粋に機械論的な重力の説明が与えられていなかったことを悟っていたので，このように慎重で控えめな態度を取り，ほとんどあきらめに近い気持を抱いていた」と結論づけている．このオイラーの有名な『手紙』は1767年から72年のもので，その時点でオイラーが「あきらめ」の気持を持っていたか否かはよくわからないが，少なくとも1750年前後の時点ではヤンマーの評価は当らない[*]．

そしてヤンマーは，「オイラーの力学の問題に関する数ある著作のうち，重力の問題にあからさまに言及しているのは『磁気論』と『ドイツ一公女への手紙』の二つだけである」として，この『自然哲学序説』を全く無視してしまっているのである[6]．

もっとも，この『自然哲学序説』が注目されなかったのには，それなりの歴史的事情もある．現在ではこの草稿は『オイラー全集』の1926年に刊行された第3部・第1巻に収録されているが，その編者の解説によれば，おそらくは1750年ごろ――はやく見ても1745年以降――にベルリン

---

[*] ボスの『ニュートンとロシア』では，オイラーは遠隔作用を拒否してエーテルから力を説明するべきだという若いときの信念にいつまでも忠実であった，とある[7]．

で書かれたこの草稿は，100年間も見失われていて，ようやく1844年になって発見され――そのいきさつは『全集』第1巻・第1部の序文にあるが――はじめて印刷されたのは1862年の『遺作集（*Opera postuma*）』においてであった．しかも原稿の一部が紛失していた．しかしもうそのころになれば，大陸では重力は物理学者のなかで完全に市民権を得ていたのであって，この草稿が物理学者のあいだで改めて注目をひいたとは考え難い．

さて，この『自然哲学序説』は，全21章より成り，はじめの6章で物体の基本的性質と本質を抽象して自然哲学の課題を提起し，第7章から11章までは，物体の不可透入性より導かれる力にもとづく物体の力学を解析的に展開し，つづく第12－19章でエーテルと物質の理論を述べてエーテルの圧力差として重力の関数形を導き出し，20－21章で流体力学を論じている．

その記述のスタイルは，命題ごとに通し番号をふってその命題の後にその説明を加え――この点は他の彼の著書と同じだが――，そのスタイルから見ても内容および議論の展開の仕方を見ても，あきらかにデカルトの『哲学原理』の向こうをはったもので，オイラー自身の『哲学原理』を展開しようとしたものであることがわかる．

以下に，その内容を詳しく――というのもほとんど日本では紹介されていないので――たどってゆくことにする．

Ⅱ　物体の普遍的性質

第1章は「自然哲学一般について」と題され，そこでオイラーは自然哲学の課題と方法を展開している．

先ほどこの『自然哲学序説』がデカルトの『哲学原理』の向こうをはったものだと言ったが，実際にどのようなものかを見てもらうために，はじめの8パラグラフの各冒頭の命題をすべて訳出してみよう．もちろん原文では，各命題ごとにその後に相当長文の説明がつけられている（以下『オイラー全集（*Leonhardi Euleri Opera Omnia*）』, Ser.3, Vol.1 所収の本書からの引用は，すべて命題番号を付して，ページ数は注記しない）．

1．　自然哲学とは，物体に生ずる変化の原因を根拠づける学である．
2．　物体に生ずるすべての変化は，その根拠を物体自身の本質と性質とに持たなければならない．
3．　それゆえ，物体の本質と性質とを探究することがなによりも必要である．
4．　例外なくすべての物体に属しているものは物体の性質（Eigenschaft）と呼ばれ，それゆえその性質を持たない事物は物体という種（Geschlecht）から排除される．
5．　物体の本質（Wesen）は，すべての物体に共通な性質であるばかりでなく，この性質を有するすべての事物が必然的に物体に含まれねばならないというような性質である．
6．　物体のすべての普遍的性質はその本質に根拠づけられ，その本質に含まれないいかなる普遍的性質も物体には与えられえない．
7．　物体のすべての特殊的種類（besondere Art）は，普遍的性質の特異な制限にほかならないところのその特殊的性質を持つ.

8. したがって自然哲学は，まず物体の普遍的性質とそれゆえ物体の本質とをきわめ，しかる後に物体の特殊的種類を探究するというようにすれば，最も適切に捉えられる.

先まわりをしていうならば，オイラーは物体のこの「普遍的性質」として「延長・可動性・慣性（恒常性）・不可透入性」を挙げ，さらに前三性質は「不可透入性」に根拠を有するということから，この最後の「不可透入性」のみを物体の「本質」だとしている．実をいうとわたくしは，力学思想のなかでのオイラーの位置づけに手こずったのだが，そのわけのひとつはこのような議論の展開の仕方にある.

ガリレイは人間の感性的感覚に由来するいわゆる第二性質を相対的なものとして捨象してしまう．したがってガリレイにとって，物理学の対象としての物体は数学的・幾何学的概念において捉えられた物体であった．このように彼は，物体の運動を論ずるに先立って諸物体を量と形状によって均質化するのだが，それは彼の現象主義にもとづく方法論上のこととしてであって，それ以上に物体の本質は何かという問いを立てることはしない.

他方でデカルト自然学は，物体の本性は延長にあると論ずることによって，ガリレイの機械論的自然観とは問題設定の次元を異にする．デカルトにとって自然学は数学に還元されている．しかしその場合の数学とは，量と順序ないし関係一般についての学――普遍数学――を意味し，自然は全体的な構造連関において数学に一致しているのであった．そして「延長」は，認識されるべき自然的事物の諸系列において「悟性ないしは直観によって明晰判明に捉えられるもの」の位置を占めているという意味で物体の「本質」とされている．したがってデカルトのいう「本質」は，学校哲学で言われているような諸物体に共通する徴標（メルクマール）を抽象して種概念が得られ，ついで種に共通する徴標を抽象して類概念が得られ，こうしてすべてに共通する性質として得られるものとしての物体の本質とは，いささか異なる．

しかるにオイラーは，まずすべての物体に共通に属するものを抽象して「性質」とし，そこからさらに上位の「普遍的性質」――そのもとにすべての物体を包摂し，しかも物体以外のものには属さない「性質」――を取り出し，その「普遍的性質」を根拠づけるものとしての物体の「本質」を抽象するというやり方をとっている．この展開の仕方は，典型的なアリストテレス・スコラの類概念・実体概念の論理学の展開である．

デカルトの向こうをはって，ニュートンの重力論を基礎づける一個のトータルな自然哲学を演繹的に展開しようとしたオイラーは，その論理学を旧来の学校哲学から借用しなければならなかったのかもしれない．

しかるにカッシーラーが述べているように，アリストテレス論理学はその形而上学の忠実な反映であり，その背後に存在論を不可欠な根拠として必要とするものである．つまり，このような共通の性質として抽象された概念――類概念――が物体の存在論上の本質を表わしているという信念に貫かれているのだ[8]．そうであるかぎりオイラーの自然学においては，物質と力はあくまでも存在論上の問題として扱われるべきものであり，重力は存在論的に根拠づけられねばならないことになる．時間と空間から存在論的性格を拭い去ったのがオイラーであることはすでに見たけれども，物理学の対象としての力や物体についての彼の捉え方はきわめて旧套的であったといえよう．

さて第2章でオイラーは，「物体の第1の普遍的性質」として「延長」を挙げる．しかしここで彼は，物体の「本質」を延長としたデカルト理論を退ける．というのも，「すべての物体は例外なく延長を有しているとはいえ，しかし延長を有するすべてのものがただちに物体とはかぎらないからである」．たとえば，空間も「延長」を有するけれども，空間は物体ではない．

そして第3章では物体の「第2の普遍的性質」として「可動性（Beweglichkeit）」が挙げられる．また，物体と空間とを区別する徴標もこの「可動性」である．というのも，空間にはこの可動性が与えられないからである．

次の第4章で物体の「第3の普遍的性質」として「恒常性」すなわち「慣性」が挙げられる．これについてはすでに前章で検討ずみである．ともかくもオイラーは，vis inertiae ないしは Kraft der Trägheit という用語を排し，慣性（inertia）を力の概念と明瞭に区別し，そのことによって，「力とは物体の外から作用して物体の状態変化をもたらすものである」と結論づける．

34．ある物体の状態に変化が生じたならば，この変化の原因はその物体自身にはなく，その物体の外に求められるべきである．

この点について命題34では，「物体が――何人かの哲学者が主張しているように――その状態を変化せしめるある力を付与されているとしたならば，その物体が状態を変えずにいる能力〔恒常性〕を持つことは誤りになり，そのような力と恒常性とは明らかに矛盾する．さらに，恒常性がすべての物体に普遍的な性質なのだから，物体のいかなる特殊的種類もその状態を変える力を有しえない．しかるに，物体の状態変化はしばしば生ずることであるから，その変化は，ある外的原因に由来し，それゆえ物体のいかなる内的な力にも帰しえない」と説明されている．力と慣性の概念的分離の完成である．

そして最後にオイラーは，第5章で「物体の本質」として「不可透入性」を挙げるのだが，この「不可透入性」こそが同時に「唯一の力の成因」であるとしているので，節を改めて見てゆこう．

Ⅲ　不可透入性と力

「物体の第4の普遍的性質」としてオイラーが挙げるものは「不可透入性（Undurchdringlichkeit）」である．すなわち，

> 35.　あらゆる物体は空間内で個々の位置を占め，2個の物体が同時に同じ位置にあることは不可能である．

ところでこの「不可透入性」は，これまで述べた三個の性質より上位にあり，「物体の本質（Wesen；命題5参照）」であるとされる．すなわち，すべての物体はこの性質を有するのみならず，他の諸性質はこの性質から導き出され，またこの性質を持たないものは物体には含められないとされている．

> 38.　不可透入性は，その中に延長と可動性と，したがってまた恒常性とを含んでいる．それゆえ，人が物体に不可透入性を与えるならば，人は必然的に他の諸性質をも物体に負わせることになる．

率直に言ってこういう天下りな議論は，わたくしたちの目から見れば物理学の議論とはいい難い．たとえばなぜ「延長」が「不可透入性」に含まれるのかについてはオイラーは次のように説明している．もしも「延長」を持たなければ物体は，空間内に位置を占めることはできず，した

がってまた，他の物体がそれと同じ位置を占めるか否かというような問題も意味を持たなくなる．それゆえ，不可透入的物体は必然的に「延長」を伴っている．そのあとの「可動性」や「恒常性」についても同じ調子でそれぞれもっともらしい理屈がつけられているけれども，いちいち立ち入ってみても仕方がないであろう．他方では，鏡のなかの像は「可動性」や「延長」を持つけれども「不可透入性」を持たないから物体ではないとされる．かくして，

39. 不可透入的なすべてのものは物体という種に属し，それゆえ物体の本質は不可透入性にあり，したがってまた他のすべての性質はその根拠を不可透入性に持たねばならない．

と結論づけられる．

このようにして以下においてオイラーは，この物体の「本質」としての「不可透入性」から力学のすべてを演繹しようとする．したがって以下の議論の展開は，時間・空間論や慣性概念の進んだ把握や物体と空間とを区別するというような点でのデカルトとの差はさておき，出発点におかれた単純な概念から純粋に論理学的・演繹的に議論を展開するという点ではデカルト観念論と同じ過ちを犯している．たとえその「単純な概念」の意味が異なっているにしても．少なくともそれは，経験的事実を受け容れてそこから議論を始め数学的法則性を帰納的に見出すニュートンやガリレイの方法とは大きく異なっている．

という次第でオイラーは，力学理論としてのニュートンの理論を受け容れたものの，結局はそれを再びデカルト的汎合理主義の枠組みを用いて解釈しようとしたのであったといえよう．だとすればオイラーは，遠隔作用を認められないとしたニュートンの思想を継承しただけではなく，それ以上にむしろデカルト的思想基盤に立って重力の機械論的理論を作ろうとしたと見ることができる．オイラーもまたデカルト主義に一度は染まった大陸の世代の一人であり，切れ目なくつながった演繹論理によってすべてを捉えようとする汎合理主義幻想にとらわれていたのであった．

残念なことにこのオイラーの『自然哲学序説』は，現在の目的にとってはきわめて重要な第5章の末尾と第6章の冒頭——命題41～48——が紛失しているのだけれども，ともかくも第6章——その章題を『オイラー全集』編集者は「力一般について」と推測しているが——で次のように語っている．

> 49.　世界のなかで物体に生じるすべての変化は，精神によって何ものも付加されないかぎり，物体の不可透入性の力によって生み出されたものであり，それゆえ物体の中にはこの力以外の他の力は存在しない．

ここに「精神云々」という妙な断り書きがつけられているが，このパラグラフの説明の冒頭でオイラーは，「ここでは，直接的に神ないしは精神によって生み出された変化は意図的に排除されている」とコメントしている．オイラーは神の存在を信じていたし，その神的精神の物理的世界への関与と影響を否定しきれないでいたのである．オイラーは，ダランベールやラプラス以前の学者だったのだ．しかし他方では，ここでオイラーは，「われわれが世界の中で物体以外の何ものをも考察しないならば，あらゆる物体は，それに変化をもたらす原因が外になければ，その状態に止まらなければならないことは明らかである」と語ることによって，少なくとも自然哲学の範囲内では神の問題に立ち入らなくてもすむとしているのであり，ニュートン以後の啓蒙期に確実に足を踏み込んでいるといえよう．そういう意味でオイラーは，あくまでも過渡期の人であった．

話を戻すと，すべての力を物体の「不可透入性」によるものとすると，すべての力は直接的接触による「圧」に帰着され，遠隔作用は完全に否定されることになる．この命題49の説明文中では次のように語られている．

諸物体が互いに遠ざけられているかぎり，他の物体がその状態にとどまろうとするのを妨げるものはない．また諸物体が互いに自由に通り抜け（durchdringen）うるならば，そのどの物体も他のものによって状態を乱されることはない．それゆえ物体の状態は，互いに通り抜けえないがゆえにその状態にとどまりえないかぎりにおいて変化し，ここにすべての物体の状態変化の源泉がある．ところで，力によらない何らかの変化は生じえないのだから，**世界に生じる変化を生ぜしめるすべての力は，物体の不可透入性にその起源を持ち，それゆえ，物体的世**

界には物体の不可透入性に起因する以外の力は存在しない.（強調引用者）

という次第で，自然哲学の課題は最終的に次のように設定される．

> 50. それゆえ全自然哲学は，あれこれの変化が生じたさいに，いかなる状態に諸物体はあったのか，また諸物体の不可透入性のゆえに実際に生じたのとちょうど同じ変化が生じなければならなかったのだということを示すことより成っている．

この一節にたいしてワイルは「純粋な形における〈機械論的世界像〉」だと評している[(9)]．たしかに命題49の「精神」云々の断り書きを無視すれば，これは「自然力」を一切排除した機械論哲学の焼き直しといってよい．一方で類概念・実体概念の論理学を採り，数学的関数として与えられる重力の存在を単に事実として認めることには甘んじえず，かといってニュートンのように重力の成因を神に求めることもできないオイラーにとって，機械論への復帰は必然だったともいえる．

『自然哲学序説』の第7章から第11章までは，前著『力学』を踏襲して，力の存在を認めた上で動力学の解析的理論を展開している．そこでは，現在の教科書と同様に，運動方程式の解析的な表現（$du = n\dfrac{P}{M}dt$；n は力の単位のとり方で決まる定数因子）にはじまり，質点運動の3次元直交座標による扱い，曲線運動の解析的表現，あるいは，力の成分を $(P,\ Q,\ R)$，速度成分を $(u,\ v,\ w)$ としたときの運動エネルギーと仕事の関係に相当するもの：

$$\Delta M(u^2+v^2+w^2) = 2n\int Pdx+Qdy+Rdz,$$

さらには，非慣性系での見かけの力としての慣性力までが論じられていて，ニュートン以降の力学理論の整備と発展という面では相当重要な内容を含んでいる．しかしそれらは，オイラーの重力論という当面の議論からは少々ずれるので飛ばして，次節では12章から見てゆくことにしよう．

Ⅳ　オイラーのエーテル理論

オイラーの物質観は，ガリレイやニュートンのような原子論ではなく，どちらかといえばデカルトに近いある種の二元論的物質観といえよう．『自然哲学序説』の第12・13章でオイラーは，基本的物質として2種類，粗大物質（grobe Materie）と微細物質（subtil Materie）とを導入する．すなわち，

96.　したがって世界には，粗大物質と微細物質との少なくとも2種類の物質がある．粗大物質は一定不変の，しかし金の見かけ上の密度よりも大きい密度を有し，他方，微細物質の密度はそれよりも何千分の一も小さい．

97.　世界におけるすべての物体は，粗大物質と微細物質とい

うこの二つの物質より成り，諸物体間にある差は，すべてこの二物質の異なった〔割合の〕混合と合成より生ずる．

つまりオイラーの主張するところでは，現実に見られる様々に異なる物質的物体は空孔を含むこの粗大物質より成り，体積内に含まれる空孔の比率によって物体の密度や硬度等の差が生じるのである．もちろんその空孔中には微細物質が充満している．したがって「物体の真の量（質量）」とは空孔中に含まれている微細物質を除いた量を指し，これを「空孔を含む延長（体積）」で割れば各種の物質ごとに異なる「見かけの密度」が得られ，他方，「物体の真の量」を「空孔を除いた延長（体積）」で割れば物体の「真の密度」が得られる．もちろん粗大物質は単一種類であるから「真の密度」はすべての物体で同一不変でなければならないということになる．また，粗大物質は，このように空孔を含むゆえに外力による変形や圧縮が可能であるが，それ自身としては——空孔を除いた100%の粗大物質としては——非圧縮性である．

他方，微細物質の方はより密度が小さいばかりではなく，粗大物質と異なってそれ自身として圧縮性を持つ．したがって微細物質は，外力の加えられていない自然状態では一定の密度を持つが，外力に応じて体積が減少すれば密度が変化し，そのさいその不可透入性の結果としてより大きな弾力（Federkraft）を呈する．

この微細物質こそがオイラーにとってのエーテルであっ

て，オイラーは世界がこのエーテルで充満していて，しかもエーテルは高密度の非平衡な状態にあるとして，そこから重力を機械論的に導き出そうとしているのである．

未知の得体の知れない力学的実体を導入して既知の現象――とりわけ力の伝播――を説明するやり方は，デカルトの場合にもそうなのだが，少なくとも素朴な機械論的な力学理論に依拠しているかぎり，困難を実体に転化しているだけで解決につながらない．これが「力学理論の生まれつき不幸な子」（プランク）たるエーテルのたどる運命なのだが，その原型を作ったのがこのオイラーの試みであった．

第14章冒頭は次の命題ではじまる．

105.　われわれの感官に感じられる粗大な諸物体の間にある世界の全空間は，上述の微細物質で満たされ，それゆえその微細物質はエーテルないし微細な天の大気（Himmelsluft）と呼ばれる．

・

このあたりから議論は，演繹的というよりはむしろ現実の物理現象を説明するためにますます ad hoc な様相を帯びてくる．というのも，オイラーによるこのエーテルの導入は，力学とは別の光学によって根拠づけられているからである．

はじめにオイラーは，諸天体と地球の間にある空間はまったくの空虚であるという主張を，天体間には光の輻射が満ちあふれているという事実によって退けている．デカルトが空虚を退けたのは，物質と空間を同一視する彼の形而上学にもとづくもので（第5章V），それはそれで首尾一貫しているのだが，デカルトに張り合って演繹的に自然哲学を展開しようとするオイラーの場合には，何が世のなかに存在するのかという点では経験に依拠せざるを得なくなる．そして，ひとたび宇宙空間における光の存在という事実にもたれかかったオイラーは，さらに，空気中ですら運動物体に大きな抵抗が働くという経験的事実，および天体が宇宙空間内で何の抵抗も受けないで自由に運行するという事実より，この宇宙空間に充満する物質が空気よりもはるかに密度の小さい微細物質であると結論づけている．

そして，地表での空気を粗大物質と微細物質の混合物と捉え，地表より高く昇れば昇るほど大気が稀薄になるという事実にもとづいて，上昇するにつれて粗大物質の割合が減少し，宇宙空間においてはついには微細物質だけが残されるとする．この残された混り気のない微細物質こそが自然研究者のいう〈エーテル〉に他ならない，というのがオイラーの所論である．

ここで，オイラーが空間中の光の伝播はエーテルを介してであるという前提に立っていることに注目していただきたい．ということは，第一に，オイラーがヤングやフレネル以前に光の波動説の立場に立っていたことを，第二に光の現象をも力学に包摂されるものと看做していたことを意味する．事実オイラーは，『ドイツ一公女への手紙』において，端的に次のように論じている．

> 空気の振動が音を作り出すのにたいして，エーテルの振動はどのような効果を生むのでしょうか．きっとあなたは，すぐさまそれを〈光〉だと考えられるでしょう．光のエーテルにたいする関係が音の空気にたいする関係と同じであること，そして，音が空気によって伝播される動揺または振動であるように光はエーテルによって伝播される動揺または振動であることは，きわめて確実なことでしょう[(10)]．

それればかりか，オイラーは，マックスウェルに1世紀先んじて電磁現象をこの光エーテルから説明するというアイデアを述べているのだ．ともあれ，このエーテルを媒質とした光の波の伝播という前提から，オイラーは，次の命題（106）でエーテルの状態についての仮説を積み重ねてゆく．

命題106の説明では，まずはじめに，

> 微細物質が一定の自然な密度を持っていなければならず，充分な力が働いていなければより大きな密度を保ちえないことはすでに示した．ここで，その微細物質が世界において自然状態にあるのか，それとも現実には自然状態よりも大きな密度に圧縮され，その弾力によって膨張しようとしているのかが重要である．

と問題を立てたうえで，エーテルが「相当程度圧縮されていて，きわめて大きな弾力（Federkraft）を及ぼしているにちがいない」と結論づけている．そしてその根拠を光の伝播速度の大きさに求めている.

> われわれは光の速さを考察するだけでよい. そうすればわれわれは, この〔微細〕物質に, 法外な稀薄さにもかかわらず, きわめて大きな圧縮度を与えねばならなくなる. というのも, うたがいもなくエーテル中の光は空気中の音と同じように励起されているのであるからである. じっさいこのような運動〔波動の伝播〕は, その中でこの運動の生じる物質の弾力が大きければ大きいほど, またその密度が小さければ小さいほど, より速いということが, たしかな根拠にもとづいて証明されている. ところで光の速さは音の速さよりも何千倍も速いので, エーテルの弾力は空気の弾力よりもはるかに強いにちがいない.

というのも, すぐ後で見るようにオイラーは光を音と同様に縦波と看做していたのであり, 空気中の音速は, ニュートンが得たように (『プリンキピア』第2篇・命題49・系2),

$$v = \sqrt{e/\sigma}$$

と表わされ, 弾性力 (e—— 体積弾性率のこと) が大きいほど, また密度 (σ) が小さいほど大きいからである. きわめて稀薄でありながらしかし圧縮されて大きい弾性力を持つものというのは, 何とも表象し難い代物であり, この力学的エーテルの困難は, エーテルの種類が増やされたりあるいは流体エーテルが弾性体で置き代えられたりしても, 解決されることなく, 19世紀にまで尾を引いてゆく (第15章参照). 要するにオイラーのエーテル論はその後の，すべての，そしてついには破産した諸々のエーテル論の原型であった．

ここでオイラーが逢着した困難は，いかにしてエーテルが高密度を保っているのかという問題であった．しかし最初は物体の「不可透入性」からすべてを導き出すべく演繹的に議論を起こしたオイラーは，ここでは経験科学者として光の伝播速度からエーテルの性質を推定しているのであり，それゆえ，ある地点から先は自然哲学では説明しえない領域として残されるという事態をそれとして認めざるを得なくなる．

エーテルはきわめて大きな力で膨張しようとし，そのため人は，いかなる外力によってエーテルはその圧縮された状態に保たれているのかを知りたくなる．というのも，世界が有限であってその外には空虚な空間以外に何もないと表象するならば，エーテルがそこ〔空虚な空間〕に拡がることを妨げるものはなにもなくなるし，さもなければ世界がある堅い球体で囲繞されているとでも想像しなければならなくなるからである．他方で，世界が無限に広いと主張したとしても，〔圧縮された〕エーテルの現実的膨張ゆえに，やはり困難はなくならない．**しかしこのような問いは自然哲学の枠外にあり，われわれは，世界の創造と保持という神の作業を解明しようとすることなく，世界の出来事（Begebenheit）に直接影響を持つような事態のみを探究することで満足しなければならない**．（命題 106 の説明——強調引用者）

オイラーは，デカルトと同じようにアプリオリな原理から重力を機械論的に導き出そうとしながらも，デカルトのように経験とかけはなれたところで壮大な架空の自然学をもてあそぶことはできず，かといって，現在的に解決不可能な事柄をさしあたっては放置して将来的解決に委ねて部分合理的な理論を作るという近代的態度に徹することもできず，あるところから先は神の問題だとせざるをえなかったのだ．

ともあれここでオイラーは，機械論的自然観が全面貫徹しえないことを認めたことになる．

さてオイラーによれば，エーテル中を多くの空孔を含む粗大物質より成る天体が自由に動きうるためには，エーテルは「完全流体」――つまり粘性がなく面に垂直な圧力のみを及ぼす流体――でなければならないとされる（命題111）．ここからオイラーは光を縦波と考えていたことがわかる．ところで，エーテルが平衡状態にあって静止しているとすれば，どこでも等密度でそれがエーテル中の物体に及ぼす圧力はどの面でも等しく，したがって物体には力が働かない．他方，非平衡状態にあるエーテルは，場所によって密度差を生じエーテル自身が運動する．また非平衡状態にあるエーテル中に置かれた物体は，エーテルからその運動に伴う撃力（Stoß）と高密度であることによる圧力（Druck）の二様の力をうけるが，前者は小さくて無視してよく，結局，物体は物体の各面に接するエーテルの密度差にもとづく圧力差から正味の力をうける．そしてこの正味の力こそ重力である，と，オイラーは主張する．

第15～18章では流体および弾性体が論じられているが，

その問題には触れずに，次節で重力論に入る．

V 重力論

考えてみれば，オイラーの相当奇妙な重力理論やエーテル理論にあまりにも詳しく立ち入ることは，歴史上の大数学者であるオイラーを戯画化し不当に貶めることになるのかもしれない．事実，大部分の物理学史ではオイラーのこの方面での研究をまったく無視するか，せいぜい二三行のコメントを与えるだけで済ませている．というのも大抵の科学史は，科学の現在高を人類が到達した最もすぐれた地点にして最も正しい認識であると捉え，そこに近づく過程とそこにつながる径路のみを意味のあるものとして採り上げているからである．しかし実際の科学の発展過程では，きわめて多くの問題が設定されてきたし，その大部分にたいして人は悪戦苦闘ののちに問題として捉えること——すなわちより上位の原理から説明されるべきものと見ること——そのこと自体を放棄してきたのである．そして一連の問題の放棄と新しい問題の設定を通じて科学の意味の転換がなしとげられてきた．それゆえ放棄されたそれらの諸問題は，現在から回顧的に見れば後退で逸脱としか見えないが，しかし裏返して言うならば，科学の現在高はほかならぬかかる多くの問題の断念のうえにはじめて成り立っているものなのだ．

物体同士が GMm/r^2 という関数形式で与えられる重力

によって互いに引き合うという事実が，基本的事柄として一般的に受け容れられたのは，フランス啓蒙主義以降のことであるが，オイラーにとっては，それが何故に相互の質量に比例しまた距離の2乗に反比例するのかはいまだに説明を要することであった．しかもアリストテレス・スコラの羈束を脱する理論を提供したのがデカルトであったという大陸の思想的地盤のもとに育ったオイラーにとって，重力の説明はあくまで機械論的なものでなければならなかったのである．

という次第で，結局のところオイラーは，重力の謎をすべからくエーテルの性質のなかにくり込んでしまったのであり，その結果として，ますますもって謎めいたエーテル描像が残されたのである．

第19章冒頭のパラグラフでオイラーは次のように主張する．

140. 重力は，地球からより離れればより高圧となるエーテルの不均等な圧力から生じる．それゆえ物体は，地球からよりも地球に向かってより強く押しやられ，物体の重さとはこの圧する力の差に等しい．

以下の説明は少し長いが引用しよう．

重力を地球の牽引力に帰する人々は，その見解の依り拠を主要には，そうする以外にはこの力の根拠が示されえないからである，ということに求めている．しかしわれわれは，すべての物体はエーテルでまわりを取囲まれていて，その弾性力（elastische Kraft）で圧されているということをすでに示してきたので，重力の原因を他に求める必要はない．単にエーテルの圧力がどこでも同じであったとしたならば，そしてそのような状態はエーテルの平衡に対しては不可避的に要求されることではあるが，物体はあらゆる側面から同じ強さで圧され，いかなる運動ももたらされないであろう．しかし，エーテルが地球のまわりでは平衡ではなくその圧力が地球に近づくにつれて小さくなり，すべての物体はその上面では下面で押し上げられるよりも強く押し下げられているにちがいないと仮定するならば，その結果下向きの圧力が優り物体はじっさいに下方に押される．そしてその作用が〈重力（Schwere）〉と呼ばれ，下方に押しやる力自体が物体の〈重さ（Gewicht）〉と呼ばれる．すでにわれわれは，天体はその速かな運行のさいにエーテルによっていかなる認めうる抵抗も受けないがゆえに，粗大な物体は微細物質の撃力（Stoß）によっては事実上押し動かされないことを述べてきた．それゆえ，重力の原因はもっぱらエーテルの圧力（Druck）に求められなければならない．しかしエーテルの圧力が地球からの距離がより小さくなるにつれて減少するならば，エーテルは平衡にありえず静止もしていないことになり，そのすべての部分は粗大な物体と同じだけ強く下方に押されその力にのっとった運動をしなければならないことになる．エーテルが地球の周囲で運動状態にありしかもその運動が地球に近づけば近づくほど大きいならば，その圧力は地球に近づくにつれて減少しなければならないことになる．それゆえ，**なぜエーテルは地球の近くでは平衡になく運動しているのかが説明されたならば，われわれは重力の原因を発見したことになる**．（強調引用者）

しかしオイラーは，この最後に設けた「なぜエーテルは地球の近くでは平衡になく運動しているのか」という問題を説明することはできなかった．彼はその前提から重力を

「導き出した」，いや重力を導き出しうるようにエーテルの運動状態を「仮定した」にすぎない.

命題141では重力（エーテルの圧力差）が質量に比例することが語られる.

141.　重力は，粗大な物質より成り立っているかぎりでの物体に作用し，物体の重さは粗大物質で占められている空間が大きいほど大きい，つまり物体の重さはその真の量に比例する.

つまり，現実の物体は空孔を含む粗大物質よりなり，孔の中に含まれるエーテルは外部と自由にゆききするので物体と運動を共有しないか，さもなくば，その影響がきわめて小さいので無視してよい．したがってエーテルが物体に加える力は，粗大物質より成る部分——つまり空孔を除いた部分——だけに加えられる圧力に等しい．しかるに流体が物体に加える圧力の和は，物体の大きさだけに依り形状には左右されないから，エーテル中におけるあらゆる物体は，その粗大物質が一塊に縮められた場合にうける力と同じ力を受けるであろう．ところで粗大物質の密度——真の密度——は均一で，物体から空孔を除いた体積に粗大物質の真の密度をかけたものが物質の量（質量）であるから，結局エーテルが物体を押す力——重力——は物体の質量に比例することになる．これがオイラーの議論である.

そして命題142では，重力が$1/r^2$に比例することが述べられる――というより，重力が $1/r^2$ に比例するようにエーテルの圧力が地球からの距離の関数として決められる．

> 142.　**経験によれば**，物体の重さは地球の中心から離れるにつれて，その距離の 2 乗で減少することがわかっているから，このことを説明するためには，エーテルの圧力は地球の中心に向かうにつれて，その距離に反比例して減少しなければならないことになる．（強調引用者）

つまりオイラーの説明では――なるべくオイラーの表現を残して表わせば――地球より無限にはなれたところにある静止エーテルの圧力を $P(\infty)=h$ とすれば，地球中心より r の距離にあるエーテルの圧力は，

$$P(r) = h - \frac{A}{r},$$

とならなければならないのである．そうすれば，地球より r の距離にあり底面積が a^2，高さが b の立体の体積に相当する物体――つまりこれはエーテル部分を除いた体積だから真の量が $a^2b=c^3$ の延長を持つ物体――の重力は，円筒の底面と上面でのエーテルの圧力差より，

$$\begin{aligned} F &= a^2P(r+b) - a^2P(r) \\ &= Aa^2\left(\frac{1}{r} - \frac{1}{r+b}\right) = \frac{Aa^2b}{r(r+b)} \\ &\cong \frac{Ac^3}{r^2} \end{aligned}$$

と得られ，ここで $c^3 \propto m$（物体の量＝質量）であるから，結局，重力は，

$$F \propto \frac{m}{r^2}$$

で表わされることになる．何のことはない．重力の関数形を導き出すためにエーテルの圧力の関数形を仮定したにすぎないように思われる．しかしそれでもオイラーにとっては，遠隔的に作用する重力よりも，重力を「不可透入的物体の直接的接触による圧」で説明できるということが大切なのである．

ここでオイラーが「経験によれば」と切り出していることに注目してもらいたい．デカルト流の演繹的論法でもって議論を進めてきたオイラーは，少しずつ後退し，ついには重力を説明するという最後の土壇場で経験的事実に全面的に頼らざるを得なくなったのだ．

デカルト自然学とニュートン物理学の現実的結着は地球の形状をめぐってなされたのだが，デカルト主義とニュートン主義――というよりニュートン後継者によって定式化された経験論――との思想的結着は，このオイラーの自然哲学の挫折のなかに逆説的に表現されたといえよう．

オイラーはさらに議論を進めて，宇宙空間における任意の点でのエーテルの圧力にたいして，

$$P = h - \frac{m_{\odot}}{D_{\odot}} - \frac{m_{\text{☿}}}{D_{\text{☿}}} - \frac{m_{\text{♀}}}{D_{\text{♀}}} - \frac{m_{\text{♁}}}{D_{\text{♁}}} - \cdots,$$

という公式を書きつける．$m_{\odot}$，$m_{☿}$，… は太陽以下各惑星の質量，$D_{\odot}$，$D_{☿}$，… は太陽以下各惑星からの距離である（⊙太陽，☿水星，♀金星，♁地球，…　命題 145，146）．

> エーテルの弾性力に生じるこの減少の根拠を見出すことができたならば，われわれは天体を駆動するすべての力の完全な説明を得たことになるだろう．**しかしわれわれはここに踏みとどまらざるを得ないのであり**，エーテルの弾性力のこの減少の真の原因をいつの日か解明しうるという希望がほとんど持てないので，**人はすべての物体がその本性（Natur）によりある力を付与されて互いに引き合うのだということで安易に満足してしまうこともできる**．（命題 146 の説明の一部，強調引用者）

結局のところ『自然哲学序説』に費やされた――しかも1世紀の間人目に触れずにいた――このオイラーの努力は何をもたらしたのか．訳のわからない「重力」を機械論的に説明するためには，それに輪をかけて訳のわからない「エーテル」を導入しなければならなかったのではないのか．しかし，重力の成因をある種の存在物に基礎づけようとするかぎり，そして存在物をあくまでも力学的存在物だとするかぎり，決して重力は解明されえないのだ．これはデカルト機械論の破産の根拠であった．

ダランベール以降の物理学者は，このオイラーの立場を棄てて重力の権利根拠を認識論でもって論ずるという思想転換をとげることにより，あらためて力学的世界像への途を開くことができた．しかしそこに至る過程としては，重力が〈隠れた性質〉であってスコラ哲学への復帰であるか否かという非生産的なレッテルの貼り合いを離れてなされた，そして当時において重力の機械論的理論の可能性と不可能性とを最も極限的に呈示したこのオイラーの重力論は，ニュートン理論を解析的に書き改めるというオイラーの作業とともに不可欠であったといえよう．

そしてこの点においてもオイラーは過渡期の性格をよく示している．というのもオイラーは，一方では重力の機械論的解明にこれほど深くのめり込みながらも，他方では GMm/r^2 という関数形式で表わされる重力を所与として受け容れて多くの問題を解いてゆき，ニュートンの重力論の権威を高めていったのである．

しかもオイラーが解いたのは，現実的問題だけではない．たとえば——現在の力学の教科書には変数分離ができるという意味で解析的に解ける問題としてよく出てくる例だが——固定された重力中心が2個ある場合の質点の運動が完全に解けることを初めて示したのはオイラーである[(11)]．しかし「初めて」といっても，それ以前に多くの物理学者が挑戦して果たさなかったというわけではなく，現実には存在しないそういう事例を誰も問題として採り上げなかったからにすぎない．実際，ラグランジュが『解析力学』でこの2重力中心の問題を論じたとき，世界にはこれに対応する現実的な問題は存在しないと断っている[(12)]．

もちろんこのような問題を設定したこと自体，それが解けるようになったからで，それはオイラー自身が大きく寄与した解析学の進歩に負っていることである．

他方，力学史上ではやくから問題になっていたのは剛体振子の問題であるが，それを解決した一人がオイラーである[(13)]．そしてオイラーは，剛体の一般の運動にたいする力学理論を作り上げた．これはオイラーの力学上の業績の最大のものであるが，さらに彼はこの剛体理論を用いて地球の歳差運動と章動をも解決した．地球をめぐる謎がまた一つ消されたのである．

ニュートンの力学と重力論とは，近代社会の形成途上において新しい地球像――力学的に形状と運動が決定される地球――を発見したのであり，ニュートンによる地球の形状の決定と並ぶその最大のものは，オイラーそしてダランベールによる歳差運動の定量的解明，そしてオイラーによる自由章動の予言である．

この問題については，章を改め，また相当歴史を離れて見てゆくことにする．

注

第1章

（1） *Johannes Kepler Gesammelte Werke*（以下，*Werke*），Bd. III, CASPAR, M., Nachbericht, S. 427.

（2） PTOLEMY, C., *The Almagest*（TALIAFERRO, C. 英訳，*Great Books of the Western World*, No. 16），pp. 8, 86.

（3） CUSANUS, N.,『知ある無知』（岩崎允胤・大出哲訳，創文社），p. 140.

（4） COPERNICUS, N.,「離心円を考える人々については，…… 彼らは運動の一様性に関する根本原則のいくつかに反するように見えるものを多く許容しています.」『天体の回転について』（矢島祐利訳，岩波文庫），p. 15.〔『完訳　天球回転論』（高橋憲一訳・解説，みすず書房）p. 16.〕なお，DREYER, J. L. E., *A History of Astronomy from Thales to Kepler*, 2nd ed.（1906, Dover Pub. Inc., 1953），p. 335 等参照.

（5） COPERNICUS, *ibid.*, p. 27 f.〔高橋訳，p. 26.〕

（6） KUHN, T.,『コペルニクス革命』（常石敬一訳，紀伊國屋書店），p. 256.

（7） GALILEI, G.,『天文対話』（青木靖三訳，岩波文庫），上 pp. 35, 54 f.

（8） CASPAR, M., *Kepler*（1948, HELLMAN, C. D. 英訳，Collier Books, 1962）, ch. 3. KOESTLER, A.,『ヨハネス・ケプラー』（小尾信弥・木村博訳，河出書房新社〔ちくま学芸文庫〕），ch. 6. 荻原明男，『近代科学の起源』（創元社），ch. 2. DERYER, *op. cit.*, ch. XV, pp. 382 ff. DIJKSTERHUIS, E. J., *The Mechanization of the World Picture*（1950, DIKSHOORN, C. 英訳, Oxford Univ. Press, 1961）, pp. 303 ff. 等参照.

（9）『天文対話』，下 p, 244. なお，このガリレイの態度については色々に解釈が加えられている．コイレは,「ガリレイはケプラーの発見を完全に無視した」としている（KOYRÉ, A., *Galileo Studies*, 1939, MEPHAM, J. 英訳，The Harvester Press, 1978, p. 222, n. 115）. ランフォードは，ガリレイはケプラーの発見を知ってはいたが受け容れなかったとし（LANGFORD, J. J., *Galileo, Science and the Church*, 2nd. ed., 1978, Ann Arbor Paperbacks, p. 44），サンティリャーナも同様に，ガリレイはたまたま何かの機会に誰かがケプラーの楕円軌道に言及したのを耳にしたが心の中で拒否反応を起こしたとしている（SANTILLANA, G. DE,『ガリレオ裁判』，一瀬幸雄訳，岩波書店，pp. 223, 337）．他方，ドレイクは，ガリレイは少なくとも『新天文学』の序文は読んでいて多分楕円軌道についても知ってはいたが，天動説を受け容れさせるための戦略的配慮として円軌道を用いたと解釈している（DRAKE, S., *Galileo Studies*, 1970, The Univ. of Michigan Press, p. 254）．しかし率直にいってこのドレイクの解釈は恣意的にすぎるという感は否めない．この問題についてさらに詳しい文献は，CASPAR, *op. cit.*（注8），p. 141 にあり．

(10) Holton, G., *Thematic Origin of Scientific Thought*, (1974, Harvard Univ. Press), p. 79.

(11) Kepler, J., *Werke*, Bd. I, S. 68. 〔『宇宙の神秘』(大槻真一郎・岸本良彦訳, 工作舎) p. 280.〕じっさいの数値の比較は, Dreyer, *op. cit.*, p. 375, 荻原, *op. cit.*, p. 69 にあり．

(12) Burtt, E. A., *The Metaphysical Foundation of Modern Physical Science*, 2nd ed. (1932, Routledge and Kegan Paul Li., 1972), p. 47 f.,〔『近代科学の形而上学的基礎』(市場泰男訳, 平凡社) p. 53 f.〕Kuhn, *op. cit.*,p. 185, 青木靖三,『ガリレイの道』(平凡社), p. 141 等参照．ただしプラトンにとっては, 幾何学的真理は, イデアの世界では厳密に妥当するのに対し, 生成と消滅の現実世界では近似的にしか成り立たず, その意味では, ルネサンス期プラトン主義は, カッシーラーのように「符号をかえ転調したプラトン主義」とでもいうべきであろう．Cassirer, E.,『哲学と精密科学』(大庭健訳, 紀伊國屋書店), p. 60, Shapere, D., *Galileo, A Philosophical Study* (1974, The Univ. of Chicago Press), pp. 24 ff., 134 参照.

(13) *Werke*, Bd. I, S. 24 f.〔大槻・岸本訳, p. 83 f.〕

(14) *Ibid.*, S. 26.〔同, p. 86.〕

(15) *Werke*, Bd. VI, S. 223, *Weltharmonik* (Caspar 独訳, München, 1967), S. 214.〔『宇宙の調和』(岸本良彦訳, 工作舎) p. 310.〕なお, 本書第4, 5巻は島村福太郎訳 (『世界大思想全集—社会・宗教・科学思想篇, No. 31』, 河出書房新社) があり, 参考にした．ただしこの部分の最後のセンテンス (non demun per oculos instrorsum ist recepta, 独訳; nicht erst durch die Augen in das Innere aufgenommen worden) は, 島村訳では「かくして後, 眼によって内部に取り入れられたのである」(p. 167) となっているが, これはプラトンのイデア論にも反し誤訳であろう．

(16) Burtt, *op. cit.*, pp. 44 ff.〔市場訳, pp. 51 ff.〕

(17) *Werke*, Bd. I, Kap. 20, S. 71.〔大槻・岸本訳, pp. 281 ff.〕Dreyer, *op. cit.*, pp. 379, 407 参照.

(18) Cassirer, *op. cit.* (注 12), p. 67. Russell, B.,『宗教から科学へ』(津田元一郎訳, 荒地出版社), p. 22.

(19) Kepler to Hohenburg, H. von (2 Jul. 1600), Baumgardt, C., *Kepler, Leben und Briefe* (1951, Minkowski, H. 独訳, Limes Bücher, 1953), S. 54.

(20) Kepler to Mastelin (20 Dec. 1601), *ibid.*, S. 58.

(21) Berry, A., *A Short History of Astronomy* (1898, Dover Pub. Inc., 1961), p. 141.

(22) *Ibid.*, pp. 128, 142, Dreyer, *op. cit.*, p. 343 f., Kuhn, *op. cit.*, p. 285. なお, このレティクスの証言は, ケプラー自身が『宇宙の神秘』18 章で引用している．

(23) *Werke*, Bd. VII, S. 291, *Epitome of Copernican Astronomy* (Wallis, C. G.

英訳, *Great Books of the Western World*, No. 16), p. 888.
(24)　『天文対話』, 上 p. 252.
(25)　Born, M., 『アインシュタインの相対性理論』(林一訳, 東京図書), p. 16.
(26)　Feynman, R., *The Feynman Lectures on Physics* (Addison-Wesley Pub. Co), Vol. I, § 52-9.
(27)　Caspar, *Kepler*, p. 305.
(28)　*Werke*, Bd. VII, S. 330 f. 英訳, p. 932.
(29)　Kepler to Hohenburg (10 Feb. 1605), Caspar, *op. cit.*, p. 141.
(30)　Caspar, *ibid.*, pp. 144, 176.
(31)　Kepler to Fabricius, D. (11 Oct. 1605), Caspar, *ibid.*, p. 143 f. なお, この手紙でケプラーは楕円軌道の発見を告げている. Dreyer, *op. cit.*, p. 402 参照.
(32)　Kepler to Brengger, J. G. (4 Oct. 1607), Baumgardt, *op. cit.*, S. 65.
(33)　*Werke*, Bd. III, S. 20. *Keplers neue Astronomie* (Baldauf, G. 独抄訳, Freiburg, 1905), S. 5. 〔『新天文学』(岸本良彦訳, 工作舎) p. 37.〕なお, 本書序文は島村福太郎訳 (注 15) も参照した.
(34)　Dreyer, *op. cit.*, pp. 339 ff. 火星軌道面の正確な傾斜角を求めて, それが一定であることを示したケプラーの方法については, 同 p. 382 f. 参照.
(35)　*Werke*, Bd. III, S. 20, 独訳, S. 5. 〔岸本訳, p. 37.〕なお島村訳では, contra quam Copernicvs et Brahevs crediterant, 独訳; im Gegensatz zu Coppernicus und Brahes Meinung の部分が「コペルニクスとブラーエがともに信じたとおり」(p. 104) と誤訳されて, 意味が逆になっている.
(36)　*Werke*, Bd. III, S. 23, 独訳, S. 7. 〔岸本訳, p. 41.〕
(37)　*Ibid.*, S. 25, 独訳, S. 8. 〔同, p. 44 f.〕
(38)　Jammer, M., 『質量の概念』(大槻義彦・葉田野義和・斉藤威訳, 講談社), pp. 55 ff., 『力の概念』(高橋毅・大槻義彦訳, 講談社), pp. 89 ff.
(39)　Aristoteles. 『天体論』,「われわれは上方へ, つまり最外周に向かって動くものを絶対的に軽いといい, 下方へ, つまり中心に向かって動くものを絶対的に重いと言うのである」308 a 29-31 (岩波書店『アリストテレス全集 (4)』, 村治能就訳, p. 132).「もしひとが現在月のある場所に地球をおきかえるとしたら,〔土の〕部分はどれも地球に向かって動かないで, 現在地球がある場所に動くだろうから」310 b 2-5 (同, p. 139).
(40)　*Werke*, Bd. III, S. 27, 独訳, S. 9. 〔岸本訳, p. 47.〕
(41)　Copernicus, *op. cit.*, p. 41. 〔高橋訳, p. 38 f.〕
(42)　Platon, 『ティマイオス』, 63 E (岩波書店『プラトン全集 (12)』), p. 114. Shapere, *op. cit.* (注 12), p. 35 f., 64 参照. なお, デュクステルユイスは, ケプラーの重力はあくまで「同種物体」間の力であり, ニュートンの重力の先駆とは見れないという立場をとっている (Dijksterhuis, *op. cit.*, (注 8) p. 315).

(43) Nicolson, M.,『ケプラーの“夢”とジョン・ダン』(渡辺正雄訳, 日新出版『科学革命の新研究』) 参照. なお, ドレイヤーによれば, 書かれたのは1620年代とある (Dreyer, *op. cit.*, p. 399).
(44) Kepler,『ケプラーの夢』(渡辺正雄・榎本恵美子訳, 講談社), p. 26.
(45) *Ibid.*, pp. 66 ff. 原注番号, A-66, B-67, C-74, D-75, E-76, F-77. なお, ギルバートの影響を受けていたケプラーは, 重力を磁気力とのアナロジーで考えていた. 詳しくは, Dreyer, *op. cit.*, ch. xv 参照.
(46) Holton, *op. cit.* (注 10), p. 74.
(47) Euler, L, *Leonhardi Euleri Opera Omnia*, Ser. 2, Vol. 1, S. 31 f.
(48) Leibniz to Clarke (18 Aug. 1716), Alexander, H. G. ed., *The Leibniz-Clarke Correspondence* (1956, Manchester Univ. Press, 1970), p. 88.〔「ライプニッツとクラークの往復書簡」(米山優・佐々木能章訳)『ライプニッツ著作集 9』(工作舎) 所収, p. 379.〕
(49) Koyré, *Newtonian Studies* (1965, Chapman & Hall), pp. 9, n. 5, 70, 101, n. 2, 同, *Galileo Studies*, pp. 144 ff., Cohen, I. B., *Introduction to Newton's Principia* (1971, Harvard Univ. Press, 1978), p. 27, Dijksterhuis, *op. cit.*, p. 314, Jammer,『質量の概念』, p. 58 等参照.
(50) *Werke*, Bd. III, S. 27, 独訳, S. 9.〔岸本訳, p. 47 f.〕
(51) *Werke*, Bd. VII, Caspar, Nachbericht, S. 541.
(52) *Ibid.*, S. 301, 英訳, p. 899.
(53) *Ibid.*, S. 332, 英訳, p. 933.
(54) Cassirer, *op. cit.* (注 12), p. 35 より.
(55)『天文対話』, 上 p. 74.
(56) *Werke*, Bd. III, S. 34, 独訳, S. 11.〔岸本訳, p. 58.〕
(57) Koestler, *op. cit.* (注 8), p. 206.
(58) Koyré, *Newtonian Studies*, p. 127 より.
(59) *Werke*, Bd. VII, S. 305, 333, 英訳, pp. 903, 934.

第2章

(1) Santillana, *op. cit.* (注 1-9), p. 246.
(2) Darwin, G. H.,『潮汐』(中野猿人訳, 古今書院), p. 88.
(3) *Ibid.*, p. 90 f. より.
(4)『ケプラーの夢』p. 110 f.
(5) *Werke*, Bd. III, S. 26 f., 独訳, S. 9.〔岸本訳, p. 45 f.〕
(6)『ケプラーの夢』, p. 111.
(7) 青木靖三,『ガリレオ・ガリレイ』(岩波新書), p. 135, 同,『ガリレイの道』, p. 118. ちなみにドレイクによれば, すでに1597年のころにガリレイはコペルニクス説を立証するものとしてこの独特の潮汐論を構想していたとある (Drake, *op. cit.*, pp, 200 ff.).
(8)『天文対話』, 下 p. 207.

(9) *Ibid.*, 下 p. 214.
(10) *Ibid.*, 下 pp. 231, 192.
(11) Drake, 「事態全体について興味深い点は，真に不動の地球という前提に立てば，奇跡に訴えかけないかぎり潮汐を説明することはできないという根本的な仮説において，ガリレイは正しかったのだということである．というのも，潮汐の1日2回周期は，いまでは地球が引力物体の反対側にある水から離れてゆくという正真正銘の運動に帰せられているからである．ケプラーないしガリレイを評価するさいに，一方は月の引力に説明を求め他方は地球の運動に説明を求めたその彼らの物理的直観において，両者とも正しかったということもできよう．両者のいずれもが，何が求められているかを正確には見出しえなかったのだ．しかし，誰かがガリレイの仮説とケプラーの引力とを受け容れたならば，潮汐の基本運動の本質的原因は明らかになったであろう．一方〔ケプラー〕に深遠な洞察を見，他方〔ガリレイ〕に盲目的な強情を見るのは，偏見にすぎない．」(*Galileo Studies*, p. 210).
(12) 『天文対話』，下 pp. 252, 230.
(13) Diderot, D.,『百科全書』(桑原武夫訳編，岩波文庫)，『哲学』項目，p. 183.
(14) Galilei,『偽金鑑識官』(山田慶児・谷泰訳，中央公論社『世界の名著(21)』)，p. 329.
(15) 『天文対話』，下 p, 183.
(16) Cassirer, E., *Das Erkenntnisproblem in der Philosophie und Wissenschaft der neuern Zeit*, Bd. I, 3. Aufl., (Berlin, 1922), S. 400.〔『認識問題1』(須田朗・宮武昭・村岡晋一訳，みすず書房) p. 353.〕
(17) なお，桑木彧雄，『科学史考』(河出書房，昭19) によれば，ガリレイが潮汐を地球の自転と公転から説明したのは1620年のころのことで，「1630年頃のガリレイの手紙には，この説を変じて月の作用に潮の原因を帰せしめてあるということである」(p. 282) とあるが，確かめられなかった．
(18) 『偽金鑑識官』，p. 502 f.
(19) *Werke*, Bd. I, S. 70, Bd. VIII, S. 113. なお，この注の部分の Caspar による独訳は，Bd. VIII, S. 455 にあり．〔大槻・岸本訳，pp. 283, 290.〕
(20) *Werke*, Bd. VI, S. 268, 独訳 (注1-15), S, 259.〔岸本訳，p. 376.〕
(21) *Ibid.*, S. 270, 独訳，S. 261.〔同，p. 378 f.〕
(22) *Ibid.*, S. 265, 独訳，S. 156.〔同，p. 371.〕なお，島村訳 (注1-15) では，このはじめの部分 magnâ constantiâ turbari statum aerio, quoties planetae vel conjungerentur, vel aspectibus… configurarentur, 独訳; der Zustand der Luft gestört wird, so oft Planeten entweder in Konjunktion treten oder … Aspekte bilden) が，「大気の状態がより大きな法則性をもって乱されていること，それで惑星はしばしば合となったり，…星相を形成

することになっていて，因果関係が不明になっている．

(23) *Ibid.*, S. 277, 独訳, S. 268.〔同, p. 389.〕

(24) KEPLER, *Kepler's Conversation with Galileo's Sidereal Messenger*（ROSEN, E. 英訳, Johnson Reprint Co., 1965), p. 40f.

(25) ケプラーが本心から占星術を信じていたのか，それとも生活費をかせぐ方便としていたにすぎないのかについては，科学史家の間にも見解が分かれるところであるが，ケプラー自身が自らの生涯的な研究の集大成として著した『世界の調和』を読むかぎり，「ケプラーにおいては，惑星の特異な配置が地上の大気や人体に影響を及ぼすという可能性が，彼の一般的な哲学と調和していた」というバートの指摘（BURTT, *op. cit.*（注 1-12), p. 58, note〔市場訳, p. 65.〕）が真相に近いと思われる．

(26) GALILEI, *Discoveries and Opinions of Galilei*（DRAKE 編訳, Anchor Books, 1957), p. 123.

(27) 『偽金鑑識官』, p. 308. なお，青木靖三はこのガリレイの言葉を，これはガリレイにとっては「プラトン主義やピタゴラス主義」というような「深遠な哲学的思想を意味していなかった」のであり，技術的問題にとっての数学の重要性を主張するためのものであったと解釈している（『ガリレイの道』, p. 83).

(28) 『天文対話』, 上 p. 311 f.

(29) GALILEI, 『新科学対話』（今野武雄・日田節次訳, 岩波文庫), 下 p. 157.

(30) *Ibid.*, p. 159.

(31) KANT, I., 『純粋理性批判』（篠田英雄訳, 岩波文庫), 上 p. 33.

(32) LAGRANGE, J. L., *Mécanique analytique*（1788, Albert Blanchard, 1965) Tome 1, p. 207.

(33) 『新科学対話』, 下 p. 3.

(34) SHAPERE, *op. cit.*（注 1-12), pp. 57 ff., 青木靖三, 『ガリレイの道』, p. 80, DRAKE, *Galileo Studies*, pp. 220 ff. 等参照.

(35) BURTT, *op. cit.*, p. 70.〔市場訳, p. 74.〕なお，ガリレイにおける経験と実験の役割の評価は研究者の間で大きく分かれている．一方でコイレは，ガリレイの理論の形成に実験は寄与していないという立場で，「ガリレイは彼の理論を，経験の領域で得られた諸事実に基礎づけようとは決してしなかった．彼はそのようなことが不可能なことを知っていたのだ．そして彼は，遂行された具体的な観察は――実験でさえも――……抽象的な事例の分析によって予言された結果を生み出しえないことをも自覚していた」（KOYRÉ, *Galileo Studies*, p. 107）と断じているのに対し，ドレイクは，ガリレイが落体理論にゆきついたのは，精巧な実験ではないにしても，現実的経験にもとづくものだとしている（DRAKE, *Galileo Studies*, p. 218).

(36) 『天文対話』, 下 p. 70.

(37) 青木靖三, 『ガリレイの道』, p. 96 より,

(38) 『新科学対話』, 下 p. 194.

(39) KANT, *op. cit.*, p. 29 f.
(40) ORTEGA Y GASSET, 『危機の本質—ガリレイをめぐって』(前田敬作・山下謙蔵訳, 白水社『オルテガ著作集 (4)』), p. 20 f.
(41) 『天文対話』, 上 p. 350.
(42) 『新科学対話』, 下 p. 24 f.
(43) 『天文対話』, 上 p. 37.
(44) 『新科学対話』, 下 p, 100.
(45) 『天文対話』, 上 p. 226.
(46) *Ibid.*, p. 54.
(47) *Ibid.*, p. 35.
(48) *Ibid.*, p. 361.
(49) *Ibid.*, p. 62.
(50) この節の議論の多くを SHAPERE, *op. cit.* (注 1-12) に負っている.

第3章

(1) NEWTON, I.,『プリンキピア』(河辺六男訳, 中央公論社『世界の名著 (26)』), pp. 60 f.
(2) MACH, E.,『マッハ力学』(伏見譲訳, 講談社), p. 227.〔『マッハ力学史』(岩野秀明訳, ちくま学芸文庫) 上 p. 381.〕
(3) 『プリンキピア』, p. 431.
(4) HALL, A. R. & HALL, M. B. ed., *Unpublished Scientific Papers of Isaac Newton* (Cambridge Univ. Press, 1978), p. 313 (原典), p. 316 (英訳).
(5) 『プリンキピア』, p. 72 f.
(6) JAMMER, M., 『質量の概念』, p. 110.
(7) 『プリンキピア』, p. 56 f.
(8) LAPLACE, P. S., *Celestial Mechanics* (BOWDITCH, N. 英訳, Chelsea Pub. Co.) Vol. 1, pp. 239 ff.
(9) この部分の証明だけを述べたものとしては, ニュートンがジョン・ロックのために書いたものがあり, その草稿が “On Motion in Ellipses” の標題で HALL & HALL ed., *op. cit.* に収められている. また, FIERZ, M.,『力学の発展史』(喜多秀次・田村松平訳, みすず書房) に必要な部分の証明が要領よく書かれている. 〔ニュートンの議論のくわしい説明は, 拙著『古典力学の形成　ニュートンからラグランジュへ』(日本評論社) 第1部にあり.〕
(10) NEWTON, I., *Sir Isaac Newton's Mathematical Principles of Natural Philosophy and his System of the World* (MOTTE, A. 英訳, CAJORI, F. 校閲, 1934, Greenwood Press., 1962), p. 568. 邦訳, 『原典による自然科学の歩み』(講談社), p. 104.
(11) この点についてライプニッツは, 「ケプラーは物理学においても天文学においてもいかに多くの事柄が自分の発見から導かれるのかを充分には意識していなかった. しかしそのケプラーの発見をデカルトは存分に用いている．もっとも，デカルトはいつものやり方で発見者を隠してはいるけれども」と語っている（KOYRÉ, *Newtonian Studies*, pp. 126 f.より）．しかしこれは，ライプニッツがデカルトを批難するために書いたことで，やはりデカルトはケプラーを知らなかったという方が真相であろう．事実，デカルトは決して「ケプラーの発見を存分に用いて」はいない．

(12) CASPAR, *Kepler*, p. 400. なお，ホロックスについては，WOLF. A., *A History of Science, Thechnology and Philosophy in the 16th & 17th Centuries* (Peter Smith, 1968), Vol. 1, p. 143 f. および BERRY, *op. cit.*（注 1-21），§ 156 参照．

(13) SANTILLANA, *op. cit.*（注 1-9), p. 339.

(14) HALL & HALL ed., *op. cit.* p. 385.

(15) NEWTON to HALLEY (20 Jun. 1868), BREWSTER, D., *Memoirs of the Life, Writings and Discoveries of Sir Isaac Newton* (1855, Johnson Reprint Co., 1965), Vol. 1, p. 441. なお，この手紙の追伸でニュートンは，ビュリアルデュが重力の逆2乗則を見出し，フックはそこからヒントを得たのではないかと述べている．

(16) 島尾永康，『ニュートン』（岩波新書）等参照．

(17) COHEN, I. B. ed., *Isaac Newton's Papers & Letters on Natural Philosophy and related Documents*, 2nd ed. (Harvard Univ. Press, 1978, 以下 *Papers & Letters*), p. 406. また，COHEN, *Introduction to Newton's Principia* (Harvard Univ. Press, 1978, 以下 *Introduction*), p. 148 f. 参照．

(18) ベクトル $\boldsymbol{e}$ はレンツ・ベクトルとも呼ばれ，その歴史については，GOLDSTEIN, H., *American Journal of Physics*, 43, 735 (1975), 44, 1123 (1976) に詳しい．

(19) BERRY, *op. cit.*（注 1-21), p. 295.

(20) 『プリンキピア』，p. 432.

(21) HALL & HALL ed., *op. cit.*, p. 350（原典), p. 353（英訳).

(22) KOYRÉ, *Newtonian Studies*, p. 15, n. 1.

(23) 通常の解釈は，ニュートンの用いた地球半径の値が不正確だったため，月の動きが説明づけられなかったからだというものである．BREWSTER, *op. cit.*, Vol. 1, p. 290, BALL, W. W. R., *An Essay on Newton's Principia* (1893, Johnson Reprint Co., 1972), pp. 13 ff. 等参照．

(24) 『プリンキピア』，p. 432.

(25) もっと最近の実験では $G = 6.670 \times 10^{-11}\ \mathrm{Nm^2/kg^2}$（ヘイル，1930）が得られている．

(26) LAPLACE, P. S., *Exposition du Système du Monde*, 1796. ただしこの表現は第3版以降では削除されている．

(27) MAXWELL, J. C., *Matter and Motion* (London, 1877), § 145.

(28) 赤木照三，"ヴォルテールとニュートン―試論"（『思想』1978. 7）より．

第4章

（1）『天文対話』，上 p. 27.

（2）*Ibid.*, p. 78.

（3）*Ibid.*, p. 62 f.

（4）TYCHO BRAHE,『世のはじめからいかなる時代の記憶にもなかった新星について』（STÖRIG, H. J.,『西洋科学史』，菅井準一他訳，社会思想社，第II巻，p. 154 より）.

（5）DREYER, *op. cit.*（注 1-4），p. 358, n. 2.

（6）KOESTLER, *op. cit.*, p. 115.〔ちくま学芸文庫，p. 134.〕

（7）石田五郎他，『カニ星雲の話』（中央公論社），pp. 35 ff.

（8）TYCHO BRAHE,『1577 年の彗星について』（STÖRIG, *op. cit.*, p. 156 より）.

（9）DREYER, *op. cit.*, p. 366.

（10）『天文対話』，上 p. 82 f.

（11）GALILEI,『星界の報告・他一篇』（山田慶児・谷泰訳，岩波文庫），pp. 125 ff.

（12）*Ibid.*, p. 18 f.

（13）*Ibid.*, p. 90.

（14）NICOLSON, *op. cit.*（注 1-43），参照.

（15）PANOFSKY, E.,「芸術家・科学者・天才」（木田元訳,『現代思想』, 1977，6）参照.

（16）BORKENAU, F.,『封建的世界像から市民的世界像へ』（水田洋他訳，みすず書房），p. 486.

（17）KEPLER, *Kepler's Conversation with Galileo's Sidereal Messenger* , p. 11.

（18）HALL & HALL ed., *op. cit.*, p. 86.

（19）*Ibid.*, p. 167 f.

（20）BROUGHAM, H. L. & ROUTH, E. J., *Analytical View of Sir Isaac Newton's Principia*（1855, Johnson Reprint Co., 1972）によると，以前から知られていた二重星が相互の位置を変えていることは，ニュートン以後の 1803 年になってハーシェルが見出したことであり，1855 年の同書出版の時点でもそれらの軌道が楕円であることは未確認で，「これらの運動の体系的な理論の基礎を作るには，いまだに観測が乏しすぎるが，われわれの太陽系を支配している引力の法則がより遠くの領域にまで及んでいるということを仮定することが正当化されるようである」（p. 154）とあり，未だに断定を避けている.

（21）NEWTON,『プリンキピア』，pp. 561 ff., *Optics* 4 th ed.（1730, Dover Pub. Inc., 1979），p. 369.

（22）PEMBERTON, H., *A View of Sir Isaac Newton's Philosophy*（1728, Johnson Reprint Co., 1972），pp. 166, 259.

（23）KOYRÉ, A.,『閉じた世界から無限宇宙へ』（横山雅彦訳，みすず書房）.

（24）COPERNICUS, *op. cit.*, p. 46.〔高橋訳，p. 42 f.〕KUHN, *op. cit.*（注 1-6），p.

228 f. 参照.

(25) Koyré, *ibid.*, p. 29, Kuhn, *ibid.*, p. 329.

(26) Koyré, *ibid.*, pp. 31, 41 より.

(27) Borkenau, *op. cit.*, p. 21.

(28) Descartes, R. to Mersenne, M.（28 Nov. 1633),（白水社『デカルト著作集（4)』, p. 435). なお, 1644 年にデカルトが同テーマを展開した『哲学原理』を出版したときには,「運動」を「物質の一部分または一物体が, それに直接接触しかつ静止しているとみられる物体のとなりから離れて他の物体のとなりへ移動すること」（同『著作集（3)』, p. 94）と相対的に定義し（Ⅱ-25), この定義に依拠して, 地球は直接接触している宇宙空間の微細物質にたいしては静止しているがゆえに地球は不動であると看做してよいと論じ, このことをもって,「私が地球の運動を論ずる根拠は, コペルニクスに較べればより注意深く, またティコに較べればより真実に基づいている」と主張している. 一種の詭弁的ないい逃れをしたということである.

(29) たとえば, Kuhn, *op. cit.*, p. 155 f. に引用のトマス・アクィナスの一文参照.

(30) Borkenau, *op. cit.*, p. 57.

(31) *Ibid.*, p. 103.

(32) Santillana, *op. cit.*, Langford, *op. cit.*（注 1-9), Duhem. P., *To Save the Phenomena*（Dolan. E. & Maschler. C. 英訳, Univ. of Chicago Press, 1969）等参照.

(33) 『天文対話』, 下 p. 255.

(34) *Ibid.*, 上 p. 160 f.

(35) *Ibid.*, p. 159.

(36) Cassirer, 『啓蒙主義の哲学』（中野好之訳, 紀伊國屋書店〔ちくま学芸文庫〕), p. 51 f.,『哲学と精密科学』, p. 133 f.参照.

(37) Santillana, *op. cit.*, p. 412.

(38) Galilei to Christina（16 Feb. 1615), *Discoveries and Opinions of Galileo*（注 2-26), p. 182 f. なお, 前半部分の訳は,『世界の名著（21）ガリレオ』（中央公論社）の「訳者解説」中の豊田利幸抄訳（p. 102）を利用させてもらった.

(39) Galilei to Diodati, E（15 Jan. 1633), Santillana, *op. cit.*, p. 419 より.

第 5 章

(1) この精神錯乱は 1692-3 年のことで, 島尾永康『ニュートン』によれば, 原因は大著脱稿後の虚脱感かまたは著書が期待したほどには世に認められなかったからであるとしているが, 真相ははっきりしない.

(2) Fontenelle, B. L. B. de, 英訳 *The Elogium of Sir Isaac Newton*（Cohen ed., *Papers & Letters*), p. 465.

(3) Voltaire,『哲学書簡』（中川信訳, 中央公論社『世界の名著（29)』), p.

140 f.

(4) LANGE, F. A., *Geschichte des Materialismus* (Leipzig, 1926), Bd. I, 229.
(5) 広重徹,『物理学史(I)』(培風館), p. 63.
(6) COHEN ed., *Papers & Letters*, p. 8, n. 11.
(7) VOLTAIRE, *op. cit.*, pp. 172, 143.
(8) *Ibid.*, p. 143.
(9) *Ibid.*, p. 139 f.
(10) 島尾永康, *op. cit.*, p. 159.
(11) CASSIRER,『啓蒙主義の哲学』, p. 61 f.
(12) 以下デカルトからの引用は, とくに断らないかぎりすべて『デカルト著作集』(白水社, 全4巻) より.
(13) DESCARTES to MERSENNE (27 Jul. 1638), CASSIRER,『哲学と精密科学』, p. 89 より.
(14) d'ALEMBERT. J. le R.『百科全書』(岩波文庫), p. 106.
(15) ALAIN,『デカルト』(桑原武夫・野田又夫訳, みすず書房), p. 3 より.
(16) BERRY, *op. cit.* (注 1-21), p. 275.
(17) LANGE, *op. cit.*, Bd. I, S. 233 より.
(18) VOLTAIRE, *op. cit.*, p. 153.
(19) LEIBNIZ to CLARKE (18 Aug. 1716), ALEXANDER ed., *op. cit.* (注 1-48), p. 95.〔米山・佐々木訳, p. 388.〕
(20) FONTENELLE, COHEN ed., *Papers & Letters*, p. 453.
(21) LEIBNIZ to CONTI (1715), ALEXANDER ed., *op. cit.*, p. 184.
(22) BORKENAU, *op. cit.* (注 4-16), 第1章.
(23) KOYRÉ, *Newtonian Studies*, p. 116.
(24) WHITTAKER, E. T.,『エーテルと電気の歴史』(霜田光一・近藤都登訳, 講談社), 上 p. 19 より.
(25) 近藤洋逸,『デカルトの自然像』(岩波書店), p. 266 より. なお, 本章は本書に多くを負っている.
(26) CASSIRER, *Das Erkenntnisproblem*, Bd. II, 3. Aufl., S. 434〔『認識問題 2-2』(須田朗・宮武昭・村岡晋一訳, みすず書房) p. 37 f.〕参照.
(27) BACHELARD, G.,『原子と直観』(豊田彰訳, 国文社), pp. 59 ff. より.
(28) WESTFALL, R. S.,『近代科学の形成』(渡辺正雄・小川真里子訳, みすず書房), p. 100 f. 参照.
(29) KOYRÉ, *Newtonian Studies*, p. 14, n. 1. 参照.
(30) FONTENELLE, COHEN ed., *Papers & Letters*, p. 463.
(31) NEWTON, *Optics*, 4th ed., p. 401.
(32) NEWTON to CONTI (26 Feb. 1716), ALEXANDER ed., *op. cit.*, p. 187.
(33) CASSIRER,『哲学と精密科学』, p. 88.
(34) 『百科全書』, p. 106.
(35) BORKENAU, *op. cit.*, p. 430 f.

(36) EINSTEIN, A.,「相対性と空間の問題」(共立出版『アインシュタイン選集 (3)』), p. 414.

第6章

(1) FONTENELLE, COHEN ed., *Papers & Letters*, p. 457.
(2) PASCAL, B.,『パスカル冥想録』(由木康訳, 白水社), 上 p. 105, VOLTAIRE,『哲学辞典』(高橋安光訳, 中央公論社『世界の名著 (29)』), p. 270.
(3) MACLAURIN, C., *An Account of Sir Isaac Newton's Philosophical Discoveries* (1748, Johnson Reprint Co., 1968), p. 3.
(4) BENTLEY, R., *A Confutation of Atheism* (1693), COHEN ed., *Papers & Letters*, p. 340 f.
(5) NEWTON to BENTLEY (17 Jan. 1693), COHEN ed. *ibid.*, p. 298.
(6) BURTT, *op. cit.* (注 1-12), p. 203.〔市場訳, p. 185.〕
(7)『プリンキピア』, p. 64.
(8) *Ibid.*, p. 229.
(9) NEWTON, *Optics*, p. 376.〔『光学』(島尾永康訳, 岩波文庫) p. 332.〕CLARKE to LEIBNIZ (29 Oct. 1716), ALEXANDER ed., *op. cit.*, p. 115.〔米山・佐々木訳, p. 416.〕
(10)『プリンキピア』, p. 564 f. なお, 原文 seu qualitatum occulatum seu Mechanicas (MOTTE 訳; whether of occult qualities or mechanical) は, 河辺訳では「隠在的なものであろうと力学的なものであろうと」とあるが, 引用のように改めた.
(11) *Ibid.*, p. 415 f.
(12) COHEN, *Introduction* (注 3-17), p. 24, KOYRÉ, *Newtonian Studies*, pp. 261 ff.
(13)『プリンキピア』, p. 415, 訳注参照.
(14) Newton, *Optics*, p. 388.〔島尾訳, p. 342.〕
(15)『プリンキピア』, p. 417.
(16) Newton, *Optics*, p. 369.〔島尾訳, p. 326.〕
(17)『プリンキピア』, p. 410.
(18) MOTTE 訳 *Principia* (注 3-10), CAJORI, Appendix, p. 671, n. 55. なおこの注には, ニュートンが生涯に提唱した仮説が列挙されている.
(19) BURTT, *op. cit.*, p. 213.〔市場訳, p. 192.〕
(20) KOYRÉ, *Newtonian Studies*, pp. 36, 16, n. 3, 264.
(21) NEWTON, *Optics*, p. 280.〔島尾訳, p. 255 f〕.
(22) PEMBERTON, *op. cit.* (注 4-22), p. 26.
(23) NEWTON to COTES, R. (28 Mar. 1712), *The Correspondence of Isaac Newton*, Vol. V (Camb. Univ. Press), p. 396.
(24) KOYRÉ, *Newtonian Studies*, p. 35.

(25) Heath, A. E., "Newton's Influence on Method in the Physical Science", Greenstreet, W. J. ed., *Isaac Newton; 1642-1727* (London, 1927), p. 132.
(26) 『マッハ力学』, pp. 178, 449.〔『マッハ力学史』岩野訳, 上 p. 305, 下 p. 286.〕
(27) Cassirer,『啓蒙主義の哲学』, p. 66 より.
(28) 『百科全書』, p. 108.
(29) Feynman, *op. cit.*（注 1-26), Vol. I, § 7-7.
(30) Pemberton, *op. cit.*, pp. 14, 23.
(31) Russell, *op. cit.*（注 1-18), p. 10 f.
(32) Weber, M.,『職業としての学問』(尾高邦雄訳, 岩波文庫), p. 33 f.
(33) 『百科全書』, p. 101.
(34) Cohen ed., *Papers & Letters*, p. 302.
(35) Newton, *Optics*, p. 369.〔島尾訳, p. 326.〕
(36) Faraday, M.,『力と重力の保存』(北大図書刊行会『近代科学の源流—物理学篇（II）』, p. 72.
(37) Kelvin, 英訳 Hertz, 論文集 *Electric Wave*, 序 (Dover Pub. Inc., 1962), p. xi.
(38) Maxwell, J. C., "Attraction", *The Scientific Papers of James Clerk Maxwell* (Dover Pub. Inc.), Vol. 2, p. 487, 邦訳, 中央公論社『世界の名著 (65)』所収.
(39) Burtt, *op. cit.*, p. 183〔市場訳, p. 168〕より.
(40) Newton, "An Hypothesis explaining the Properties of Light (1675)", Cohen ed., *Papers & Letters*, p, 180, および Brewster, *op. cit.*（注 3-15), p. 392.
(41) Newton to Boyle (28 Feb. 1679), Cohen ed., *ibid.*, p. 253 および Brewster, *ibid.*, p. 418 f.
(42) Cohen, *Introduction*, p. 185, Hall & Hall ed., *op. cit.*, pp. 205 ff. なおファシオについては, 島尾永康, *op. cit.* に詳しい.
(43) Hall & Hall ed, *ibid.*, p. 315. なおこの点についてホールは,「ニュートンは, 彼がファシオの提案を受け容れたときに抱いたなんらかのアイデアを, 物体の重さは大気の圧力によって生ずるというファシオによる重力の「説明」をファシオが詳細に説いたときに, おそらく放棄したのであろう. ファシオは, ニュートンとホイヘンスとハレーにこの見解の正しさを納得させたと主張しているけれども, ダヴィッド・グレゴリーは, ニュートンとハレーに関するかぎり, 彼らはそれに賛同していないし, ホイヘンスについてもニュートン達と異なる見解であったと考える理由がない, と書き加えている」(Ball, *op. cit.*（注 3-23), p. 125) と述べている.
(44) Newton, *Optics*, p. cxxiii.〔島尾訳, p. 25.〕
(45) Burtt, *op. cit.*, p. 275.〔市場訳, p. 246.〕
(46) Hall & Hall ed., *op. cit.*, pp. 190 ff.

(47) 『プリンキピア』, p. 565.
(48) Burtt, *op. cit.*, p. 279.〔市場訳, p. 250 f.〕
(49) Maclaurin, *op. cit.*（注 6-3）, p. 388 f.
(50) Clarke to Leibniz（26 Jun. 1716）, Alexander ed., *op. cit.*, p. 53.〔米山・佐々木訳, p. 330.〕
(51) Koyré, *Newtonian Studies*, p. 280 f.
(52) Newton, *Optics*, p. 369 f.〔島尾訳, p. 326 f.〕
(53) Arrhenius, S. A.,『史的に見た科学的宇宙観の変遷』（寺田寅彦訳, 岩波文庫）, pp. 143 ff. より.
(54) Keynes, J. M.,『人物評伝』（熊谷尚夫・大野忠男訳, 岩波書店）第 3 部 2.
(55) Voltaire,『哲学書簡』, p. 171. ただしヴォルテールは, この「一般的注解」に述べられている神の自由意志と目的因による宇宙の秩序というニュートンの形而上学には大きな影響をうけ, また共鳴していた. 赤木照三, “ヴォルテールとニュートン―試論”（『思想』1978, 7）参照.
(56) 『プリンキピア』, p. 561.
(57) Clarke to Leibniz（26 Jun. 1716）, Alexander ed., *op. cit.*, p. 47.〔米山・佐々木訳, p. 323.〕
(58) ヴァヴィロフ, エス-イ,『アイザク・ニュートン』（三田博雄訳, 東京図書）, p. 170.
(59) Burtt, *op. cit.*, p. 259〔市場訳, p. 231〕参照.
(60) Hall & Hall ed., *op. cit.*, pp. 89 ff. なおこの草稿について編者は, 1664-68 年の間, 他方コイレは 1670 年のころ（*Newtonian Studies*, p. 83）としている.
(61) 『プリンキピア』, p. 65. なお Koyré, *ibid.*, p. 104 参照.
(62) *Ibid.*, p. 563 f.
(63) *Ibid.*, p. 560.

第 7 章

(1) Todhanter, I.,『引力の数学的理論と地球の形状の研究の歴史』（後藤邦夫・田村祐三訳,『現代数学』, 1976, 3・4・5・8・9 号）.
(2) Brougham & Routh, *op. cit.*（注 4-20）, p. 160.
(3) Boss, V., *Newton & Russia, the Early Influence; 1698-1796*（Harvard Univ. Press, 1972）, p. 129 f.
(4) Berry, *op. cit.*, p. 277 f., 薮内清,「十八世紀における天文学の発達」（小堀憲編, 恒星社『十八世紀の自然科学』所収）, p. 118 参照.
(5) 『プリンキピア』, p. 448.
(6) Maclaurin, *op. cit.*（注 6-3）, p. 101 f.

第 8 章

（1） KUHN, T.,『科学革命の構造』（中山茂訳，みすず書房）, p. 27.
（2） DIDEROT, D.,『自然の解釈に関する思索』（小場瀬卓三訳，創元社），p. 7 f.
（3） BELL, E. T.,『数学をつくった人々（II）』（田中勇・銀林浩訳，東京図書），第9章.
（4） LAGRANGE, *Mécanique analytique*, Tome 1, p. 212.
（5） VUCINICH, A., *Science in Russia Culture–A History to 1860* (Stanford Univ. Press, 1963), p. 94.
（6） *Ibid.*, p. 150 より.
（7） *Leonhardi Euleri Opera Omnia*（以下，*Opera*）, Ser. 2, Vol. 1, STÄCKEL, P., Vorwort des Herausgebers, XIII.
（8） II, III節については，大野真弓，『世界の歴史（8）』（中央公論社），今井宏，『世界の歴史（13）』（河出書房新社），米川哲夫編，『世界の女性史（11）—ロシア（I）』（評論社）に多く負っている.
（9） DILTHEY, W.,『フリードリヒ大王とドイツ啓蒙主義』（村岡哲訳，創文社）p. 53.
（10） VUCINICH, *op. cit.*, pp. 76, 89, BOSS, *op. cit.*（注7-3），p. 129 f.
（11） BELL, *op. cit.*, p. 21.
（12） BERNOULLI, D. to EULER, L.（1734）, VUCINICH, *op. cit.*, p. 94.
（13） CASSIRER, *Das Erkenntnisproblem*, Bd. II, S. 404 参照.〔『認識問題 2-2』p. 4.〕
（14） BOSS, *op. cit.*（注7-3），pp. 174 f., 179.
（15） *Ibid.*, pp. 218, 223.
（16） *Ibid.*, p. 215.
（17） *Ibid.*, p. 216, DANNEMAN, F.,『新訳大自然科学史（5）』（安田徳太郎訳，三省堂），p. 417.
（18） LEIBNIZ to CLARKE（25 Feb. 1716）, ALEXANDER ed., *op. cit.*, p. 26.
（19） CASSIRER, *Das Erkenntnisproblem*, Bd. II, S. 475 f.〔『認識問題 2-2』p. 75〕より.
（20） EULER, L., *Opera*, Ser. 2, Vol. 1, § 7, 8, S. 14.
（21） ARISTOTELES,『自然学』,「もし運動するものがすべて何かによって動かされるのであるならば……たとえば動かすものが〔もはや〕接触していなくなっても，どうして連続的に動いてゆくのであるか，という難問である.」266b（岩波書店『アリストテレス全集（13）』，出隆・岩崎允胤訳，p. 363).「最初の動かすものは，空気なり，水なり，その他本来的に動かすとともに動かされる何かこのたぐいのものを，今度はそれ自身が他のものを動かすことができるようにする」267a（同，p. 364).なお，媒質が運動物体に抵抗を加えるという点については215a（同，p. 153）参照.
（22） BURIDAN, J.,『天体・地体論四巻問題集』,『自然学八巻問題集』（青木靖三・横山雅彦訳，朝日出版社『科学の名著（5）中世科学論集』），pp. 203,

325 f.

(23) GALILEI, *On Motion and On Mechanics* (DRABKIN, I. E. & DRAKE, S. 英訳, The Univ. of Wisconsin Press, 1960), p. 79 f.

(24) 『天文対話』, 上 p. 286.

(25) 『星界の報告・他一篇』, p. 118. なお, ガリレイの慣性論の起源をインピートゥス理論には求めないドレイクは, この一文を引いて, 「私の見解では, 慣性概念の核心は, ここに明瞭に述べられている, 運動ないしは静止に関する物体の無関心と一度与えられた状態の持続という観念にある. それは, すべての物体が静止しようとする自然的傾向を有するというインピートゥス理論からは導かれないし, 両立さえしない」と論じている (DRAKE, *Galileo Studies*, p. 251). しかしドレイクの議論はなにごとにつけガリレイを美化しすぎているところがあり, 納得し難い点が多い.

(26) KOYRÉ, *Newtonian Studies*, pp. 66 ff. なお, コイレによれば, 「状態 (status, 英 state)」の語源は「sto (英 stay) ——立っている, とどまる」にあり, それゆえ「運動状態 (status movendi)」は元来は形容矛盾とのことである (p. 66, n. 3).

(27) KOYRÉ, *ibid*, pp. 79 ff., COHEN, *Introduction*, p. 27.

(28) HALL & HALL ed, *op. cit.*, p. 114 (原典), p. 148 (英訳)

(29) EULER, *Opera*, Ser. 2, Vol. 1, § 74, S. 31.

(30) EULER, *Opera*, Ser. 3, Vol. 1. なお, 本書は各命題ごとに原典の通し番号を付し, ページ数を注記しない.

第9章

(1) *Opera*, Ser. 2, Vol. 5, FLECKENSTEIN, J. O., Vorwort des Herausgebers, XI.

(2) BERNOULLI, D. to EULER (21 Jan. 1742, 4 Feb. 1744), Boss, *op. cit.* (注 7-3), p. 136 より.

(3) Boss, *ibid.*, p. 105 f.

(4) *Opera*, Ser. 2, Vol. 1, § 99, S. 40, Ser. 2, Vol. 3, § 179, S. 83.

(5) WEYL, H.,『数学と自然科学の哲学』(菅原正夫・下村寅太郎・森繁雄訳, 岩波書店), p. 46.

(6) JAMMER,『力の概念』, p. 191 f.

(7) Boss, *op. cit.*, p. 161.

(8) CASSIRER,『実体概念と関数概念』(拙訳, みすず書房), 第1章参照.

(9) WEYL, *op. cit.*, p. 185.

(10) Boss, *op. cit.*, p. 156 より.

(11) EULER, "De motu corporis ad duo centra virium fixa attracti (1764)", *Opera*, Ser. 2, Vol. 6 所収.

(12) LAGRANGE, *op. cit.* (注 2-32), Tome 2, p. 93.

(13) この問題については, 『マッハ力学』が詳しい.

本書は、一九八一年一〇月、現代数学社より刊行された。文庫化に際して、上・下巻に分冊した。

重力と力学的世界　古典としての古典力学　上

二〇二一年二月十日　第一刷発行

著　者　山本義隆（やまもと・よしたか）

発行者　喜入冬子

発行所　株式会社　筑摩書房
東京都台東区蔵前二―五―三　〒一一一―八七五五
電話番号　〇三―五六八七―二六〇一（代表）

装幀者　安野光雅
印刷所　大日本法令印刷株式会社
製本所　株式会社積信堂

ISBN978-4-480-51033-4 C0142

ちくま学芸文庫